핵심

식물해충학

임언택 · 이영수 · 이준호 공저

문운당

머리말

저자는 2013년에 식물해충학을 출판하여 해충학 관련 강의교재나 식물보호기사와 나무의사 등의 자격시험 수험서로 활용하였었다. 대학에서는 학생들에게는 짧지만 간결하고 깊이가 있는 강의교재로서 나름 효율적인 교재이었다. 특히, 가능한 많은 부분에 대해 문헌과 근거를 제시하여 간접적인 인용에서 나타나는 오류를 최소화하려고 한 노력에 대해서는 아직도 만족하고 있다. 이 후 식물해충학은 2회에 걸친 개정판이 출판되었으며, 2018년 식물해충학 제2개정판이 마지막이었다.

이 책은 전신인 식물해충학의 틀을 기본적으로 공유하면서 내용을 최신의 정보로 갱신하고자 노력하였다. 전체적으로는 해충학에 대한 일반적인 이론을 다룬 전반부와 각각의 주요 해충에 대한 정보를 제시한 후반부로 나누어져 있다. 전반부에서는 해충의 정의, 해충학의 역사, 해충방제기술, 종합적해충관리 등에 대해 개념적인 이론 중심으로 기술되어 있으며 후반부에서는 작물의 종류별 최근에 중요시 되는 해충들을 중심으로 그들의 생물적 특성, 분포, 가해 양상, 방제법 등에 대해 기술하였다. 이 전에 비해서 가독성을 높이기 위한 페이지 디자인과 편집에 중점을 두었으며, 특히 전작에서 부족했던 해충들의 사진을 많이 추가하였다. 이 책의 내용에서 부정확하거나 오류가 있으면 저자나 출판사에 알려주기를 희망하며, 항상 부족함을 많이 느끼기 때문에 독자들의 양해를 미리 구한다.

끝으로 이 책의 집필이 가능할 수 있었던 것은 학문적 스승님들에게서 받은 영감과 동료들의 격려, 가족들의 지지, 출판사의 지원이 있어 가능하였다. 이 모든 이들에게 진심으로 감사의 마음을 전한다.

2024년 9월

차 례

제 1 장

해충의 정의와 해충학의 역사

제1장 해충의 정의와 해충학의 역사

01 식물해충의 정의

해충(害蟲)은 영어로는 injurious insect 혹은 insect pest, pest와 같은 의미로 사용되고 있다. 해충의 사전적 정의는 '인간의 생활에 해를 끼치는 벌레를 통틀어 이르는 말. 사람의 몸에 기생하는 이 · 벼룩 · 회충 따위와 옷이나 음식물에 기생하는 좀 · 바퀴 따위, 농작물과 과수에 기생하는 응애 따위가 있다'이다. 그러나 좀 더 학술적인 정의는 현(1994)이 '그 존재로 인해 인간이 경제적 손실을 받게 되거나 정서적으로 불쾌감을 일으키고, 건강에 문제가 되고, 생활에 불편을 겪게 하는 동물'이라고 제안하였다. 또한 현(1994)은 농업해충을 '인간이 의, 식, 주 문제를 해결하기 위해 재배하고 사양하는 작물, 가축, 임목 그리고 그의 생산물을 가해하는 동물'이라고 정의하였는데 이들 중 작물과 임목을 가해하는 동물을 식물해충이라고 볼 수 있을 것이다.

다만 영어의 'pest'는 좀 더 넓은 의미로 정의되고 있으며, Norris *et al*. (2003)은 그의 책 'Concepts in Integrated Pest Management'에서 'All organisms within the crop environment that cause injury to the crop and capable of reducing yield or quality'라고 정의하였다. 이때 'all organisms'은 병원균(pathogens), 잡초(weeds), 선충(nematodes),

연체동물(mollusks), 절지동물(arthropods), 척추동물(vertebrates) 등을 모두 포함한다. 따라서 종합적해충관리(IPM, 제5장 참고)에서의 해충은 종합적관리라는 의미에서 Norris *et al.* (2003)에 의한 정의가 더 적합하며, 우리말로는 다음과 같이 정의되어야 할 것이다. '농업작물의 생산성이나 품질을 저하시켜 경제적 피해를 일으키는 수준으로 증가된 모든 유해생물로 식물병, 잡초, 선충, 달팽이, 곤충, 응애, 쥐 등을 포함한다.' 하지만 이 책에서는 국내에서 일반적으로 인식되는 해충의 개념에 따라 선충, 달팽이, 곤충, 응애를 중심으로 기술하였다.

해충의 개념은 지극히 인간 중심적인 상대적 개념이라는 사실에 유의해야 하며, 예를 들어 누에는 뽕나무를 재배하는 농가의 입장에서는 해충일 수 있다. 그러나 잠사업 종사자의 입장에서는 누에가 생산하는 견사는 인간에게 경제적으로 유용하기 때문에 유용생물인 것이다. 인간은 원래 자연 상태에서 생산된 것을 채취하면서 생활한 원시농경시대에는 해충과 생산물을 나누었다. 그러나 인구의 증가로 인해 수요가 많아지면서 해충의 개념이 대두되기 시작한 것이다.

02 세계 식물해충학의 역사

농업이 시작된 BC 10000년 전부터 인류는 항상 식량부족과 기근에 시달려 왔다. 만성 식량부족은 인간의 면역력을 떨어뜨려 질병에 노출시켰으며 이는 대부분의 기간 동안 인류의 성장을 더디게 한 원인이 되었다. 농업 작물 생산에 가장 큰 위협이 된 것은 기후의 변화와 식물병이었다(Norris *et al.* 2003). 곤충도 주기적으로 대발생하여 피해를 주었으며, 인간의 노동에 의해 어느 정도 방제가 가능했던 잡초에 의한 피해는 상대적으로 적었다. 지난 200년간 해충방제 분야는 크게 발달하였으며, 특히 현재 이용되는 해충방제 기술들은 대부분 지난 60여 년간에 등장한 것들이다(Norris *et al.* 2003). 이 장에서는 해충학과 관련된 세계의 역사적인 기록이나 사건을 간략하게 요약하였다.

(1) 원시농경시대

이 시대에는 자연 생산물을 다른 생물들과 나눠가면서 이용하였으며, 작물재배나 해충발생에 대한 과학적 지식이 부족했기 때문에 해충 문제(메뚜기의 대발생과 같은)를 신의 저주 또는 자연적 재앙으로 생각하고 운명적인 것으로 여겼다. 그래서 속수무책으로 한탄만 하거나 신의 저주를 풀기위해 제물을 바치기도 하였다.

이 시기에는 흙갈이가 가장 주요한 농사법이었으며 쟁기(plow)는 기원전 4000년 처음 사용되었다(Norris *et al*. 2003). 이 시기에는 식물병이나 곤충과는 달리 잡초는 노동력으로 제어할 수 있는 대상이었다. 잡초 방제에 실패하면 수확이 거의 되지 않기 때문에 잡초제거에 대부분의 노동력을 투입하였으며, 노동을 할 수 있는 가용 가족수에 따라 경작면적이 결정되곤 하였다(Norris *et al*. 2003). 또한 저장 곡물의 경우 쥐가 가장 중요한 해충이었는데, 기원전 3000년 인도에서 식량의 보호를 위해 쥐를 잡았다는 기록이 전해진다(Norris *et al*. 2003).

(2) 고대시대

기원전 2500년 메소포타미아의 수메리아인(Sumerians)들이 황(sulfur)을 살충제 및 살비제로 사용하였으며 기원전 300년에는 중국인들이 귤의 해충방제를 위해 개미를 이용했다는 기록이 있다(**그림 1-1**: Norris *et al*. 2003). 황과 함께 가장 오래된 병해충 방제 수단은 오일의 사용으로 로마시대부터 기록이 있으며 지금까지 계속 사용되고 있다[1]. 구약성서는 잡초, 식물병, 메뚜기 및 대발생한 곤충들, 쥐, 선충을 tares, blasting 혹은 mildew, plagues, vermin, fiery serpent로 묘사하였다(Norris *et al*. 2003).

---

1) 현재 대부분의 농가에서 사용하는 오일은 1800년대 말부터 과수에 이용된 석유 유래 미네랄 오일이다. 작용 기작은 다양한데 오일의 유막이 해충을 뒤덮어 표면의 숨구멍을 막아 질식하게 만들거나 지방산 성분이 대사과정을 교란하여 직접적인 살충 효과를 나타낸다. 또한 오일은 해충이 작물에 접근하여 산란하거나 섭식하는 것을 방해할 뿐만 아니라 끈적이는 성질로 해충의 이동을 어렵게 하여 간접적인 영향을 끼친다. 무엇보다도 해충이 저항성을 발달시키지 않는 점이 장점이며, 인축에 대한 독성 또한 낮다(Park *et al*. 2008).

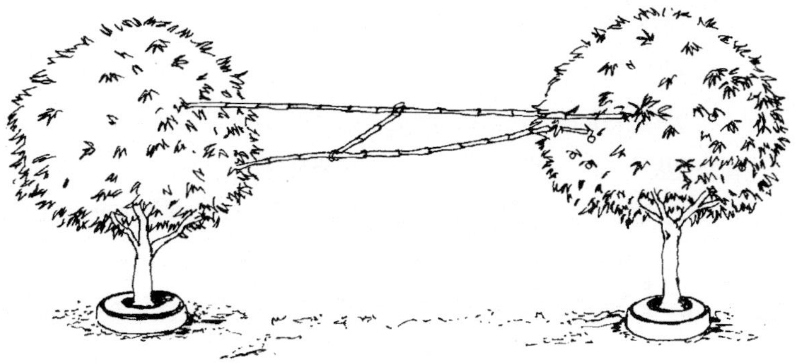

그림 1-1. 감귤나무간 포식성 개미의 이동 통로를 설치한 모습 (Norris *et al.* 2003).

(3) 중세시대

중국에서는 1101년에 해충방제를 위해 비누를 사용하였다(Norris et al. 2003)[2]. 1600년대 유럽에서는 니코틴(nicotine, 담배의 성분), 로테논(rotenone, 열대산 콩과의 데리스[Derris]류에서 추출되는 성분)[3], 리아노딘(ryanodine, 남미산 Ryani speiosa), 바라트리딘(varatridine, 남미산 백합 *Schoenocaulon officinale*), 아자디락틴(azadirachtin, *Azadirachta indica*) 등과 같은 식물에서 추출한 살충제를 이용하였다.

---

2) 비누액은 19세기 후반에서 20세기 초반까지 사용되다가 유기합성 살충제의 대두와 함께 사용이 감소되었으나 최근에 다시 주목을 받고 있다. 비누액의 유효 성분은 지방산이다. 이것이 곤충의 신경계를 저해하거나 곤충 표피의 보호막 층인 왁스층을 제거한다. Safer Soap이란 상품이 있으며, 진딧물, 응애, 깍지벌레, 온실가루이, 총채벌레 방제에 이용한다. 그 외 M-Pede란 상품도 있다. 비누액의 사용법으로는 합성세제를 중량에 따라 1:150의 비율로 물을 붓고 고르게 저은 다음, 5일 간격으로 한차례씩 연속해서 2~3차례 뿌려준다.

3) 데리스는 콩과의 덩굴성 관목으로 언뜻 보아서는 등나무와 닮았다. 동남아시아에서는 옛날부터 물고기를 잡을 목적으로 뿌리 · 줄기 · 잎을 짓찧어 하천 · 못에 넣거나 화살독의 성분으로 써 왔다. 이것을 토바라고 하는데, 토바는 해충에 대한 기피제, 접촉독 농약으로도 사용되는데, 그 농도는 사람 · 가축 · 식물에 해를 일으키지 않을 정도이다. 데리스에 포함된 로테논이라는 성분은 극히 적은 양으로 물고기에게 강한 독성을 나타낸다. 미얀마 · 말레이반도 · 인도네시아 등에 분포한다(Clark 1930).

(4) 산업혁명

1700년대에는 농업생산이 급격히 증가하였고, 작물의 해충저항성 개념이 발달하였다[4]. 1800년대에는 전 세계적 교역량의 증가로 해충의 침입이 빈번하게 일어났으며, 이 시기에 중국에서 미국의 산호세(San Jose)로 산호세깍지벌레(San Jose scale, *Quadraspidiotus perniciosus*)가, 미국에서 유럽으로 콜로라도감자잎벌레(Colorado potato beetle, *Leptinotarsa decemlineata*)와 포도뿌리혹벌레(grape phylloxera, *Daktulosphaira vitifoliae*) 등이 유입되었다.

1880년대에는 프랑스의 Vermorel 회사에 의해 최초의 상업용 농약 분무기가 개발되었다. 또한 이 시기에는 근대 생물적 방제가 시작되었는데, 1888년 미국의 Koebele이 캘리포니아에 침입한 이세리아깍지벌레의 방제를 위해 베달리아무당벌레를 호주에서 도입하여 이세리아깍지벌레를 성공적으로 방제하였다. 1904년 독일에서는 상업용 동력 분무기가 개발되었다.

(5) 살충제 개발

1873년 독일의 대학원생이었던 Othmar Zeidler가 DDT를 처음으로 합성하였는데, 그 당시에는 살충력이 있는지를 몰랐다(Pedigo & Rice 2006). 1938년 스위스의 Geigy사의 Müller, Martin, Laüger 등이 DDT가 탁월한 살충력이 있음을 밝혀, 2차 세계대전 기간 동안 모기, 벼룩, 이와 같은 위생 해충의 방제에 사용하였다(Pedigo & Rice 2006). 이들 중 Müller는 모기에 의해 매개되는 말라리아와 쥐벼룩에 의해 매개되는 발진티푸스(typhus)로부터 수천 명의 인명을 구한 공로를 인정받아 노벨 의학상을 수상하였다. 이를 계기로 유기합성 살충제 개발의 전성기가 시작되었다. 이때 유기합성 살충제는 강한 살충력, 취급이 간편함, 대량생산 가능하여 가격이 저렴함 등의 여러 장점으로 그 수요와 생산이 급속히 증가하였다. 이때 개발 및 사용된 살충제의 대표적인 예는 DDT, BHC 등의 유기염소제 살충제였으며, 이외에도 유기인

---

4) 1792년 미국에서 'Underhill'이라는 밀 품종이 Hessian fly (*Mayetiola destructor*)에 대해 저항이 있는 것이 처음 알려졌다(Pedigo & Rice 2006).

제, 카바메이트제 등 다양한 살충제가 합성되었다. 이때 살충제 개발의 초점은 강력한 살충력이 있는 것, 적용범위가 넓은 것, 잔효성이 큰 것으로 맞추어져 있었다. 따라서 이러한 개발 목표를 달성하기 위해서 합성화학과 살충기작을 구명하기 위한 곤충생리학 연구가 활발히 진행되었다. 하지만 이와 동시에 1940년대 후반부터 살충제의 문제점 및 부작용이 같이 대두되기 시작하였으며, 1950년대 들어서면서 천적을 보호하기 위한 살충제의 선별 사용 및 살충제의 사용 억제가 강조되었다.

살충제에 대한 이러한 염려는 1962년 카슨(Rachel Carson)의 '침묵의 봄(Silent Spring)' 발간으로 절정에 달하게 되었으며, 이는 일반인들에게도 살충제를 비롯한 농약에 의한 환경오염에 대한 관심을 고조시키는 계기가 되었다. 이는 살충제의 개발전략을 강력한 살충력이 있는 것에서 인축 독성이 적은 것으로, 적용범위가 넓은 것에서 표적 해충만 죽이는 선택적인 것으로, 잔효성이 긴 것에서 잔효성이 짧은 살충제 개발로 전환하게 하는 계기가 되었다. 또한 항유약호르몬제(예, Precocenes)와 키틴합성저해제(예, Dimilin)과 같은 제3세대 살충제 개발에 대한 연구가 활발해졌다.

(6) 종합적해충관리(IPM, Integrated Pest Management) 개념의 대두

해충관리의 개념은 1950년대의 화학 살충제를 이용한 해충방제에 반대하여 나오기 시작하였다. 해충관리의 개념은 1960년대 만들어졌으나 실제로는 그보다 훨씬 이전에 나온 생물적 방제에 그 이론적 기초를 두고 있다. 즉 생물적 방제가 해충을 완전히 구제하지 못하였기 때문에 화학 살충제와 함께 쓰는 종합방제(integrated control)가 제안되었으며, 이후 살충제뿐만 아니라 다른 여러 방제책들과의 통합이 주장되었다.

1961년 호주의 곤충학자인 L. R. Clark과 P. W. Geier가 해충방제의 목적이 구제(control) 중심에서 해충밀도를 경제적피해수준(EIL) 이하로 억제, 유지한다는 해충관리(pest management)의 개념을 제안하였다(Pedigo & Rice 2006). 미국에서는 1972년 미국 닉슨의 의회연설에서 이를 언급하였으며 현재의 미국환경보호청(EPA, Environmental Protection Agency) 창설의 계기가 되었다(제5장 종합적해충관리 참고).

(7) 유전공학의 이용

1980년 이후에는 유전공학 기술의 발달로 유전자변형작물(GMO, genetically modified organism)들이 개발되었다. 1996년 최초로 *Bacillus thuringiensis* (Bt, 비티)의 독소를 생산하는 옥수수가 개발된 것을 시작으로 비티목화, 제초제 저항성 콩 등이 개발되어 재배되고 있다[5]. 하지만 유전변형작물의 잡초화 및 야생화의 가능성과 비표적(non-target) 생물에 미치는 영향(Yi & Kim 2010), 소비자의 부정적인 반응 등을 줄여야 하는 문제점이 있다[6]. 미국에서는 제초제인 glyphosate (상품명: Roundup)에 저항성을 가지고 있는 유전자변형 알파파의 재배와 관련 2005년 이를 허가한 미국농무성(USDA)이 유기농가에 의해 피소된 바 있다. 이는 유기농가에서 제초제 저항성 유전자의 오염을 우려했기 때문이었다. 2007년 캘리포니아에서 실시된 1심에서 유전자변형 알파파 재배를 허가한 것이 잘못되었다고 판결이 되었으나, 2010년 미국 대법원은 유전자변형 알파파의 재배가 적법하다고 최종 판결을 하였다(Stokstad 2011b).

이러한 문제점을 해결하기 위하여 많은 국가에서는 인체나 환경에 대한 안전성을 확보하기 위하여 유전자변형작물이나 식품을 승인하기 전에 철저한 환경위해성평가를 수행하고 있다(Yi & Kim 2010). 또한 과학자들은 모계유전되는 엽록소에서 원하는 형질이 발현되도록 하여 꽃가루를 전파하지 못하도록 하는 연구를 수행하고 있다(Stokstad 2011a).

---

5) 미국에서는 2010년 현재 재배되고 있는 전체 콩의 93%가 유전자변형작물이다(Stokstad 2011a).

6) 미국에서는 2004년 캘리포니아주 멘도시노군에서 최초로 유전자변형작물의 판매를 법으로 금지하였다(Edwards 2005).

03 한국 식물해충학의 역사

우리나라 해충학의 역사에 대해서는 현(1994)에 의해 잘 요약이 되어 있다. 여기서는 현(1994)를 참고하여 근대까지의 역사를 간략하게 기술하였으며, 근대 이후 2000년대까지의 주요 사료를 추가하였다.

(1) 삼국시대

고문헌에는 해충이 황(蝗), 황충(蝗蟲), 비충(飛蟲), 충(蟲) 등으로 기록되어 있다. 삼국사기에 기록된 해충의 예가 신라 20회, 고구려 8회, 백제 4회이다.

(2) 조선시대

정초의 농사직설(1429)에는 해충방제에 고삼[7]이나 유황을 이용한 기록이 있다. 홍만선의 산림경제(연도미상)에는 여러 해충의 방제법으로 기록되어 있다. 그 예로 종자소독법과 포살법, 횃불을 이용한 유살법, 감초분말 이용법, 벌레구멍에 황분말을 바르거나 황을 태우는 방법 등이 소개되어 있다. 서유거의 임원경제지(1842-1845)에는 일반적인 해충방제와 더불어 메뚜기의 발생생태와 그의 방제법이 자세히 기록되어 있다.

(3) 일제 강점기

일본인들이 1906년 뚝섬에 원예모범장 설립하였으며 주로 병해충에 대한 연구가 중심이 되었다. 이때 사용된 살충제는 제충국[8]에서 추출한

7) 장미목 콩과의 쌍떡잎식물, 한방에서는 치열·건위·나병·치풍에 사용한다. 매트린(matrine)이 주성분이다. 2011년 유기농자재 목록공시에 고삼 추출물이 원료로 등록되어 있는 자재는 63건으로 전체 20%이상을 차지했었으나 2024년 현재는 0건이다. 이는 약효에 대한 편차가 크기때문에 수요가 줄어든 영향으로 보이며, 유기농업자재에 대한 품질인증제의 의무화와 주요 성분에 대한 안정성과 유효기간에 대한 기준 마련이 필요하다(Lee *et al.* 2022).

8) 초롱꽃목 국화과의 여러해살이풀이며 활짝 핀 꽃을 따서 말린 다음 분말로 만들어 살충제로 사용하는 것 외에 모기향, 벼룩 잡는 가루, 그리고 농약의 원료로 사용한다. 살충성분인 피레스린(pyrethrin)이 0.8~1.3% 포함되어 있다. 현재 세계 제1의 생산국은

피레스린, 니코틴, 비산염[9], 로테논 등 10여 종으로, 주로 과수 해충류의 방제에 이용하였다.

1930년 후반 사과면충좀벌의 도입(introduction)에 의한 사과면충의 고전적 생물학적 방제(classical biological control)가 시도되었다[10]. 이는 우리나라 최초의 생물학적 방제 기록이다. 또한 1940년에는 전라북도 농사시험장에서 최초로 예찰사업이 시작되었다.

(4) 제2차 세계대전 이후

이 시기에는 선진국에서 개발된 새로운 살충제의 적용을 위한 기술개발이 주였다. 파라치온(1969)이나 BHC(1970)와 같은 원제생산이 시작되었으며, 1962년 한국식물보호학회가 창립되었으며, 이후 1988년 한국응용곤충학회로 분리되었다.

(5) 1970년대 이후

살충제의 합리적 이용에 관한 노력이 시작되었으며 해충학연구가 활발해졌다. 특히 임업해충에 대한 연구가 활발하였는데, 이때 솔나방(송충), 솔잎혹파리, 밤나무혹벌, 미국흰불나방 등이 침입하여 산림에 피해를 주었다. 1975년에는 제주도에 침입한 루비깍지벌레를 일본에서 들여온 루비붉은좀벌로 생물학적 방제에 성공하였다[11](Kim *et al*. 1979).

케나이다.

9) 화학식 Pb(AsO). 산화납(IV)과 오산화이비소를 가열하면 생성되는 무기화합물. 무색의 결정으로 화학식량 899.44, 밀도 7.80g/㎤, 녹는점 1042℃이다. 물에는 난용이지만 질산에는 가용이다. 독성은 강하다. 오르토비산염 외에 산성염인 비산수소납(II) PbHAsO가 천연에서 슐테나이트로서 산출된다. 일반적으로 이 비산수소납(II)은 비산납으로 많이 알려져 있으며, 예로부터 농약·살충제로서 널리 사용되었다.

10) 사과면충(*Eriosoma lanigerum*)은 진딧물상과 진딧물류로 1904-1905년경에 일본에서 사과묘목 도입시 부산에 침입하여 1930년대 대구, 경기도, 황해도, 평안남도 등 전국적으로 확산되었다. 이에 1934년에 일본 아오모리에서 대구로 사과면충좀벌을 도입하여 1935년부터 방사하였다. 최근에 Kim *et al*. (2009d) 등의 조사에 의하면 살충제를 사용하는 과원에서도 최대 90%의 높은 기생률을 보이는 것으로 밝혀졌다.

11) 루비깍지벌레(*Ceroplastes rubens*)의 밀도가 1976년 4천여 마리에서 방사 18년 후 1993년에는 150여 마리로 감소되었다. 실제 기생률은 37%에서 10%대로 낮아졌지만 루비각지벌레의 밀도가 크게 낮아져서 생물적 방제의 효과가 컸던 것으로 여겨지고 있다.

(6) 1990년대 이후

1995년 식물방역법이 법률 5021호로 제정되었다. 이 법은 수출입 식물 등과 국내 식물을 검역하고 식물에 해를 끼치는 병해충을 방제하기 위하여 필요한 사항을 규정함으로써 농림업 생산의 안전과 증진에 이바지하고 자연환경을 보호하는 것을 목적으로 한다.

(7) 2000년대 이후

친환경농업육성법이 제정되었다. 이는 1997년에 제정된 환경농업육성법의 개정으로 농업의 환경보존 기능을 증대시키고, 농업으로 인한 환경오염을 줄이며, 친환경농업을 실천하는 농업인을 육성함으로써 지속가능하고 환경친화적인 농업을 추구한다는 것을 목표로 하였다. 주요내용으로는 친환경농업의 정의, 친환경농업 육성 및 지원, 친환경농산물의 분류, 친환경농산물 인증제, 친환경농산물의 유통관리, 국제협력 등으로 총 5장 27조의 본문과 부칙으로 구성되어 있다. 2006년에 1차 개정되었으며, 주요 개정내용으로는 친환경농업의 정의 재정립, 친환경농산물의 종류 간소화, 인증절차 개선 등이었다. 개정된 안에 따르면 친환경농산물의 종류 및 인증기준은 표 1-1과 같다.

표 1-1. 친환경 농산물 인증 기준.

분류	주요 인증기준
유기농산물	화학비료 합성농약 사용불가 (전환기간: 다년생 작물은 3년, 그 외 작물은 2년)
무농약농산물	합성농약 사용불가, 화학비료 권장량의 1/3 이내 사용

2010년 2월 4일에는 곤충산업 육성 및 지원에 관한 법률(법률 제10019호)이 제정되었다. 이는 곤충산업을 육성·지원하고 그 발전 기반을 마련하며 곤충생태에 대한 이해증진을 지원함으로써 농가의 소득증대와 국민경제의 건전한 발전과 아울러 국민의 정서 함양에 이바지하는 것을 목표로 두었다. 국과의 책무, 전문인력 양성, 곤충산업 관련 기술개발의 촉진, 국제협력의 촉진, 곤충의 위해성 평가 등 총 17조로 구성되

그림 1-2. 친환경인증 마크.

어 있다. 농림축산식품부의 최근 곤충산업 현황 실태조사 결과에 따르면 2022년 국내 곤충산업의 시장 규모는 약 449억원으로 이중 식용 곤충 199억원, 사료용 곤충 113억원, 애완학습용 곤충 53억원, 행사 등 83억원이었다. 이 것은 2018년 375억원 대비 19% 성장한 수치이다.

2018년 산림청에서는 전문자격을 가진 이가 수목의 상태를 진단하고 처방전 발급하거나 치료하는 나무의사 제도 시행을 위한 하위법령과 행정규칙을 공표하였고, 2019년 4월에 제 1회 시험을 실시하였다. 나무의사가 되기 위해서는 '나무의사 양성기관'에서 일정 기간(약 150시간) 교육 이수 후에 자격시험에 합격하여야 한다. 2023년 현재 전국적으로 1,152명의 나무의사가 배출되었다.

2012년에는 한국곤충학회, 한국응용곤충학회, 한국양봉학회, 학국잠사학회 공동으로 대구에서 제24차 세계곤충학회를 유치하였으며, 전 세계에서 2,500여명이 참석하였다.

우리나라 해충학 연구는 제2차 세계대전 이후서부터 시작되었다. 일제강점기 30여 년 동안은 우민화 정책으로 해충학 연구는 일본인들에 의해서만 이루어졌고 해방 후 대부분의 자료를 가지고 갔으며, 그나마 남아 있는 것도 6.25 전쟁으로 모두 소실되었다. 짧은 기간 동안 해충학 연구는 선진국의 연구에 결코 손색이 없는 수준까지 발전하였다(현 1994).

제2장

식물해충의 종류와 피해

제2장 식물해충의 종류와 피해

01 식물해충의 기원

앞서 기술한 바와 같이 해충은 상대적 개념으로 인간의 이해관계에 충돌을 일으키는 경우에만 해충으로 간주할 수 있다. 그렇다면 자연생태계의 곤충 혹은 다른 생물들이 작물이나 임목을 가해하여 인간에게 경제적 피해를 일으키는 해충으로 부상되는 원인은 무엇일까? 다음과 같이 다섯 가지의 원인을 제시할 수 있다.

(1) 단일경작(monoculture)으로 인한 특정 해충의 증식

인간의 작물재배 방식, 즉 한 가지 작물을 넓은 면적의 땅에 일률적으로 심고 수확하는 단일경작에 의해 특정 해충의 증식이 유발될 수 있다. 특히 대부분의 작물은 선택적 육종에 의해 단단함과 기피물질 등의 방어시스템이 약화된 경우가 많아 그 피해가 더 커질 수 있다(Van Driesche & Bellows 1996).

(2) 외국에서 도입되는 경우

외국에서 침입한 생물이 천적의 부재에서 그 밀도가 늘어나 해충으로 되는 경우로 우리나라에서는 꽃매미, 소나무재선충, 사과면충, 미국흰불나방, 벼물바구미, 밤나무혹벌 등이 그 예이다(Hong *et al*. 2012). 최근 40년간 매년 약 0.85종의 외래곤충이 도입되어 정착하였으며, 그 중 77%가 중요한 농업해충이었다(표 2-1, Hong *et al*. 2012). 미국의 경우 해충의 39%, 식물병의 31%, 농작물과 관계있는 잡초의 73%가 외국에서 도입된 것이라고 하였다.

표 2-1. 농작물의 주요 침입 해충.

침입해충	기주식물	발견연도	침입경로
사과면충 (*Eriosoma lanigerum*)	사과	1910	미국 또는 유럽
이세리아깍지벌레 (*Icerya perchasi*)	귤	1910	미국, 대만
포도뿌리혹벌레 (*Daktulosphaira vitifoliae*)	포도	1912-1913	미국
솔잎혹파리 (*Thecodiplosis japonensis*)	소나무	1929	일본
미국흰불나방 (*Hyphantria cunea*)	활엽수류	1958	미국
밤나무혹벌 (*Dryocosmus kuriphilus*)	밤나무	1958	중국
솔껍질깍지벌레 (*Matsucoccus matsumurae*)	곰솔	1963	-
감자(뿔)나방 (*Phthorimaea operculellai*)	감자 및 가지과 식물	1968	일본
온실가루이 (*Trialeurodes vaporariorum*)	하우스 작물	1977	일본
벼물바구미 (*Lissorhoptrus oryzophilus*)	벼	1988	일본
소나무재선충 (*Bursaphelenchus xylophilus*)	소나무	1988	일본
꽃노랑총채벌레 (*Frankliniella occidentalis*)	채소, 화훼류	1993	유럽
아메리카잎굴파리	채소류	1994	유럽

침입해충	기주식물	발견연도	침입경로
(*Liriomyza trifolii*)			
버즘나무방패벌레 (*Corythucha ciliata*)	버즘나무	1995	미국
담배가루이 (*Bemisia argentifolii*)	채소, 화훼류	1998	이스라엘
아까시잎혹파리 (*Obolodiplosis robiniae*)	아까시나무	2002	미국
꽃매미 (*Lycorma delicatula*)	활엽수류	2006	중국
미국선녀벌레 (*Metcalfa pruinosa*)	활엽수류	2009	미국 또는 유럽
갈색날개매미충 (*Pochazia shantungensis*)	활엽수류	2010	중국

(3) 생물적 특성의 변화에 의한 경우

곤충의 이러한 생물적 · 유전적 특성의 변화 등으로 가해의 정도가 커지거나 기주 식물의 종류를 달리하여 가해하는 경우가 발생한다. 예를 들어 미국의 콜로라도감자잎벌레(Colorado potato beetle)는 원래 야생 가지과 식물의 잎을 가해했으나 백인들이 감자재배를 늘린 이후 감자의 주요 해충이 되었다. 밤나무혹벌은 1960년대 중국에서 우리나라로 유입되었고 1975년에는 미국 조지아주까지 침입하였는데, 내충성 품종을 개발하여 방제가 성공하는 듯 했으나, 곧 이들의 생리적인 변화로 내충성 품종도 가해할 수 있게 되었다. 1860년대 중반 미국에서 프랑스로 전해져 프랑스의 와인 산업에 큰 타격을 준 포도뿌리혹벌레도 미국산 저항성 포도 품종(*Vitis* sp.)의 대목을 사용하여 1890년에 이 문제를 완전히 해결하였으나, 1980년대 미국 캘리포니아 소노마(Sonoma)와 나파(Napa)군에서 다시 문제가 되기 시작했는데, 이것은 100여 년 동안 사용된 저항성대목에 적응한 새로운 계통의 포도뿌리혹벌레가 출현했기 때문이었다.

(4) 인간의 반응이 변한 경우

벼에서 흑다리긴노린재, 가시점둥글노린재, 흑다리잡초노린재, 붉은잡초노린재 등은 벼의 수확량보다는 품질저하(반점미 유발)를 일으키며, 이러한 반점미는 소비자들이 품질을 중시하는 경향으로 바뀌면서 상품성이 현저히 떨어지게 되었다. 또한 과거와는 달리 식품 위생에 대한 소비자의 관심이 커지면서 식품위생법이 강화되었으며, 특히 식품 중에 잔류하는 해충의 잔해나 배설물 등은 큰 문제가 된다.

(5) 환경조건의 변화에 의한 경우

최근 대기온도의 상승으로 채소 및 과수류의 노린재 피해가 늘고 있는 것이 그 예가 되겠다. 또한 환경조건의 변화에 의해 해충의 발생이 줄어든 경우도 있다. 1970년대 초까지 우리나라의 가장 중요한 해충이었던 이화명나방(*Chilo suppressalis*, 5월 중순부터 우화 시작)의 밀도가 1970년대 후반부터 감소한 것은, 벼의 모내는 시기가 6월 중순에서 5월 하순으로 앞당겨지고 물대기가 잘 되어 모내기 기간이 짧아졌기 때문이다. 이외에도 농약의 사용, 초가지붕의 감소로 인한 유충의 월동처 감소 등도 원인으로 작용했을 것이다. 애멸구(*Laodelphax striatellus*)는 봄철 보리에서 한세대가 경과(4-5령의 월동충이 3월 성충이 된다)되어야 하나 1970년대 다수성 통일계 벼 품종의 보급과 논보리 재배면적의 감소로 애멸구 발생량이 줄고 그가 매개하는 벼줄무늬잎마름병의 발생을 감소시켰다[12].

02 식물해충의 종류

문헌에 기록된 식물의 해충은 크게 선형동물(선충류), 연체동물(달팽이류), 절지동물(곤충과 응애류)이 대부분을 차지하고 있으며, 그 중 곤

12) 하지만 최근(2007)에는 과거와 달리 전북과 충남 등 남부 지방에서 다시 문제가 되고 있는데, 이것은 중국 남부의 Jiangsu와 Zhejiang 등지에서 2000년 이후 증가한 애멸구 개체군의 비래(Otuka *et al.* 2010)에 의한 것으로 보고되었다.

충이 전체 종수의 94.8%를 차지하고 있다. 곤충에서는 나비목 해충이 40.1%, 딱정벌레목 해충이 20.1%, 노린재목 해충이 22.7%를 차지하고 있다(현 1994, 표 2-2).

표 2-2. 문헌에 기록된 식물 해충의 분류군별 수(현 1994).

문(Phylum)	강(Class)	목(Order)	과(Family)	종(Species)
선형동물문	측미선강	참선충목	17	97
	무측미선강	창선충목	2	10
연체동물문	복족강	병안목	2	2
절지동물문	거미강	응애목	6	27
	곤충강	전체	184 (503)	2,473 (14,188)
		나비목	57 (73)	1,008 (3,702)
		딱정벌레목	31 (101)	518 (3,658)
		노린재목	50 (83)	691 (1,886)
		벌목	16 (58)	102 (2,791)
		파리목	10 (66)	102 (1,367)
		메뚜기목	7 (11)	2 (161)
		총채벌레목	3 (3)	50 (87)
		대벌레목	2 (2)	3 (5)
		바퀴목	4 (6)	8 (20)
		집게벌레목	1 (5)	2 (21)
		좀목	1 (1)	1 (1)

괄호 안의 수는 2010년 현재 기록된 전체 수(Paek *et al.* 2010).

03 식물해충의 분류

해충은 피해의 정도와 출현 빈도수에 따라 크게 4가지로 나눌 수 있다. 매년 작물에 심각한 피해를 일으키며 발생하는 경우는 (1)관건(혹은 주)해충(key pest)이라 하며 목화진딧물, 배추좀나방, 복숭아순나방 등이 그 예이다. 작물에 대한 피해가 그리 크지 않으나 작물의 시장 가격에 따라 해충이 되기도 하는 것은 (2)이차해충(secondary pest)이라 하며, 미국에서 발생하는 매미나방과 같이 특정 시기 특정 장소에서만 해충이 되는 경우는 (3)비상시 해충(occasional pest)이라 한다. 또한 응애류와 같이 살충제로 인해 천적부재 상태가 되면서 해충으로 되는 경우는 (4)유도해충(induced pest)이라고 한다(**그림 5-3의 '해충의 격발 현상' 참고**).

04 식물해충에 의한 농작물 생산 피해 현황

1967년 통계자료에 의한 전 세계적인 피해 규모는 전체 생산량의 32%로 그 중 동물에 의한 피해는 11%, 식물병에 의한 피해는 12%, 잡초에 의한 피해는 9%이었다. 27년이 지난 1994년에는 그 피해 규모가 오히려 더 커졌는데[13], 전체 피해규모는 43%였으며(**아래 요약표 참고**), 이중 동물에 의한 피해는 16%, 식물병에 의한 피해는 12%, 잡초에 의한 피해는 15%이었다.

1967년	1994년	2019년
(1) 작물별 곡 류 : 25-45% 채소류 : 28% 과수류 : 28% (1) 원인별 병 해 : 12% 충 해 : 11% 잡초해 : 9% 계 : 32%	(1) 작물별 벼 : 52% 옥수수 : 38% 콩 : 33% (2) 원인별 병 해 : 12% 충 해 : 16% 잡초해 : 15% 계 : 43%	(1) 작물별 벼 : 25~41% 옥수수 : 20~41% 콩 : 11~32%

13) 미국에서도 1945년과 비교해서 살충제 사용은 10배가 증가하였으나 해충에 의한 작물의 피해는 오히려 7%에서 13%로 증가하였다(Pimentel *et al.* 1991).

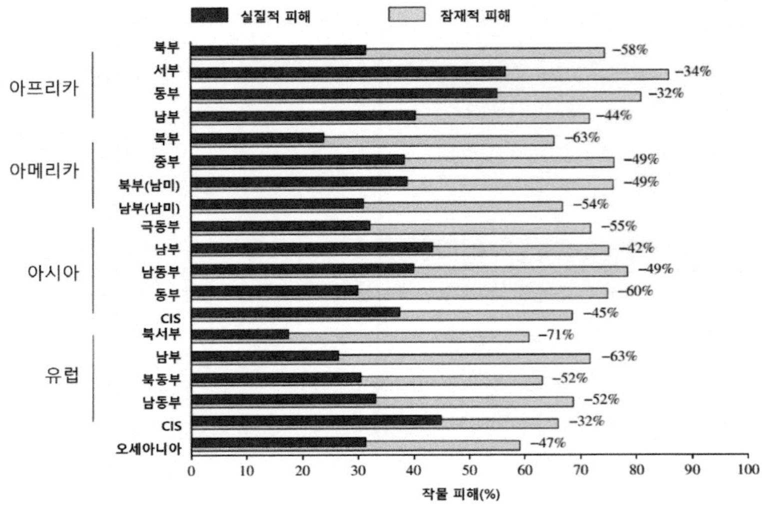

그림 2-1. 전 세계 각국의 잠재적 작물 피해와 작물 보호 실행에 의한 실질적 작물 피해 양상. 경제적 피해 수치는 보리, 목화 종자, 옥수수, 유채 종자, 감자, 쌀, 콩, 목화, 사탕수수, 토마토, 밀에서 추정되었다(Oerke 2006).

또한, 직접적인 비교는 어렵지만, 2019년에도 크게 변화되었다고 보기는 어렵다(Savary *et al*. 2019). 이러한 피해 규모는 농작물의 수확 후에 저장 중 일어나는 피해를 고려하면 더 커지게 되는데, 일례로 1991년 세계적인 수확 전 피해규모는 35%였지만 수확 후 피해 규모인 20%가 더해져서 전체 피해율은 55%로 이는 농작물을 재배해서 우리가 섭취하기 전 까지 반 이상이 각종 해충에 의해 없어지는 것이다[14]. 이러한 추세라면 제2의 식량증산이 없다면 지구는 기아 인구의 증가로 대혼란의 시대를 맞이할 것으로 미래학자들은 예측하고 있다. 특히 해충에 의한 작물의 생산성 감소가 지역의 경제적 개발 정도와 기후에 따라 편차가 크게 나고 있어**(그림 2-1)** 특정 지역의 피해는 더 클 것으로 생각된다.

따라서 현재의 식량 부족을 막을 수 있는 가장 현실적이고 시급한 방법은 바로 위에서 언급한 해충에 의한 작물 생산량 피해를 낮추는 것이 될 것이다. 즉 해충에 의한 피해규모를 전 세계 기아 인구의 비율[15] 만

14) 단, 미국의 경우 1991년 수확 전의 피해는 37%로 세계 평균을 웃돌았으나 수확 후 피해는 9%로 세계 평균에 비해 현저히 낮았다.

15) Lobell *et al*. (2008)이 전 세계 기아 인구가 약 8억 명이라고 하였으므로 전체의 13%

큼만 줄여도 이론상으로는 전 세계 식량문제 해결에 큰 도움이 될 것이다[16].

05 식물해충에 의한 작물의 피해 양상

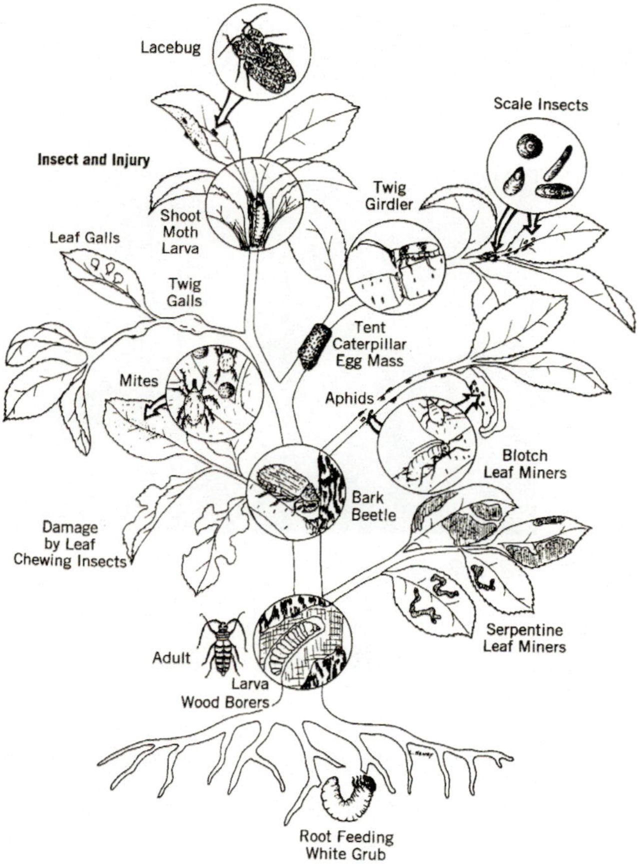

그림 2-2. 해충에 의해 피해를 받는 작물의 다양한 부위(Norris *et al.* 2013).

이다.

16) 물론 식량자원의 분배와 관련한 국제적 합의가 선결되어야 할 것이다.

(1) 식물체 부위의 가해

나방류(파밤나방, 배추좀나방 등)와 파리류(아메리카잎굴파리 등) 해충은 잎을 섭식하여 작물의 광합성 면적을 축소시켜 생산성 감소를 일으킨다(**그림 2-3**). 벼물바구미와 포도뿌리혹벌레, 선충류는 작물의 뿌리를 가해하여 작물의 성장을 저해한다. 거세미나방과 땅강아지는 식물의 유묘를 직접 가해하여 치사시킨다. 선충류, 진딧물류, 가루이류, 깍지벌레류, 노린재류, 멸구류, 매미충류, 총채벌레류 등은 식물체 다양한 부위에서 체액을 흡즙[17]하여 피해를 주는 종류들이다. 국화하늘소와 멸구류는 산란관(**그림 3-3**)으로 식물체 조직에 상처를 냄으로써 피해를 입힌다.

그림 2-3. 굴파리류에 의한 잎에서의 피해.

(2) 작물에 유해한 독성물질 분비

많은 수의 해충은 식물체에 유해하거나 기주식물의 생리적 반응을 유도하는 물질을 분비한다. 이는 결국 작물 성장이나 생산량을 감소시킨다. 예를 들어 잡초는 기주 식물의 성장을 저해하는 화학물질(타감물질, allelochemicals)을 분비하며, 뿌리혹선충은 기주식물 뿌리에 침입한 후 화학물질을

17) Shaw (2014)는 흡즙성 곤충이 번성할 수 있었던 주요한 원인으로 식물 조직에 비해 식물 즙액은 (1) 영양이 더 풍부하고, (2) 리그닌(lignin)과 셀루로스(cellulose)와 같이 소화가 어려운 물질들이 없으며, (3) 플라보노이드(flavonoids)와 다른 2차 대사물질(secondary defensive chemicals)과 같은 식물 방어 물질도 없는 장점이 있다고 하였다.

주입하여 기주식물 뿌리부위의 이상 증식을 유도해서 혹을 형성시킨다. 또한 진딧물의 경우 구침을 삽입할 때 진딧물의 침샘에서 독성물질을 주입하게 되는데, 이 물질은 식물의 기형적인 성장을 초래한다.

(3) 물리적인 손상

절지동물이나 선충류 해충은 식물체에 상처나 구멍을 만들어 병원균의 침입점을 제공한다. 조명나방의 경우 옥수수 잎 뒷면에 산란하지만 부화한 유충 다수가 줄기내로 침입할 경우에는 줄기가 쓰러지게 된다(도복 현상). 특히 물리적인 손상을 입은 농작물은 운송이나 저장 중에 쉽게 썩게 되어 전체적인 수확물의 질이 낮아진다.

(4) 수확물의 미적(Cosmetic/Aesthetics) 손상

해충에 의해 피해 받은 농산물은 소비자들이 외면하기 쉬워 판매가 어려워진다. 복숭아심식나방이 들어있는 사과나 뿌리혹선충에 의해 발생된 혹이 있는 당근 등은 상품가치가 없다고 할 수 있다.

(5) 식물병의 매개 및 유인

해충의 섭식이나 산란에 의한 직접적인 피해보다도 해충에 의해 옮겨지는 식물병이 더 큰 경제적 피해를 일으키기도 한다. 바이러스병을 매개하는 해충의 예로는 끝동매미충(벼의 오갈병), 애멸구(벼줄무늬잎마름병), 복숭아혹진딧물(오이모자이크바이러스, 담배모자이크바이러스 등 100여종의 바이러스 매개), 총채벌레(토마토반점위조바이러스) 등이 있다. 이외 진딧물, 깍지벌레, 가루이류는 작물에 균류병인 그을음병(**그림 2-4**)[18]을 유인한다.

그림 2-4. 진딧물에 의한 그을음병.

(6) 직접적인 오염

곤충 잔해가 생산물 속에 섞이는 경우와 잡초의 씨가 다른 곡물에 섞이는 경우가 있다.

(7) 방제비용 유발

해충에 의한 작물의 피해와 더불어 해충방제에 필요한 추가 비용(살충제 구입비, 연료비, 천적 구입비, 인건비 등)을 발생시킨다.

(8) 환경적 사회적 비용 유발

해충 방제 및 관리를 위한 재배적인 방법에 대한 비용으로 흙갈이는 농토의 침식을 유발시키며 농약은 지하수 오염을 유발한다. 농자재 사용 시의 사고 혹은 농약에 노출되어 농민의 건강이 위협 받을 수 있으며 따라서 의료비 등의 공공비용이 들어가게 된다. 이들은 특히 정량화가 어렵다.

(9) 엠바고, 검역, 운송비용 유발

수출입 농산물에서 해충이 발견되어 엠바고(embargo, 통상금지)에 따른 비용이 들어가며, 이를 피하기 위한 훈증과 같은 사전 소독에 들어가는 방제 비용들을 포함한다. 미국의 경우에는 같은 국가이지만 플로리다주와 캘리포니아주간의 오렌지 유통을 엄격히 관리하고 있다. 1991년 캐나다는 우리나라 수출선박에서 아시아 매미나방(Asian gypsy moth, AGP)을 처음 발견한 후 선박의 입항을 거부하여 수출품 인도 지연과 계약위반 벌금 등의 경제적 피해를 초래하였다. 이러한 문제를 해결하기 위해 정부에서는 2012년 국제식물검역인증원을 설립하였다.

---

18) 그을음병은 주로 매미아목 곤충의 배설물에 의해 유발되는 식물병이다. 이 배설물에는 잉여의 수분과 미량의 당이 함유되어 있어 감로(honeydew)라고 불리는데, 이것은 매미목 곤충이 식물체액을 흡즙한 후 대부분의 영양분은 걸러서 흡수하고 나머지 잉여의 수분을 배설하는 과정에서 만들어진다(Shaw 2014). 건조한 지역에서는 감로가 식물 가지 위에서 결정체가 되어 밑으로 떨어지는데, 이것이 '예상밖의 행운'이라는 뜻으로 사용되는 'manna from heaven'의 어원이기도 하다.

제3장

식물해충의 종류별 특징

제3장 식물해충의 종류별 특징

01 선형동물문(Phylum Nematoda)해충 : 선충

1.1. 선충의 일반적인 특징

선충은 선형동물문(Nematoda)에 속하는 좌우대칭형의 실모양(=nemato)의 무척추동물로 체강과 완전한 소화기관을 갖추고 있지만 부속지가 없으며 몸은 분절되어 있지 않다(**그림 3-1**). Viglierchio (1991)는 선충의 종류를 약 일백만종으로 추정하였으며, 곤충과 더불어 지구상에서 가장 생물다양성이 높은 동물 집단 중의 하나이다. 하지만 1978년부터 1987년까지 10년간 발표된 논문 수를 비교해보면 선충의 경우에는 1,900편인 반면, 곤충에 대한 연구는 17,000편이 출간되어 선충에 대한 연구가 상대적으로 매우 적었다. 이는 선충이 대체로 몸길이가 1mm 내외로 그 크기가 매우 작아 연구가 용이하지 않다는 점이 그 이유이다.

약 50%의 선충은 지구상의 해양에서 서식하고 있으며, 우리에게 관심의 대상인 식물기생성 선충은 약 10% 정도이다. 그 외 다른 선충 혹은 동물에 기생하는 선충류가 15% 정도 차지하며, 이 중 고래에 기생하는 선충은 그 길이가 8m에 이르는 것으로 보고되었다. 그리고 나머지 25%의 선충은 토양에서 유기물질 혹은 선충을 포함한 다른 생물들을 포식하면서 살아가고 있다(**그림 3-2**).

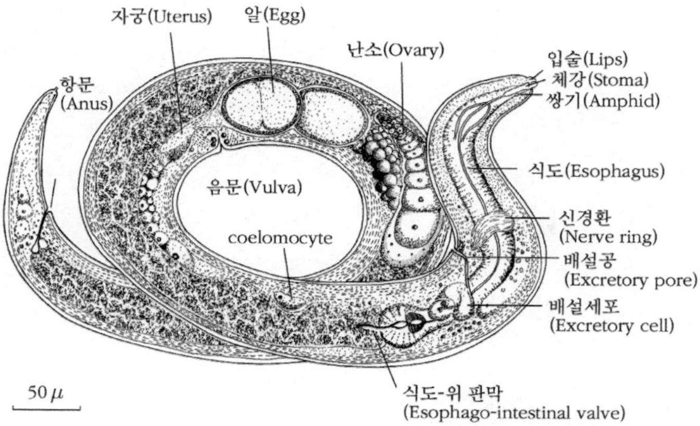

그림 3-1. 선충의 일반적인 해부구조(Dropkin 1989).

최초의 선충은 기원전 2700년에 중국의 의서에 기록된 장선충류(*Ascaris* sp.)였다. 기원전 1250년에는 모세가 메디나충(guinea worm)을 '유대인의 불뱀(fiery serpent of the Israelites)' 이라고 묘사한 기록이 있으며(Middle East Bible 21:6-9), 기원전 430년에는 히포크라테스가 그의 금언(Aphorism)에서 요충(pinworm)에 대해 논의하였다. 기원 후 1650년에 Leeuwenhoek가 현미경을 제작하여 미생물 수준의 작은 크기인 선충에 대한 연구나 관심이 늘어나기 시작하였다. 그래서 1743년에는 Needham이 첫 식물기생성선충인 밀알선충(*Anguina tritici*)을 발견하였는데 이것을 근대 선충학의 시작으로 여기고 있다. 또한 1855년에는 Berkeley가 영국에서 오이를 가해하는 뿌리혹선충을 보고하였다. 1918년에는 Cobb이 '선충학(Nematology)'라는 학문명을 최초로 제안하였는데, Cobb은 미국 선충학의 아버지로 불린다. 1919년에는 한국에서 최초로 밀알선충(*Anguina tritici*)이 황해도에서 발견되었다. 앞서 언급한대로 선충학에 대한 연구는 다른 분야에 비해 상대적으로 적었으며, 1951년에서야 최초의 선충학 국제 심포지움이 영국에서 개최된 바 있다.

선충은 일반적으로 유성생식을 하며 알과 4영기의 유충과 성충으로 생활사가 구성되어 있다. 각 유충은 탈피를 통한 크기 성장을 한다.

선충에는 우리 몸에 기생하는 종들(메디나충, 직장탈출[rectal prolap

sel을 일으키는 편충[whipworm, *Trichuris trichiura*], 상피병[elephantia sis]을 일으키는 *Wuchereria bancrofti* 등)이 있어 의학적으로 유해하지만, 한편으로 예쁜꼬마선충(*Caenorhabditis elegans*)은 1998년 유전자 지도가 완성되어 인류를 위한 기초의학연구의 중요한 모델이 되었다. 또한 농업에서도 직접적인 섭식과 식물병의 매개로 커다란 경제적 손실을 주고 있지만, 일부 곤충기생성(**그림 3-3**) 혹은 곤충병원성 선충들(*Heterorhabditis* spp.와 *Steinernema* spp.)은 여러 곤충 해충의 중요한 생물적 방제 인자이다.

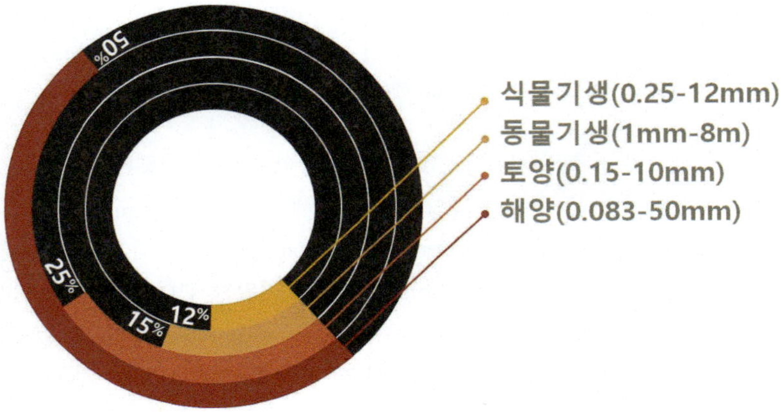

그림 3-2. 선충의 서식처별 분포와 체장.

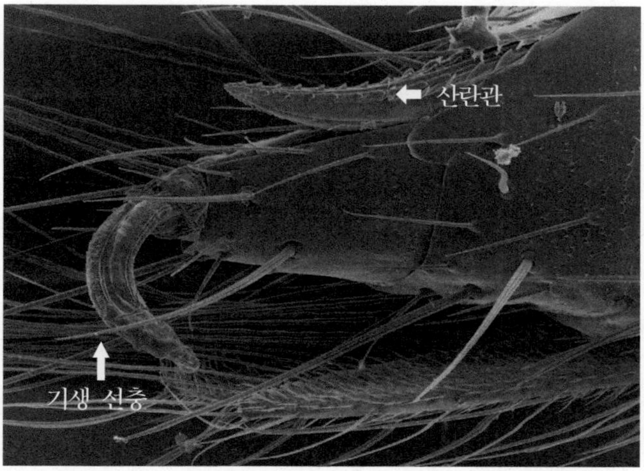

그림 3-3. 꽃노랑총채벌레의 항문을 통해 탈출하고 있는 곤충기생성선충.

1.2. 선충에 의한 농작물의 피해

선충에 의한 농작물의 피해는 다양한 방식으로 다양한 작물체 부위에 나타난다. 우선 식물체를 직접 섭식(또는 흡즙)하는 경우로 뿌리를 가해하는 뿌리혹선충과 뿌리썩이선충, 줄기를 가해하는 줄기구근선충, 잎을 직접 가해하는 국화잎선충과 같은 잎선충류가 있다(**그림 3-4**). 선충의 식물체의 이상 발육(=혹 형성)을 유도하기도 하는데 식물의 뿌리에 혹을 형성시키는 뿌리혹선충과 씨앗에 혹을 형성시키는 밀알선충과 같은 씨알선충류가 있다. 또한 직간접적으로 식물병을 매개 및 유발하는데 궁침선충과 검선충류는 바이러스병을 매개하며, 뿌리혹선충은 세균병인 시들음병을 유발하고 뿌리혹선충은 곰팡이균인 Fusarium의 증식을 유발한다. 국화잎선충은 다른 병원체 세균인 Corynebacterium fuscians와의 상호작용으로 딸기에서 전혀 다른 병징을 발생시키는데 이것은 Cauliflower병으로 알려졌다. 또한 선충은 식물체의 환경(고온이나 습도) 변화에 대한 적응력이나 식물체의 식물병에 대한 저항성을 약화시킨다.

그림 3-4. 식물체 부위별 발생하는 선충의 종류(Viglierchio 1991).

1.3. 선충류의 방제법

선충의 방제법으로는 우선 에틸렌다이브로마이드(Ethylene Dibromide, EDB)와 클로로피크린(Chloropicrin, CP) 같은 토양 훈증제를 사용하는 화학적 방제가 있다. 하지만 토양처리에 비용이 많이 들며, 비표적 생물에 대한 영향, 환경오염의 부작용이 있다. 실제로 다이브로모클로로프로페인(Dibromochloropropane, DBCP)와 같은 살선충제는 사람의 남성에 불임을 일으킬 수 있고 1977년에는 캘리포니아에서 지하수를 오염시키는 것으로 알려져 옥사밀(oxamyl)과 같이 잔류성이 적은 것으로 대체된 바 있다. 이와 같은 문제점을 피하기 위해서는 돌려짓기

(crop rotation), 휴경(fallow rotation), 작물의 심는시기 조절, 유인작물(trap crop) 재배 등과 같은 **재배적 방제법**을 사용할 수 있다.

특정 선충의 번식에 부적절한 작물을 일정기간 재배하여 토양중의 선충 밀도를 감소시킨 후 주 목적으로 하는 작물을 다시 심는 돌려짓기는 식물선충이 기주범위가 넓다하더라도 모든 작물을 다 기생할 수 있는 것이 아니므로, 선충이 선호하지 않는 작물을 재배하면 선충개체군이 감소하게 된다는 것에 이론적 바탕을 두고 있다. 돌려짓기는 다른 방제법, 즉 살선충제 등과 함께 사용할 수 있어 종합적해충관리(IPM) 적용이 용이한 방제법이다. 따라서 선충이 선호하는 작물과 선호하지 않는 작물을 바꿔가며 재배함으로써 선충의 개체군 밀도를 경제적피해수준 이하로 유지시킬 수 있다. 미국에서는 목화-옥수수-땅콩과 같은 3년 돌려짓기로 뿌리혹선충을 방제할 수 있다고 하였으며, 네덜란드에서는 감자씨스트선충을 방제하기 위해 3년의 재배기간 중 1년 이상 감자나 다른 감수성 작물을 재배하지 못하도록 법적으로 금하고 있다. 하지만 농민은 주로 한 가지 작물에 익숙한 경우가 많아 새로운 작물을 재배함으로써 추가노력이 들며 새로운 농자재로의 교체 등으로 인해 추가비용이 발생한다. 돌려짓기하는 작물의 경제적 가치가 떨어지는 경우가 있으며, 돌려짓기하는 작물을 선호하는 다른 선충의 밀도를 오히려 증가시킬 수 있는 단점이 있다. 따라서 대학이나 연구소에서 충분한 연구 후에 실제 적용해야 한다.

휴경은 일정기간 동안 선충의 기주식물을 그 선충이 있는 포장에 심지 않는 방법이다. 예를 들어 밀뿌리썩이선충(*Pratylenchus thornei*)은 이스라엘에서는 밀의 이어짓기로 인해 큰 문제가 되는데 휴경을 하면 선충 밀도가 90% 감소하며, 수확은 40-70% 증가함이 밝혀졌다. 하지만, 휴경시 작물과 잡초에 모두 기생하는 선충을 대상으로 할 경우에는 제초제를 살포해서 휴경지의 잡초를 제거해 두어야 한다[19]. 또한 휴경으로 인해 바람에 의한 겉흙유실, 물에 의한 침식, 토양 비옥도 감소 등의 역효과가 있을 수 있다.

작물의 심는시기 조절은 선충 개체군이 발생하여도 선호하는 작물의

19) 단, 씨스트선충과 같이 기주식물이 없어도 오랫동안 생존할 수 있는 선충의 경우에는 그 효과가 없을 수 있다.

발육단계가 되지 않도록 하는 것으로 미국 캘리포니아주에서는 사탕무우 씨스트선충에 의한 피해가 사탕무우를 3-4월에 재배했을 때보다 1-2월에 재배했을 때 더 적었으며, 미국 노스캐롤라이나주의 경우에도 감자를 이른 봄에 재배함으로서 뿌리혹선충에 의한 피해를 줄일 수 있었는데, 이것은 감자는 낮은 기온의 이른 봄에도 잘 자라지만 뿌리혹선충은 저온에서 잘 증식하지 않았기 때문이었다.

이외 재배적 방제법으로는 선충이 선호하는 식물을 그 선충의 밀도가 높은 포장에 심어 유인한 다음 생식작용이 일어나기 전에 그 식물을 캐내어 제거하는 유인작물 이용법 등이 있다.

파슬리와 샐러리와 같은 식물은 선충에 대한 저항성이 높은 것으로 알려져 있는데, 이러한 식물을 선충에 저항성을 가지고 있다고 하며, 선충의 가해를 받으면 방어하는 화학물질을 생산한다. 아스파라거스는 뿌리에서 글리코시드(glycoside)를 분비하는데 이는 궁침선충속 선충(*Trichodorus* spp.)에 독소로 작용한다. 또한 매리골드는 뿌리썩이선충(*Pratylechchus* spp.)에 치명적인 화학물질(terthienyl, bithienyl)을 분비한다. 저항성 작물을 이용하는 것의 장점은 선충의 증식을 완전히 방지할 수 있고, 매년 돌려짓기를 하지 않아도 되어 경작지를 좀 더 효과적으로 이용할 수 있으며, 환경 및 비표적 생물에 대한 독성이 없으며, 방제 기자재가 특별히 필요하지 않아 추가 방제 비용이 들지 않는다. 하지만, 주요 작물에는 그러한 저항성이 없는 경우가 많으며, 선충이 작물 저항성을 극복할 수도 있으며, 저항성 작물의 생산량이나 질이 감소할 수 있는 것은 단점이라고 할 수 있다.

자연적으로 일어나는 선충 천적의 기생이나 포식 작용을 이용하는 **생물적 방제법**을 사용할 수도 있다. 생물적 방제가 선충에서도 가능하다고 믿게 된 계기는 비료의 효능을 검정하기 위해 실험 식물들을 살균제로 처리하였는데 놀랍게도 씨스트선충의 밀도가 급격히 증가하는 것을 발견했기 때문이었다. 즉 살균제가 선충에 기생하고 있었던 곰팡이를 죽인 것이다. 선충을 공격하는 곰팡이 중 대표적인 종은 선충포획균(nematode trapping fungi)로 토양에서 흔히 볼 수 있고, 기주 범위가 넓으며, 세포배양이 가능하다. 선충이 곰팡이가 만든 트랩을 건드리게 되면 주위의 세포가 급격히 팽창해서 선충을 움직이지 못하게 한다. 이

후 곰팡이의 균사(hyphae)가 선충의 체벽을 뚫고 들어가서 죽인다. 또한, *Pasteuria penetrans*, *Pseudomonas fluorescens*, *Bacillus nematocida*, *Bacillus thuringiensis*와 같은 세균들도 생물적 방제원으로 알려져 있다.

*Pasteuria penetrans*는 선충기생성 세균으로 세균의 포자가 선충의 체표면에서 발아관(germ tube)이 자라나서 선충의 표피조직을 뚫고 들어가 증식한다. 선충이 죽어서 터지게 되면 증식한 세균의 포자가 방출되어 다른 선충을 기생하게 된다(Tian *et al*. 2007). *Pseudomonas fluorescens*와 같은 Rhizobacteria는 현재 3가지의 생물성 살선충제로 개발되어 있는데, 이들은 다양한 기작으로 선충을 저해하는데, 선충의 기주 인식을 방해하거나, 독소를 분비하며, 영양분을 두고 선충과 경쟁하고, 작물의 성장을 촉진시키거나 작물의 저항성을 유발하는 작용을 한다(Tian *et al*. 2007).

*Bacillus thuringiensis*는 다양한 곤충 종(나비목, 파리목, 딱정벌레목, 벌목 등)에 독성이 있는 δ-내독소(δ-endotoxin 또는 Cry)를 생산하는 것으로 알려져 있다. 또한 일부 내독소는 선충, 응애, 원생동물에도 독성이 있는 것이 알려져 있는데, 2007년 현재까지 선충에 독성을 보이는 6종의 내독소(Cry5, Cry6, Cry12, Cry13, Cry14, Cry21)가 알려져 있다. 이들 내독소는 선충의 장내에서 활성화되어 중장의 상피세포를 손상시켜 장의 기능을 저하시킨다(Tian *et al*. 2007). 이외에도 *Steinernema riobravis*와 같이 곤충뿐만 아니라 다른 선충에도 기생하는 선충도 생물적 방제원으로 사용될 수 있다.

선충의 생물적 방제에서는 어떤 특정 방제원의 투입만으로는 충분한 효과를 얻기가 어려울 수 있다. 이것은 선충의 서식 공간인 토양이 많은 미생물들이 서로의 상호작용에 의해 안정되어 있는 시스템이기 때문이다. 1g의 흙에 평균 10^9개의 세균, 10^5-10^6개의 곰팡이, 10^4-10^5개의 원생동물 등이 있으며, 이외에도 톡토기, 응애 등의 많은 수의 미소동물이 있다. 그래서 우리가 어느 한 가지 생물을 인위적으로 추가하더라도 그 효과는 미비할 수 밖에 없다. 특정 미생물의 수적 증가를 억제하는 완충작용이 있기 때문이다. 그래서 천적의 개별적 사용보다는 선충의 기생 혹은 포식성 천적이 들어있는 선충억제 토양(suppressive soil)을 이용할 수 있다. 즉, 선충억제 토양에서 식물선충에 감수성인 작물을 계속 이어짓기를 하면 식물선충이 늘어나겠지만 한편으로 선충의 천적 밀도도 늘어나서 자연적인 평형에 달하게 된다는 것이다.

선충의 발생을 억제하는 것과 함께 선충의 감염원을 차단하는 예방적 조치가 중요하다. 특히 선충이 전파되는 것을 막기 위한 포장 위생이 중요한데, 농기구들을 옮길 때는 항상 깨끗이 세척해야 하며, 또한 관계수로를 통해 전파되는 것을 막기 위해서는 중간에 저수지를 만들어 선충이 바닥에 가라앉게 한 후 다른 농지로 물을 공급한다. 또한 감염된 식물이 반입되지 않도록 해야 한다.

02 연체동물문(Phylum Mollusca) 해충: 달팽이와 민달팽이

2.1. 계통분류학적 위치

농작물의 주요 해충인 달팽이(snails)와 민달팽이(slugs)는 연체동물문(Mollusca) 중 복족강(Gastropoda)에 속하는 동물이다. 연체동물의 'Mollusca'는 라틴어의 molluscus(부드러운)에서 유래한 것으로 조개, 고둥, 문어, 오징어 등 100,000여 종이 기록된 동물군이다. 총 8개 강(class)으로 구성되어 있으며 배가 발인 무리라는 뜻의 복족강(Gastropoda)은 연체동물중 가장 큰 강으로 약 75,000여 종이 기록되어 있다. 서식지의 분포도 매우 다양하다. 발과 머리는 좌우대칭이나 몸 전체가 180도 비틀려 있다. 이외에 다리가 도끼를 닮았다고 하여 지어진 이름의 부족강(Bivalvia)이 있으며(조개, 홍합, 가리비 등이 속한다), 오징어, 문어가 속하는 두족강도 있다.

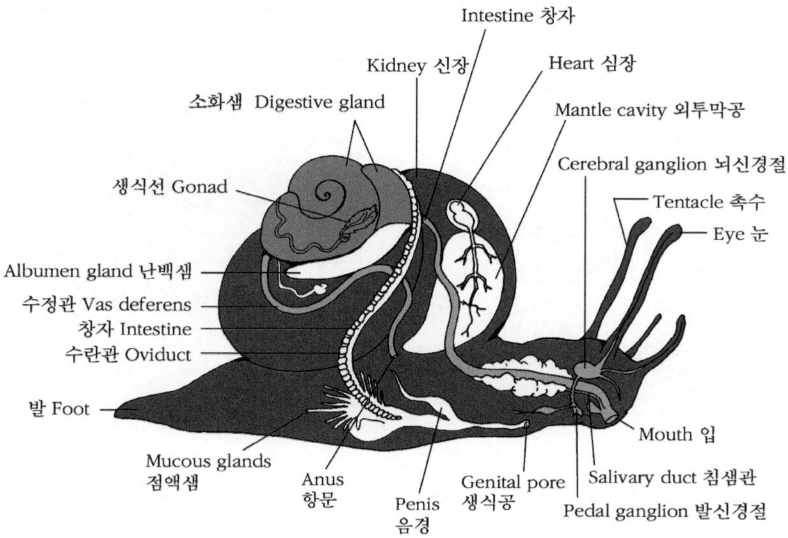

그림 3-5. 복족강 동물(달팽이)의 일반적인 내부구조(Miller & Harley 2005).

2.2. 형태적 특징

몸은 머리(head)와 움직임에 이용되는 발(foot), 대부분의 내부기관이 포함된 내장낭(visceral mass), 껍질을 분비하는 외투막(mantle)로 구성되어 있다(**그림 3-5**). 외투막이 폐낭(pulmonary sac)으로 변화하였고 2쌍의 촉수를 가지며 위쪽의 쌍은 끝에 눈을 가지고 있다. 육상에 살며 껍데기가 없는 것도 있다. 암수한몸(hermaphrodites) 혹은 암수딴몸이다.

2.3. 주요 해충 종(species)

Kim *et al*. (2010a)은 밀양과 부산지역에서 시설잎들깨를 가해하는 육상 달팽이의 종류를 조사한 결과 총 4종의 달팽이류를 발견하였으며, 민달팽이류 3종, 즉 민달팽이과(Phlomycidae)의 민달팽이(*Meghimatiu m bilineatum*), 뾰족민달팽이과(Limacidae)의 작은뾰족민달팽이(*Deroc eras reticulatum*)(**그림 3-6**)와 두줄민달팽이(*Limax marginatus*), 그리고 달팽이과(Bradybaenidae)의 달팽이(*Acusta despecta sieboldiana*) 1종이 있다고 하였다. 달팽이류의 발생량은 작은뾰족민달팽이가 가장 많으며, 다음은 달팽이 〉 두줄민달팽이 〉 민달팽이의 순이라고 하였다.

그림 3-6. 작은뾰족민달팽이.

2.4. 달팽이와 민달팽이에 의한 농작물의 피해 양상

달팽이류는 채소류, 인삼, 잔디, 감자, 초지 등을 가해하는 해충으로, 특히 시설재배지에서 피해가 심하다(Kim & Ohh 1990; Shin *et al*. 2001; Yoon *et al*. 2007). 직접적으로는 식물체를 섭식하여 신엽에 구멍을 내며, 유묘의 경우 식물체 전체의 고사를 유도하기도 한다. 간접적으로는 점액을 분비하여 식물체 표면을 지저분하게 하고, 또한 식물병을 매개하거나 유도한다(Yoon *et al*. 2007). 달팽이나 민달팽이는 담배모자이크바이러스(tobacco mosaic virus, TMV)를 매개하거나 그을음병을 유도하며, 명주 달팽이는 무름병이나 모썩음병의 발병을 유도한다.

2.5. 달팽이류의 방제법

달팽이류의 방제를 위해 메타알데하이드 입제 등의 약제를 사용할 수 있지만(KCPA 2024) 달팽이류는 몸체가 끈끈한 점액질로 덮여 있어 다른 일반해충에 비해 약제방제 효과가 낮다(Yoon *et al*. 200

그림 3-7. 유인제에 포살된 작은 뾰족민달팽이.

7). 기생성 선충을 이용한 생물적 방제법 등이 알려져 있지만 토양을 건조하게 관리하는 재배적 방제나 맥주와 담배가루 혼합액을 이용한 트랩이 효과적이다(Yoon *et al*. 2007)(**그림 3-7**).

03 절지동물문(Phylum Arthropoda)해충 : 곤충과 응애

3.1. 절지(=마디발)동물문의 특징

절지동물의 몸은 분절되어 있으며, 다른 환형동물과 달리 단순한 분절이 아니라 여러 가지 기능을 위하여 각기 특수화되어 있다. 절지동물은 단단한 키틴질의 외골격(exoskeleton)을 가지고 있다. 외골격은 몸을 보호하는 역할과 더불어 내부근육의 부착점이 되며(척추동물의 뼈와 같은 역할) 체외로의 수분 손실을 막는 중요한 역할을 한다. 하지만 성장함에 따라 탈피를 해야 하는 특징이 있다. 절지동물은 혈체강(hemocoel)을 가지고 있으며 개방혈관계를 통해 영양분, 노폐물, 공기의 교환이 일어난다. 또한 절지동물은 변태(metamorphosis)의 과정을 거쳐 성충이 되며 유충과의 행동적 생리적 특징이 상이하여 유충과 성충간의 먹이나 공간에서의 개체군내 경쟁을 줄이는 효과가 있다.

3.2. 곤충강(Class Insecta)

곤충은 하버드대학의 E. O. Wilson이 '지구를 움직이고 있는 작은 생명체 (little creatures who run the world)'라고 했듯이 지구상에서 가장 큰(그들의 종수와 생체중량 모두에서) 동물강이다. 살아있는 동물 종의 53%를 차지하고 있으며, 곤충 중의 개미들만으로도 육지에 살아 있는 전체 동물 생체중량의 4분의 1을 차지하고 있다(Robinson *et al*. 2011). 2008년 현재 전 세계에 기록된 곤충의 수는 약 925,000종이며(Freeman, 200

8), 아직 알려지지 않은 종까지 포함하여 학자에 따라서는 10,000,000종 혹은 30,000,000종으로 추정하고 있다. 이러한 곤충의 높은 다양성은 다음과 같은 특징 때문이다. 첫째, 곤충은 날개를 가지고 있다. 날개를 이용해서 날 수 있기 때문에 분산이 자유로우며, 먹이 탐색, 생식을 위한 배우자 탐색, 천적으로부터 보호 등에 유리하다. 날개를 사용하는 것은 효율적인 에너지 공급과 호흡 시스템이 필요한데, 곤충은 이를 위해 지방을 축적하여 가벼우면서도 고효율의 에너지원으로 사용하며, 산소의 전달을 빨리 할 수 있는 기관계를 발달시켰다. 둘째, 곤충은 키틴(chitin)으로 구성된 표피층이 경화되어 매우 단단한 외골격을 형성하고 있어 자신의 보호에 유리하다. 예를 들어 메뚜기 뒷다리를 찢는데 필요한 에너지가 5.56 kilojules/m^2 라고 하는데, 이 힘은 주철(iron cast)을 찢는 힘보다 더 크며, 곤충의 표피는 지구상에서 가장 강한 물질이라고 할 수 있다(Dirks & Taylor 2012). 다만, 단단한 표피층으로 인해 크기 성장과 감각기관의 발달에 제한을 받을 수 있는데, 곤충은 이에 대한 해결책으로 각각 탈피를 통한 크기 성장을 하고 감각모를 발달시켰다. 셋째, 곤충은 뛰어난 환경 적응성을 보여 극지에서 적도지역까지 분포하고 있으며 다양한 섭식 방법(초식성 hervibore, 육식성 carnivore, 부식성 detritivore, 잡식성 omnivore)을 보여주고 있다. 넷째, 곤충은 크기가 비교적 적어 (0.25mm-330mm) 분산에 용이하여 천적으로부터의 방어에 유리하며, 소량의 먹이원으로도 발육과 생식을 할 수 있다. 다섯째, 곤충은 변태(metamorphosis)를 하며, 이는 유충과 성충간의 먹이나 공간에서의 개체군내 경쟁을 최소화 하는 효과가 있다.

곤충은 인간에게 밀접한 영향을 미치는데, 우선 곤충은 75% 이상의 꽃식물의 수분을 담당하고 있으며, 농업 혹은 자연 생태계의 유지와 생산성에 꼭 필요한 존재이다(Robinson *et al.* 2011).

곤충은 인간에게 피해를 주기도 하는데, 미국에서는 전체 농업, 임업, 축산업의 생산성을 25% 이상 감소시키는 원인이어서 매년 300억 달러의 경제적 손실을 입힌다(Robinson *et al.* 2011). 하지만 전체 곤충의 1%미만이 해충으로 분류되는데, 미국의 경우 약 3,500여종이 해충으로서 관심을 받고 그 중 약 600종만이 심각한 해충으로 알려져 있다(Pedigo & Rice 2006).

또한 곤충은 농작물의 피해뿐만 아니라 인간에게 병을 일으키거나 병원균을 매개하는데, 모기에 의해 옮겨지는 말라리아병은 초기 원시 인류에 큰 영향을 미쳤으며 특히 초기 문명의 쇄락을 유도한 것으로 여겨지고 있다(Pedigo & Rice 2006). 곤충의 질병 매개로 인한 전 세계 피해액이 매년 500억 달러에 달하고 있다(Robinson *et al.* 2011). 따라서 농업, 의학, 수의학 분야에서 중요한 곤충들을 이해하고 이들을 관리하는 것이 인류의 건강과 복지 향상에 중요하다는 것은 두말 할 나위가 없다(Robinson *et al.* 2011). 이러한 곤충의 생물적인 특징을 형태적인 측면과 생태적인 측면으로 나누어 살펴보면 다음과 같다.

3.2.1. 곤충의 형태적 특징

(1) 머리(head), 가슴(thorax), 배(abdomen)로 구성

곤충은 머리, 가슴, 배의 환절체(tagmata)로 구성되어 있는데(**그림 3–8**), 이것을 합체절 형성(tagmosis)라고 한다. 머리에는 촉각(antennae), 겹눈(compound eye), 홑눈(ocellus), 입틀(mouthpart) 등의 부속기관이 있으며, 가슴은 앞가슴(prothorax), 가운데가슴(mesothorax), 뒷가슴(metathorax)으로 구성되어 있어 각 가슴마디에 1쌍씩 총 3쌍의 다리와 가운데가슴과 뒷가슴에 각 1쌍씩 총 2쌍의 날개를 가지고 있다. 배(abdomen)는 일반적으로 11개의 마디가 있으며, 소화관이 내부에 위치해 있으며 8-10마디에는 생식기관이 있다.

곤충의 입틀은 곤충에서도 가장 특징적인 구조로서 이를 통해 곤충의 섭식 방법을 알 수 있다(**그림 3–9**). 세부 구조는 윗입술(labrum), 큰턱(mandibles), 작은턱(maxillae), 아랫입술(labium)으로 구성되어 있으며, 이 들 구조가 모여서 구강을 이룬다. 저작형(씹는) 입틀에서는 큰턱과 작은턱을 사용해 음식물을 취한 다음 큰턱으로 잘게 부수어 윗입술과 아랫입술의 도움으로 구강으로 이동시키다. 반면 흡즙형(빠는) 입틀은 큰턱과 작은턱이 강모로 변형되어 서로 밀착시켜서 관을 형성하여 즙액을 이동시킨다. 아랫입술은 이들 강모를 둘러싸는 보호막 역할을 하게끔 변형되어 있다(Pedigo & Rice 2006).

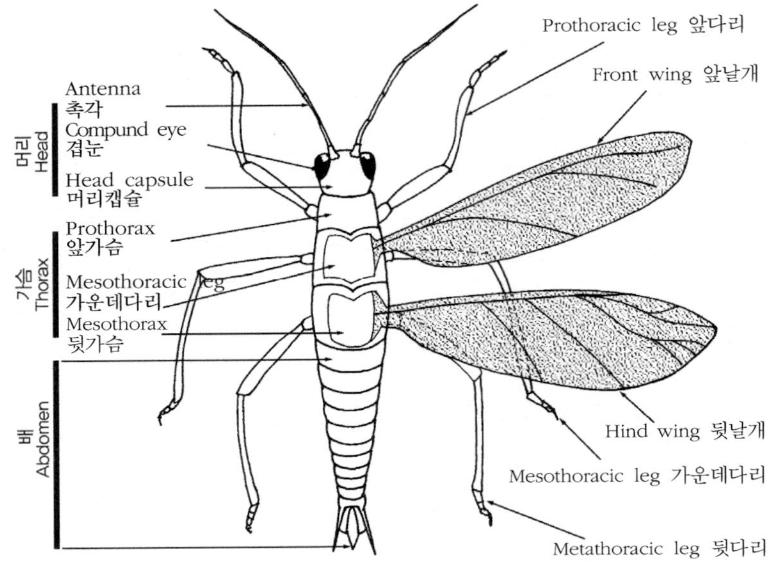

그림 3-8. 곤충 목의 주요 구조(Norris et al. 2003).

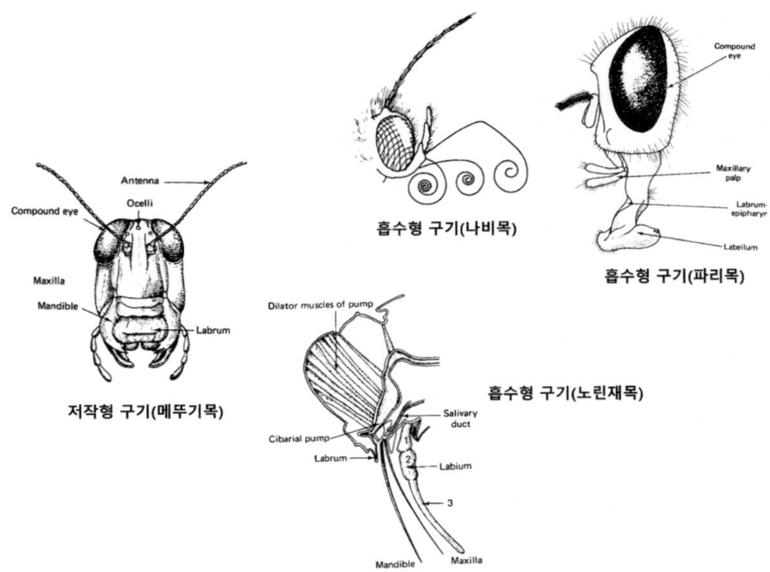

그림 3-9. 주요 해충의 입틀 모양(Pedigo & Rice 2006).

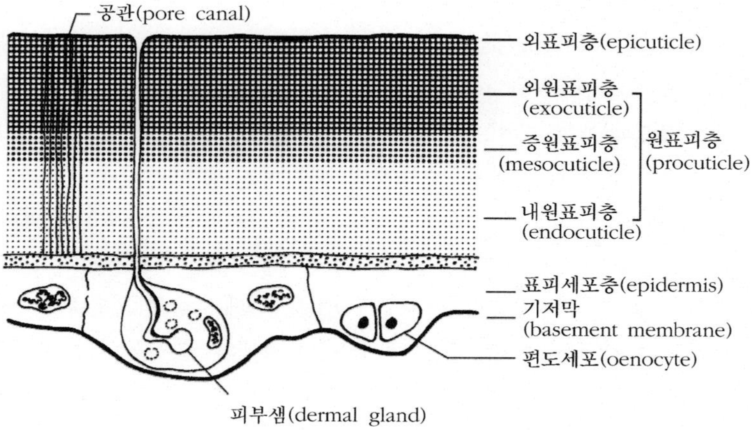

그림 3-10. 곤충 체벽의 단면도(Gillott 1980).

(2) 체벽(body wall)

절지동물과 같이 곤충의 체벽은 외골격으로 작용하며, 몸의 형태 유지 및 내부기관의 보호, 근육의 부착점으로서의 역할을 한다. 체벽은 표피층(cuticular layer), 진피층(epidermal layer), 기저막(basement membrane)으로 나뉜다(**그림 3-10**). 표피층이 경화되어 경판 또는 피부판(sclerotized plate = sclerite)을 형성한다. 피부판은 단백질 분자와 키틴분자가 연결되어 안정적인 3차원 구조를 형성하고 있다. 또한 체벽을 통해 수분증발을 억제하여 체내 수분 손실을 막는다.

(3) 섭식과 소화

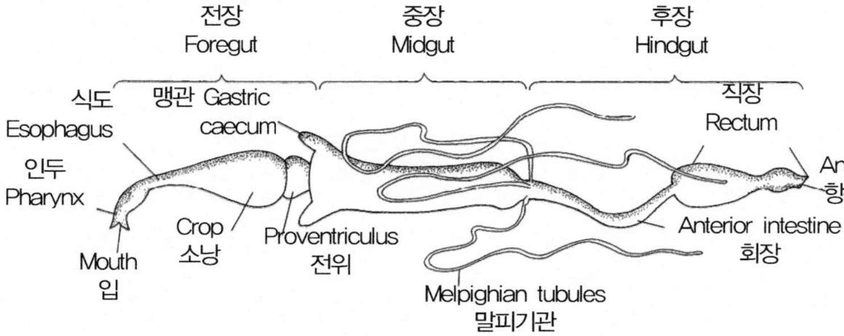

그림 3-11. 곤충 소화관의 모식도(Pedigo & Rice 2006).

곤충은 다양한 종류의 먹이를 섭식하고 소화할 수 있다. 섭식하는 먹이의 종류에 따라 농업해충들과 같이 식물을 먹고 사는 경우는 초식성(herbivore, phytophagous), 포식자나 기생자와 같이 동물성 먹이를 섭취하는 경우를 육식성(carnivores, zoophagous), 동식물의 사체나 유기물을 섭식하는 경우를 부식성(detritivores, saprophagous)으로 구분할 수 있다. 또한 식물성과 동물성 먹이를 다 섭취하는 경우는 잡식성(omnivores)이라고 하며, 노린재류(어떤 종은 다른 곤충을 잡아먹지만 먹이가 없을 경우 식물체를 섭취한다), 총채벌레(식물체를 주로 먹이로 하나 먹이가 부족해지면 다른 총채벌레나 응애의 알 등을 섭식한다) 등이 여기에 속한다. 곤충의 소화관은 전장(foregut), 중장(midgut), 후장(hindgut)으로 나뉘며, 전장에는 인두(pharynx, throat), 식도(esophagous, gullet), 소낭(crop, 음식물의 저장), 전위(proventriculus, 음식물의 분쇄)로 구성되어 있으며, 중장에는 소화효소를 분비하여 음식물의 소화와 흡수의 기능을 하며 후장은 소화되고 남은 찌꺼기를 항문(anus)을 통해 배출하거나 직장(rectum)을 통해 수분을 재흡수 하는 기능을 담당한다**(그림 3-11)**.

곤충에는 말피기관(Malpighian tubules)이라는 배설기관이 있는데, 이는 혈림프내 요산(uric acid)과 같은 노폐물을 제거하고 필요한 화합물을 체내에 남게 하는 기능을 한다. 제거된 요산은 다시 후장으로 분비한 후 직장을 거쳐서 항문을 통해 체외로 배설된다. 말피기관은 여러 개의 관(tubules)으로 구성되어 있는데, 그 수는 깍지벌레의 경우 2개에서부터 꿀벌의 경우에는 200개로 다양하다.

(4) 순환계

곤충은 혈액(혈림프, hemolymph)이 혈체강(body cavity, hemocoel)을 통해 순환되는 개방혈관계를 가지고 있다**(그림 3-12)**. 배혈관(dorsal vessel)은 심장(heart)과 대동맥(aorta)로 이루어져 있으며 주요 순환기관이다. 혈액은 노란색 혹은 녹색이며 액체인 혈장(plasma)과 영양분, 노폐물, 호르몬 등을 운반하는 역할을 하는 혈구세포(hemocytes)로 구성되어 있다. 혈장의 항미생물성 펩티드(antimicrobial peptide)와 혈구는 척추동물과 같은 면역기능을 담당하고 있지만 척추동물과 달리 산소를 운반하는 헤모글로빈은 없으며 따라서 곤충의 혈액은 호흡기능을 하지 않는다. 또한 혈액에는 물질의 전환과 저장이 일어나는 곳이기도 하다.

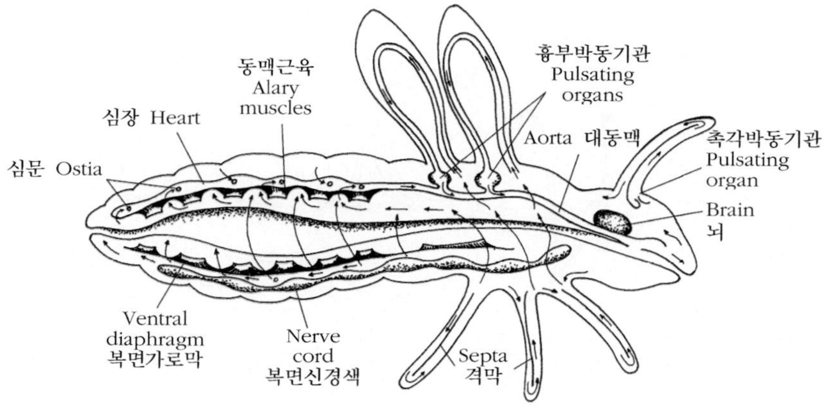

그림 3-12. 곤충 순환계의 모식도(Pedigo & Rice 2006).

(5) 호흡계

곤충에서는 기관계(tracheal system)가 호흡을 담당하며 산소와 이산화탄소의 농도차에 의한 확산에 의해 호흡한다. 기관계는 여러 단계로 세분화되는 관들로 이루어져 있다. 기문을 통해 공기가 들어가며 가운데가슴 마디, 뒷가슴 마디, 배의 10개 마디에 각각 1쌍식 총 10쌍의 기문이 있다. 관들의 중심통로인 기관지(tracheal trunks)와 공기주머니(air sacs) 등으로 구성되어 있다(**그림 3-13**).

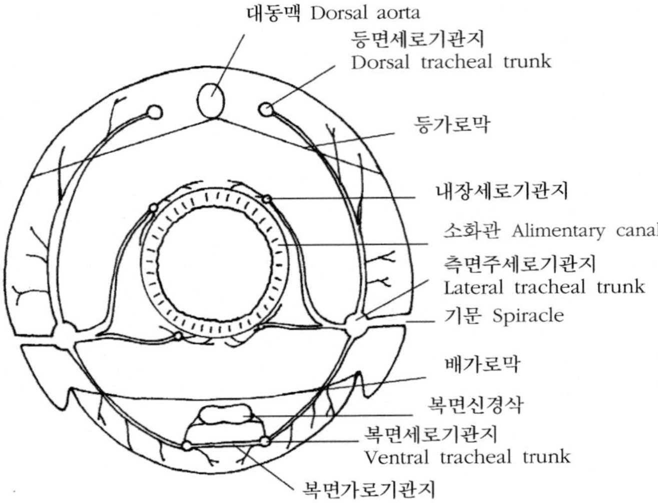

그림 3-13. 곤충 호흡기관의 단면도(Pedigo & Rice 2006).

(6) 감각기관

생명체로서의 곤충이 존재하기 위해서는 외부 환경의 실체들을 인지하여야 하며 그에 따라 그들의 활동을 적절히 조절해야 한다. 이러한 외부 환경에 대한 정보의 인지는 여러 가지 감각기관에 의해 가능하다. 우선 곤충은 겹눈(compound eye), 홑눈(ocelli), 체벽(cuticle, 일부 곤충에서) 등 광감각수용기(photoreceptors)가 있으며, 화학감각수용기(chemoreceptors)는 단공성 혹은 다공성의 털, 원추형 및 판상 등의 구조로 이루어져 있으며 촉각, 구기, 다리 및 산란관 등에 많이 분포한다. 기계감각수용기(mechanoreceptors)는 기계감각털(무공성 혹은 단공성 털), 종상감각기, 막대감각기, 신장수용기, 압력수용기 등이 있다. 청각수용기로는 고막기관(tympanum)과 존스톤기관(Johnston's organ, 파리, 모기)이 있다.

(7) 생식기관

암컷의 생식기관은 난소(ovary), 수란관(oviduct), 저정낭(spermatheca), 부생식선(accessory glands) 등으로 구성되어 있다**(그림 3-14)**.

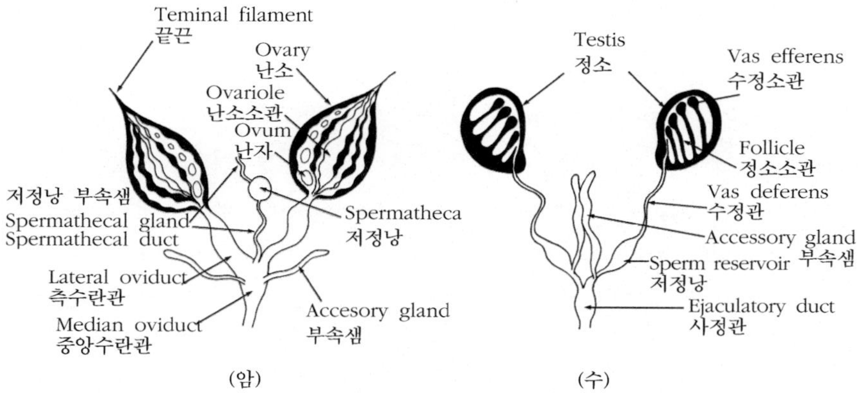

그림 3-14. 곤충 내부 생식기의 모식도(Pedigo & Rice 2006).

난소는 내부에 4-8개의 난소소관(ovarioles)으로 구성되며, 저정낭은 수컷과의 교미 후에 정충을 보관하는 곳이다. 부생식선은 산란시 알을 식물체 표면 등에 부착시키는 점액물질을 분비하는 곳이다. 수컷의 생식기관은 정소(testis), 정소소관(testicular tube, follicle), 출구(vas deferens), 사정관(ejaculatory duct), 부생식선(accessory glands) 등으로 이루어져 있으며 수컷의 부생식선은 암컷에 전달할 호르몬을 생산하는 기능을 한다(**그림 3-15**).

그림 3-15. 톱다리개미허리노린재 암컷의 생식 기관(난소)

3.2.2. 곤충의 생태적 특징

(1) 곤충의 생활사(=생활주기, life cycle)

곤충의 생활사는 알(egg), 유충(larvae), 번데기(pupae), 성충(adult)의 4가지 단계로 이루어져 있다(**그림 3-16**). 알에서는 배발생(embryogenesis)을 거친 후에 부화(hatching)하여 1영충이 되며, 발육(development)과 탈피(molt), 변태(metamorphosis)를 통해 번데기(완전변태의 경우)가 된다. 번데기에서는 성적 성숙(maturation)이 일어나며 성충으로 우화한다. 성충은 산란전 기간(preoviposition period)을 거친 후에 산란(oviposition)을 한다.

배발생에서는 어류, 조류, 곤충류의 특징인 부분분할(partial cleavages) 양식을 보여주며 포배엽(gastrula)을 형성한다. 곤충은 대부분 알을 낳지만(난생, oviparous), 배자발생에 필요한 영양분이 알속에 충분히 있어서 어미가 영양분을 공급하지 않고 어미에서 2령충이나 3령충으로 나오는 경우(난태생, ovoviviparous)도 있으며 하루살이, 기생파리과, 쉬파리과에서 볼 수 있다. 또한 헛태반이나 영양분비샘에 의해 어미몸속에서 유충이 자라며 태어나자마자 용화되는 경우(태생, viviparous)도 있으며, 이파리과의 *Glossina*속(tsetse fly) 파리류와 진딧물 등이 여기에 속한다.

유충의 발육은 크기성장(growth in size)이 주가 되며(그래서 'feeding machine'이라고 불린다), 따라서 작물에 가장 큰 피해를 주는 성장 단계이다. 하지만 곤충 체벽의 단단한 표피층으로 인해 수회 탈피를 해야 한다. 곤충의 발육에 영향을 주는 비생물적 환경 요인은 크게 온도, 습도, 광도 등이 있으나 곤충은 외온동물(poikilothermic)이어서 온도의 영향을 가장 크게 받는다. 다만, 곤충의 발육은 일정 온도 범위 내에서는 가능하며, 온도변화는 발육률에 영향을 준다. 이러한 현상을 이용해 온도에 대한 발육률 함수를 만들어 곤충의 발육(혹은 생리적 시간)을 예측할 수

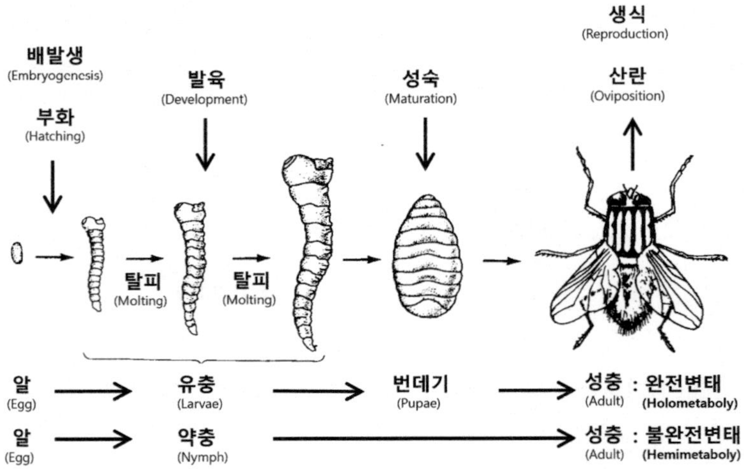

그림 3-16. 곤충의 생활주기(Pedigo & Rice 2006).

있다(온일도 계산법, degree-day method). 온일도(degree-day)란 24시간 동안의 곤충의 발육임계온도(threshold temperature) 이상의 열단위(heat unit, 하루평균기온과 발육임계온도간의 차이)를 합한 것이다. 예를 들어 A라는 곤충의 발육임계온도가 15°C이고 오늘 평균기온이 27°C이라면 열단위는 12온일도이다.

식으로 표현하면,

온일도 = 하루평균기온 - 발육임계온도

하루평균기온 = (최고기온 + 최저기온) / 2

이러한 온일도를 곤충의 발육단계 예측에 이용하기 위해서는 우선 각 곤충의 열상수(thermal constant, 어떤 발육이 일어나는데 필요한 온일도)를 알아야 한다[20].

번데기에서 성적인 성숙과정을 거친 후 유충의 탈피와 유사한 방법으로 성충으로 우화(emergence)한다. 단 우화한 성충의 성숙도는 종에 따라 다르다. 곤충은 우화 후 시각(visual), 후각(olfactory), 촉각(tactile), 청각(auditory) 감각 등을 이용해서 배우자 탐색을 한다. 딱정벌레와 나비목은 특히 암컷이 수컷을 유인하는 성페로몬을 분비하며 이는 현재 유살 및 교미교란제로서 해충관리(pest management)에 널리 이용되고 있다. 곤충의 생식은 다양한 양상을 보이며, 암컷과 수컷의 교미활동에 의한 유성생식(sexual reproduction), 수정되지 않은 알에서 배자가 발생되는 단위생식(asexual reproduction, parthenogenesis), 정상적인 감수분열을 거친 난모세포가 수정되면 2배체의 암컷으로 되고 미수정란은 반수체의 수컷으로 발생되는 반수체이배체 단위생식(haplodiploid reproduction = arrhenotokous reproduction), 성적으로 성숙되지 않은 개체가 알이나 새끼를 낳는 유생생식(paedogenesis) 등이 알려져 있다(부 1991). 산란 시에는 산란관(**그림 3-3**)을 이용하며 국화하늘소, 벼멸구 등은 톱니 같은 구조의 산란관으로 식물조직을 잘라 상처를 낸 후에 산란하여 산란해를 유발하기도 한다.

---

20) 실례는 복숭아순나방의 온일도 발육모델을 제시한 Kim *et al.* (2004c)의 논문을 참고

(2) 곤충의 계절주기(seasonal cycle)

곤충의 계절주기는 1년 동안 반복되는 곤충의 생활주기를 의미한다(**그림 3-17**). 연간 생활주기의 수가 1개일 경우에는 일화성(univoltine)이라 하며, 어떤 시점에서 발견되는 야외의 개체군은 대체로 같은 성장 단계에 있다. 메뚜기류, 노린재류, 하늘소류 등이 속한다. 한편 진딧물류, 깍지벌레류, 멸구류, 매미충류, 총채벌레류는 연간 다세대를 가지고 있으며 이를 다화성(multivoltine)이라 한다. 이것은 다시 반복세대(repeated generation)를 가지는 것과 교번세대(alternating generation)을 가지는 것으로 분류할 수 있다. 하늘소류와 매미류는 세대기간이 1년 이상 소요되는데 이를 지연세대(delayed voltine)라 한다. 하지만 세대간 중복이 되어 있어 매년 성충을 볼 수 있다.

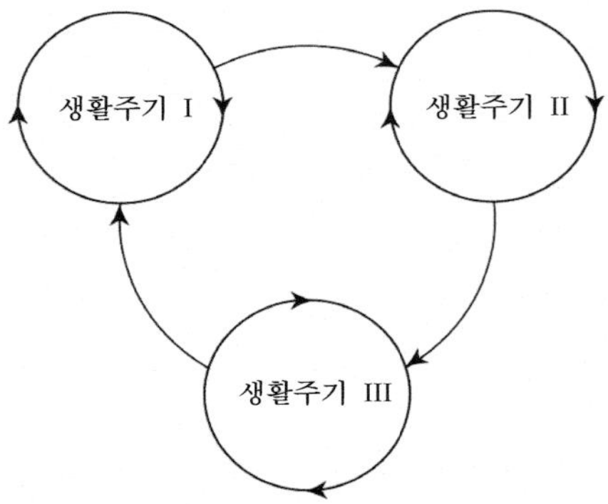

그림 3-17. 곤충의 계절 주기.

(3) 곤충의 계절적 적응(seasonal adaptation)

곤충에 불리한 환경 조건으로는 고온, 저온, 고습, 저습, 먹이부족, 밀집(crowding) 등이 있으며 이러한 불리한 환경 조건에 대한 곤충의 반응은 즉각반응(immediate response)과 예상반응(predictable response)으로 나눌 수 있다. 즉각반응에서는 짧은 거리를 이동하여(moving out) 불리한 환경 조건을 피하거나 활동정지상태(quiescence)에 들어간다. 활동정지상태는 불리한 환경 조건에 의해 직접적으로 유기되고 환경이 생육에 좋게 되면 곧 활동을 재개하는 특징이 있다. 예상반응에는 휴면(diapause)과 이주(migration)가 있다. 휴면은 유전적으로 결정되는 휴지기간(dormancy)으로 불리한 환경이 올 것이라는 예측을 하게끔 하는 다른 환경 조건에 의해 유기되며 휴면발육을 거쳐야만 휴면에서 깨어난다. 온대 혹은 극 지방에서의 겨울 휴지기간을 동면(hibernation)이라 하고 고온에서의 휴지기간을 하면(aestivation)이라 한다. 휴면을 유기하는 요인들로는 일장(photop eriod), 온도(temperature), 먹이의 질(food quality), 습도 (humidit y) 등이 있으며, 휴면기간은 대체로 3-4개월이며 휴면에 들어가는 생육단계는 알(메뚜기류), 유충(나무좀류), 번데기(나방류), 성충(노린재류) 등으로 다양하다(**그림 3-18**). 휴면에 대한 이해는 연구용 해충의 증식, 발생소장 예측 등을 통한 해충방제에 중요하다. 곤충은 또한 보다 나은 환경을 찾아 장거리 이주(migration)를 한다(다음 '곤충의 수적 변화'에서 참고).

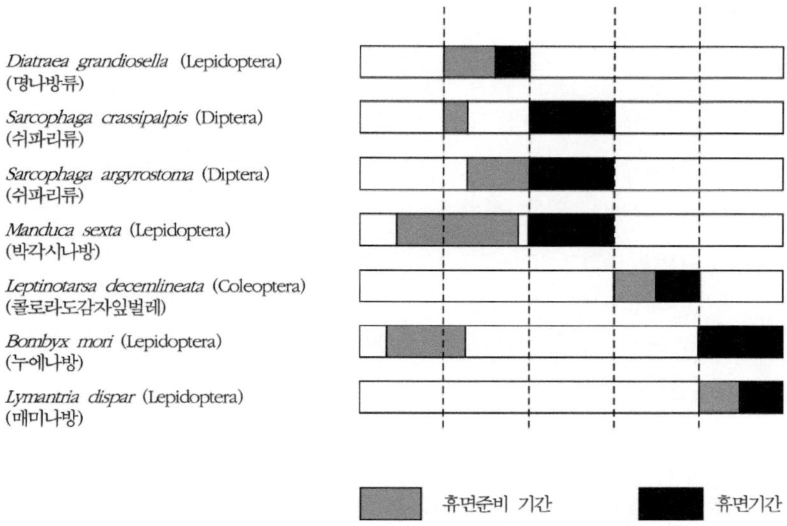

그림 3-18. 휴면이 일어나는 곤충 생활단계(Chapman 1998).

(4) 곤충의 수적 변화

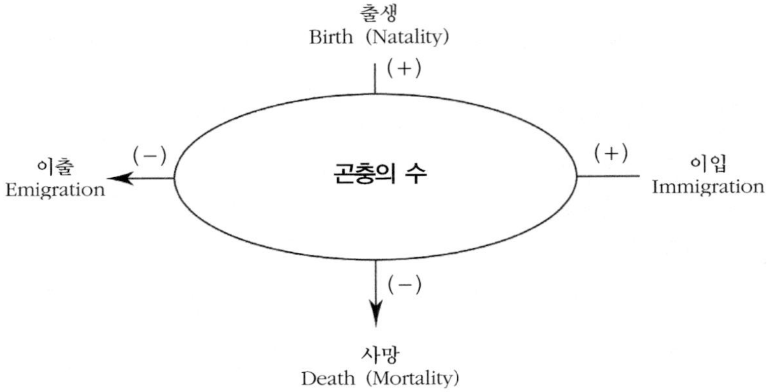

그림 3-19. 곤충의 수적 변화에 영향을 주는 요인.

곤충 개체군의 수는 출생(birth), 사망(death), 이입(immigration)과 이출(emigration)에 의해 결정된다**(그림 3-19)**. 곤충 수의 증가에서 가장 주요한 요인은 출생이며 곤충의 생식력(birth rate, natality, reproductive rate)은 종마다 다르다. 다시 말해 유전적으로 고정되어 있는 고유의 특징이다. 평균적으로 집파리(*Musca domestica*)는 500개, 조명나방류인 European corn borer는 708개, 벼멸구는 400개, 점박이응애는 160개, 온실가루이는 500개, 거세미나방은 1,000개, 파총채벌레는 170개, 솔수염하늘소는 100개를 산란한다. 곤충의 생식력을 결정하는 요인으로는 먹이의 질(food quality), 온도(temperature), 습도(humidity) 등이 있다. 곤충의 생식력은 대체로 높은 편이지만 곤충의 사망률(death rate, mortality)도 매우 높은 편으로 어떤 곤충의 경우에는 알의 1%만이 성충으로 발육하는 경우도 있다. 이러한 곤충의 사망을 일으키는 요인으로는 노화(aging)와 탈피 실패, 사슴이 잎을 뜯어 먹을 때 같이 들어가는 경우와 강물에 떠내려가는 경우와 같이 우연한 사고(accident), 기후조건의 변화[21], 천적[22], 먹이의 부족[23], 은신처의 부족

21) 저온은 발육률을 감소시키므로 저장해충 방제에 이용하며, 고습은 곤충의 병원균 전파를 증가시키므로 곰팡이를 이용한 해충방제시에 습도를 높여 주어야 더 효과적이다.

22) 포식자, 기생자, 병원균 등이 있으며 곤충 수의 변화에 있어서 가장 중요한 요인이다.

등이 있다.

곤충의 장거리 이주(migration)는 대체로 비행에 의해 이루어지며(그래서 바람의 영향을 많이 받는다), 곤충 서식처의 한계를 벗어나기 위한 주기적인 행동 습성이다. 일반적으로 동물의 장거리 이주는 (1)먹이 부족을 해결하고 (2)생리적으로 최적의 기후조건을 찾고 (3)생식기간 동안의 포식자의 공격을 회피하기 위한 목적으로 일어난다고 알려져 있다(Altizer *et al*. 2011). 하지만 동물의 이주는 박쥐에 의한 에볼라 바이러스, 조류에 의한 조류독감 바이러스, 웨스트나일 바이러스, 라임병원균와 같이 병원균을 전파시키기도 한다. 또한 장거리 이주기간 동안 다양한 환경에 노출되어 자신들의 다양한 병원균에 의한 감염 가능성도 높아지게 된다. 병원균 감염정도의 증가 가능성과는 다르게 동물들의 이주가 병원균을 회피하는 하나의 전략이라는 해석도 있다. 즉 동물들이 장거리 이주를 통해서 병원균 감염지역으로부터 벗어날 수 있고, 또한 감염된 개체를 두고 이동하는 결과를 낳아 개체군내 감염된 개체수를 줄이는 효과가 있다는 것이다(Altizer *et al*. 2011). 대표적인 장거리 이주 곤충의 예는 다음과 같다.

북미 대륙의 제왕나비(monarch butterfly)는 가을에 성충이 캐나다와 미국에서 월동지인 중부 멕시코까지 최대 2,500km를 이동한다(Altizer *et al*. 2011; **그림 3-20**). 봄에는 멕시코에서 북미로 이동하며 5세대가 경과한다. 다른 장거리 동물들과 다른 점은 성충이 이주하지만 그 세대에서 다시 돌아가지는 않으며 다음 세대가 원래 지점으로 돌아가게 된다는 점이다. 봄이 되면 따뜻한 멕시코 지방의 제왕나비는 북상하기 시작하며 그 들의 기주인 박주가리과(Asclepiadaceae)의 밀크위드(milkweed, *Asclepias syriaca*) 잎에 산란을 하고 생을 다한다. 알에서 깨어난 유충은 어미가 찾아낸 기주에서 발육하여 성충이 되고 다시 북상을 하며 새로운 밀크위드를 찾아내어 산란을 한다. 이러한 과정을 되풀이해서 제왕나비는 그들의 선조가 살았던 지역으로 기적과 같이 돌아가게 된다.

이것은 해충의 수가 많을 때는 천적에 의한 사망률이 증가하고 해충의 수가 적을 때는 천적에 의한 사망률이 감소하는 밀도의존성이 있기 때문이다.

23) 농생태계에서는 별로 큰 문제는 아니다. 하지만 해충의 천적에는 중요한 원인이다. 이것이 해충의 감소에 따라 천적의 수가 급격히 감소하는 원인이 된다.

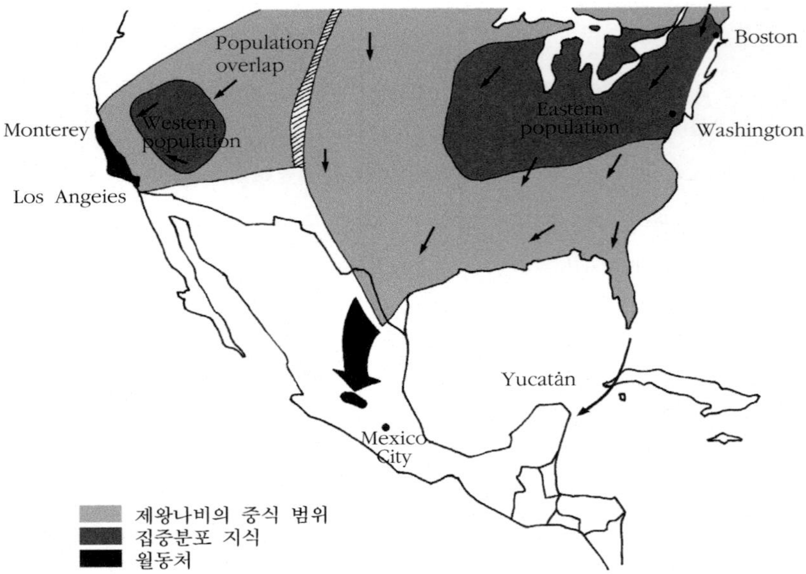

그림 3-20. 북미 제왕나비의 이주 경로(Pedigo & Rice 2006).

제왕나비는 밀크위드가 가지고 있는 독성물질(cardioglycosides)을 체내에 축적시키면서(sequestration) 오히려 자신을 보호하는 물질로 이용한다. 그래서 제왕나비는 유충과 성충 모두 잠재적인 포식성 천적에게는 유독하며 이러한 사실을 화려한 체색으로 표현한다. 하지만 총독나비(viceroy butterfly)는 이러한 제왕나비를 의태하는 것으로 유명한데, 이들은 몸에 독성 물질을 가지고 있지 않으나, 제왕나비와 형태적으로 매우 유사하여 대부분의 포식자들로부터 자신들을 보호할 수 있게 되었다. 제왕나비는 또한 유전자변형작물에 의해 영향을 받아 개체수의 감소가 일어난 곤충으로도 알려져 있다. 비티옥수수와 같은 해충저항성 유전자변형작물의 꽃가루가 기주 식물인 밀크위드에 날아와 제왕나비의 유충을 치사시켜 밀도를 줄였다는 연구 결과가 밝혀졌다.

사막메뚜기(desert locust) 또한 장거리 이주하는 곤충으로 잘 알려져 있으며, 무리의 직경이 수백 km에 이른다. 100억 마리의 개체로 이루어지며 그 무게는 약 15,000톤에 달한다. 하루 섭식량은 150만 명의 사람이 먹는 양과 동일하다고 알려져 있다.

우리나라에서는 남중국에서 남서기류를 타고 비래하는 벼멸구와 흰등멸구, 혹명나방 등이 장거리 이주 곤충으로 알려져 있다. 특히 벼멸구의 경우 이주는 6월부터 시작되어 7월에 최성기를 보인다. 비래 후에는 3-4세대를 경과하는데, 비래세대는 경제적 피해를 주는 정도는 아니지만 2세대 성충이 낳은 유충에 의해 9월에 벼가 고사된다[집중고사현상(hopperburn) 유발]. 월동은 하지 못하는 것으로 알려져 있다. 흰등멸구는 벼멸구와 같은 시기에 비래하지만 비래량은 더 많다. 최근에는 애멸구의 밀도가 증가하여 벼줄무늬잎마름병의 발생이 증가하고 있는데, 최근의 이러한 밀도 변동은 중국에서의 비래와 관련 있는 것으로 보고되었다(제7장 1절 벼의 주요 해충 참고).

배추좀나방(diamondback moth)은 유럽에서 해양횡단 이주성 곤충(transoceanic migrative insect)으로 유명하며 핀란드, 러시아 북부지방이 이주의 기점이다. 3,000km 이상 이동이 가능하며, 수일간 지속되며 하루 최대 1,000km까지 이동하는 것으로 보고되었다. 미국에서 캐나다로 이동하는 개체군도 있으며 전 세계적으로 배추과의 중요한 해충으로 아시아에서 전 세계로 전파되었다.

3.2.3. 해충을 포함하는 주요 곤충목(目)

(1) 메뚜기목(Orthoptera)

메뚜기목에는 전 세계 약 20,000여종이 알려져 있으며(Freeman 2008), 국내에서는 184종이 보고되었다(Park & Lee 2021). 대부분은 초식성으로 씹는형 입틀을 가지고 있으며, 앞날개는 가죽날개(혁시, tegmina)로 변형되어 있다. 뒷다리가 도약하기에 편리하게 발달되어 있으며, 소리를 내는 곤충의 가장 대표적인 집단이다. 귀뚜라미는 앞날개를 서로 비벼서 짝을 유혹하는 소리(1,500-10,000 Hz)를 낸다(Triplehorn & Johnson 2005).

번데기 단계가 없는 점진적 변태(gradual metamorphosis) 혹은 불완전 변태(incomplete metamorphosis)를 하며, 온대 지방에서는 연간 1세대를 가지며 겨울을 알로서 월동한다(Pedigo & Rice 2009).

펄벅의 '대지'와 같은 문학작품에 메뚜기의 집단 이동이 알려져 있다.

메뚜기는 고대 그리스시대부터 현대에 이르기까지 세계 각처에서 식용으로 이용되어 왔는데, 특히 성숙한 벼메뚜기 암컷의 전체 지질함량은 5%로서 그 중 인지질함량(27%)이 높았고 불포화지방산 함량도 68%나 된다고 하였다(Lee *et al*. 1987).

주요 과로는 메뚜기과(Acrididae), 여치과(Tettigoniidae), 귀뚜라미과(Gryllidae) 등이 있다.

(2) 바퀴목(Blattodea)

바퀴목은 흰개미(termite, white ant), 사마귀와 함께 메뚜기류(orthopteroid)에 속하는 곤충목으로 지구에는 2.5억년 전에 출현하였으며, 지금까지 4,708종이 알려져 있다. 바퀴목에는 3개의 상과(Corydioidea, Blaberoidea, Blattoidea)가 있는데, 그 중 Blattoidea에 우리에게 익숙한 바퀴과(Blattidae)와 준사회성(subsocial)이고 목질부를 섭식하는 갑옷바퀴과(Cryptocercidae) 등이 있는데, 최근에 갑옷바퀴과와 유사한 흰개미류가 흰개미과(Rhinotermitidae)로 편입되었다. 바퀴의 몸은 갈색 혹은 흑갈색을 띠며 납작한 타원형이며, 입틀은 하구식이다. 극 지방을 제외한 모든 대륙에서 발견되지만 주로 열대와 아열대 지역에 많이 분포하며, 대부분은 야행성이다. 주로 부식성(detritivore)으로 알려져 있으나, 건조한 반려견 사료에서도 사육이 잘 되는 것으로 보아 항상 필수적인 것은 아닌 것으로 보인다. 평균적으로 10-50개의 알을 알주머니(난낭, ootheca)에 담아 산란한다. 세대기간은 2개월부터 8년까지 다양하다(Foottit & Adler 2018).

흰개미는 고도로 발달된 사회생활(eusociality)을 하는 곤충으로 여왕, 일개미, 병정개미 등의 계급이 있다. 전 세계 2,929종 이상 보고 되어 있고 주로 열대 지방에 서식한다(Foottit & Adler 2018). 앞날개와 뒷날개의 크기가 거의 같기 때문에 Isoptera라고 불려왔다. 씹는형 구기를 가지고 있으며 셀룰로스를 섭취한다. 흰개미는 벌목의 개미와 달리 수정된 알에서 생식과 비생식 계급 모두가 만들어 진다(Triplehorn & Johnson 2005). 여왕과 왕 한 쌍이 교미 후에 약 20개의 알을 놓고, 알에서 깨어나 약충이 여왕을 돌보기 시작하면 본격적으로 여왕이 하루에 최대 3,000개의 알을 놓는다. 군집의 크기는 수 백마리에서 백 만마리 이상이 되는 경우 등 다양하다. 흰개미는 열대 생태계의 부식자로 중요한 역할을 하는데, 전체 동물생체 중량의 10%를 차지하며 호주에서는 전체 고사목의 40%를 섭식하는 것으로 알려졌다(Foottit & Adler 2018). 흰개미는 목조 건물뿐만 아니라 전선피복, 파이프와 같은 플라스틱과 종이류에도 피해를 준다. 우리나라에서는 일본에서 철도 침목과 함께 유입된 1종을 포함하여 3종이 보고되었다(Park & Lee 2021).

(3) 총채벌레목(Thysanoptera)

총채벌레목은 총채벌레아목(Terebrantia)와 관총채벌레아목(Tubulifera)로 구성되어 있으며, 총채벌레아목의 총채벌레과(Thripidae)에 많은 해충이 포함되어 있다. 전 세계적으로는 약 260속 1,700종이(Mound & Kibby 1998), 국내에는 49속 84종이 기록되어 있는(Park & Lee 2021) 몸길이가 2-3mm정도의 소형 곤충이다. 날개에는 시맥이 거의 없으며 가는 털들이 나있다(fringed wing). 겹눈은 상대적으로 큰 편이며 6-9마디의 촉각이 있다(Pedigo & Rice 2009). 입틀은 좌측 큰턱만 있는 비대칭적 구기로 큰턱으로는 식물세포를 깨트리는데 사용하며 작은턱 수염이 합쳐져 관을 이루어 흡즙한다(줄쓸어 빠는 입틀, rasping sucking mouthpart). 유충은 두 단계이며 전용(prepupa)과 용(pupa)을 거쳐 성충이 되기 때문에, 이를 점진적 변태(gradual metamorphosis) 혹은 중간형 변태(intermediate metamorphosis)라고 한다.

반수체이배체 단위생식(haplodiploidy parthenogenesis)을 하고, 암컷 성충은 대부분 식물체 조직 내에 산란하며, 수컷 성충은 암컷 성충에 비해 크기가 작다. 대부분의 총채벌레는 초식성이며, 섭식으로 인해 피해 부위가 은백화(silvery appearance)된다. 식물병을 일으키는 토마토반점위조바이러스와 같은 토스포바이러스(tospovirus)를 매개한다. 꽃노랑총채벌레, 대만총채벌레, 파총채벌레 등이 주요한 해충이다.

(4) 노린재목(Hemiptera)

노린재목은 노린재아목(Heteroptera), 매미아목(Auchenorrhyncha) 그리고 진딧물아목(Sternorrhyncha)으로 나뉘며, 국내에서는 노린재아목은 45과 729종이 매미아목과와 진딧물아목은 44과 1,272종이 기록되어 있다(이 2015).

노린재아목의 몸은 납작하며, 앞날개가 반초시(hemelytra)로 변형되었으며 날개 기부에는 삼각형 모양의 작은 등판(scutellum)을 가지고 있다. 입틀은 빠는형이며, 촉각은 중간 정도의 길이이며, 겹눈은 대체로 잘 발달되었다. 주로 식물체 표면에 산란하며, 대부분은 방어목적의 냄새샘에서 고약한 냄새[24]의 물질을 분비한다. 주요 과로는 노린재과(Pentatomidae), 허리노린재과(Coreidae), 긴노린재과(Lygaeidae), 쐐기노린재과(Nabidae), 꽃노린재과(Anthocoridae), 장님노린재과(Miridae) 등이 있다.

매미아목은 매우 다양하고 중요한 종들을 포함하고 있다. 입틀은 빠는형이며 모두 초식자이다. 날개는 2쌍 모두 막성(membraneous) 구조이나 앞날개가 더 두껍다. 촉각은 짧고 강한 가시털(bristle)부터 긴 실모양(threadlike)까지 다양하다. 겹눈은 있으며 잘 발달된 경우가 많다. 대부분은 번데기 단계가 없는 점진적 변태(gradual metamorphosis)를 한다. 주요 과로는 매미과(Cicadidae), 매미충과(Cicadellidae), 꽃매미과(Fulgoridae) 등이 있다(Pedigo & Rice 2009).

진딧물아목은 활동성이 적으며 고착생활을 하는 경우가 많다. 날개가 없는 종이 많으며 일부 깍지벌레는 촉각과 다리가 없어 일반 곤충과는 동떨어진 모습을 하고 있다. 주요 분류군으로는 나무이과(Psyllidae), 가루이과(Aleyrodidae), 진딧물과(Aphididae), 깍지벌레상과(Coccoidea)가 있다(Pedigo & Rice 2009).

(5) 딱정벌레목(Coleoptera)

전체 곤충의 40%를 차지하는 가장 큰 분류군이며 지금까지 350,000종 이상이 알려졌다(Freeman 2008). 국내에는 103과 4,232종이 알려져 있다(홍 2015). 크기는 1-125mm로 다양하며, 전세계 다양한 서식환경에서 발견된다. 딱정벌레의 가장 뚜렷한 특징은 딱딱한 앞날개(초시, elytra)가 있다는 점으로, 이는 날개와 몸을 보호하는데 유리하다. 유충과 성충 모두 씹는형 입틀을 가지고 있으며, 완전 변태(complete

24) 특히 노린재과(Pentatomidae) 노린재를 'stink bug'라 부르는 이유이다.

metamorphosis)를 한다. 대부분은 초식성(phytophagous)과 포식성(predaceous)이며 일부는 부식성(scavengers), 균식성(fungus feeders), 기생성(parasites)이다. 딱정벌레목은 크게 뒷다리의 기절(coxa)이 배의 제1절을 이분시키는 식육아목(Adephaga)과 그렇지 않은 풍뎅이아목(Polyphaga)의 2개의 아목으로 구분할 수 있다. 식육아목에는 딱정벌레과(Carabidae) 등이 있으며, 풍뎅이아목에는 반날개과(Staphylinidae), 풍뎅이과(Scarabaeidae), 비단벌레과(Buprestidae), 방아벌레과(Elateridae), 수시렁이과(Dermestidae), 무당벌레과(Coccinellidae), 하늘소과(Cerambycidae), 잎벌레과(Chrysomelidae), 바구미과(Curculionidae) 등이 있다.

(6) 파리목(Diptera)

전세계적으로 약 120,000여 종이 있으며(Freeman 2008), 국내에는 79과 1,873종이(한 2015) 알려져 있는 파리[25]목 곤충은 매우 다양하며 성공적으로 진화한 곤충이다. 그 들은 식물, 동물, 인간의 건강에 직·간접적으로 영향을 주는 중요한 해충이며, 일부는 천적과 화분매개자로 유익한 곤충이기도 하다. 파리목 곤충은 가운데가슴에 연결되는 막질성 날개 한 쌍만 가지고 있으며, 뒷날개는 평균곤(halteres)로 변형되어 평행을 유지하는 기능을 한다. 입틀은 모기에서 볼 수 있는 찔러서(뚫어서) 빠는 형(piercing-sucking type)과 집파리에서 볼 수 있는 흡수하는 형(스폰지 형, sponging type), 잘라서 흡수하는 형(cutting-sponging type)과 같이 다양하다. 완전 변태를 통해 발육을 완료하며, 유충의 모양과 크기는 다양하다(Pedigo & Rice 2009). 주요 과로는 모기과(Culicidae), 혹파리과(Cecidomyiidae), 등에과(Tabanidae), 꽃등에과(Syrphidae), 과실파리과(Tephritidae), 집파리과(Muscidae), 기생파리과(Tachinidae) 등이 있다.

---

25) 파리목 곤충은 영어 일반명으로 fly라고 불리지만("true fly"), fly로 불리는 다른 목의 곤충(e.g., dragonfly, mayfly, butterfly 등)과 분리하기 위해 띄어쓰기를 한다(e.g., house fly, horse fly 등)(Pedigo & Rice, 2009).

(7) 나비목(Lepidoptera)

크게 나방과 나비로 구분되며, 전세계 약 180,000여종이 알려져 있으며(Freeman 2008), 국내에는 68과 3,685종이 알려져 있다(변 2015). 나비목 성충은 흡수관형(흡관형, 사이펀형, siphoning type) 입틀을 가지고 있는데 식물즙액이나 꽃속의 꿀을 먹는데 맞게 변형된 것으로, 사용하지 않을 때는 머리 아래쪽에 말아둔다. 어떤 종은 흡수관 끝에 있는 가시(spine)를 이용해 과피를 뚫고 과즙을 빨기도 한다(Pedigo & Rice 2009). 나비목 성충의 또 다른 특징은 비교적 큰 인편(scale)으로 덮힌 막질성 날개를 가지고 있다는 점이다. 인편은 날개의 견고성을 증가시키고 색깔을 나타나게 한다. 캐터필라(caterpillar)라고 불리는 나비목 유충은 짧은 촉각, 단순한 눈, 씹는 입틀을 가지고 있으며 완전 변태를 통해 발육을 완료한다. 유충의 가슴에는 3쌍의 다리가 있으며, 배에는 2-5쌍의 배다리(proleg)가 있다. 배다리의 끝부분에는 갈고리 발톱(crochet)이 있어 이동에 도움을 준다. 나비목 유충은 잘 발달된 실샘(silk gland)이 있으며, 고치(cocoon)를 만들거나 은닉처를 만드는데 사용한다(Triplehorn & Johnson 2005). 나방류는 고치를 만들어 번데기 과정을 거치는 반면 대부분의 나비류는 고치를 만들지 않고 번데기가 되는데 이를 특히 접용(chrysalis 혹은 chrysalid)라고 한다. 일부 포식자(predator)와 부식자(scavenger)를 제외하고는 대부분 나비목 유충은 초식성(herbivore)이며, 특히 거의 모든 식물에는 적어도 1종 이상의 나비목 곤충이 섭식하고 있어 나비목 곤충은 농작물의 해충 관리 관점에서 매우 중요하다고 할 수 있다(Pedigo & Rice 2009). 주요 과로는 곡식좀나방과(Tineidae), 주머니나방과(Psychidae), 잎말이나방과(Torticidae), 명나방과(Pyralidae), 호랑나비과(Papilionidae), 네발나비과(Nyphalidae), 솔나방과(Lasiocampidae), 박각시과(Sphingidae), 밤나방과(Noctuidae) 등이 있다.

(8) 벌목(Hymenoptera)

벌목에는 전 세계적으로 약 115,000종이(Freeman 2008), 국내에는 61과 3,046종이(최 2015) 알려져 있다. 벌목은 식물 화분매개, 꿀과 왁스의 생산, 해충 제어와 같은 기능을 하여 인류에게 유익한 곤충들을 가장 많이 포함하고 있지만(Triplehorn & Johnson 2005), 특정 잎벌류와 개미류는 인간에게 많은 피해를 주는 해충이기도 하다. 벌목 곤충은 두 쌍의 막질성 날개를 가지고 있으며 이 들은 날개걸쇠(hamuli)로 연결되어 있다. 뒷날개는 앞날개보다 작다. 입틀은 기본적으로 씹는형이지만 꿀벌에서는 빨거나 핥는형으로 변형되었다. 암컷은 잘 발달된 생식기를 가지고 있으며 일부 종에서는 보호를 위한 찌르는 기관으로 변형되었다(Pedigo & Rice 2009). 완전 변태를 통해 발육을 완료하며 유충은 잘 발달된 두피(head capsule)와 씹는형 입틀을 가지고 있다.

벌목 곤충의 성은 알의 수정과 관련 있으며, 수정된 알은 암컷이 되고 수정되지 않은 알은 수컷이 된다. 벌목은 가슴과 배가 넓게 연결되어 있는 잎벌아목(Symphyta)과 가슴과 배가 개미허리라고 불리는 가느다란 자루마디(petiole)로 연결되는 벌아목(Apocrita)으로 나누어 진다. 잎벌아목에는 잎벌상과(Tenthredinidae), 나무벌과(Cephidae)가, 벌아목에는 고치벌과(Braconidae), 맵시벌상과(Ichneumonidae), 알벌과(Trichogrammatidae), 개미과(Formicidae), 말벌과(Vespidae), 꿀벌과(Apidae) 등이 있다.

3.3. 거미강(Class Arachnida) 응애목(Acari)

3.3.1. 응애목의 일반적인 특징

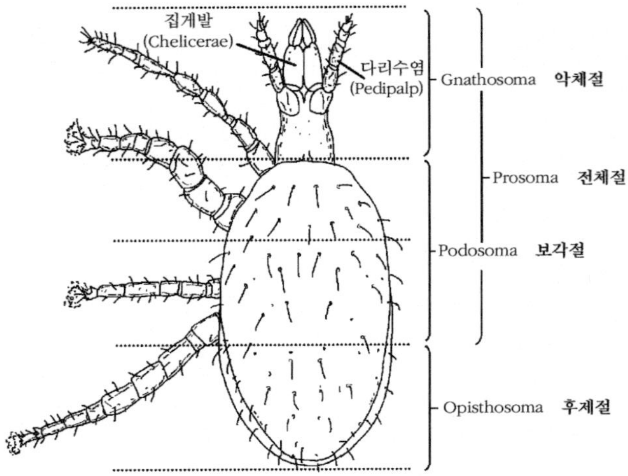

그림 3-21. 응애의 일반적인 모식도(Hoy 2011).

전 세계적으로 약 30,000종이 기록되어 있으며, 다양한 서식처에서 발견됐지만 토양내(혹은 토양표면)에서 가장 흔한 절지동물이다. 포식성, 기생성, 초식성 응애 등이 있으며, 전기문이목(Prostigmata)의 잎응애과(Tetranychidae)와 먼지응애과(Tarsonemidae)가 중요한 농업해충을 포함하고 있다. 전기문이목의 특징으로는 우선 전체절(prosoma)과 후체절(opisthosoma)의 두 개의 체절(tagmata)로 구성되어 있으며, 전체절에는 악체절(gnathosoma)과 보각절(podosoma)이 있으며, 악체절에는 감각기(다리수염, pedipalp)와 구기(집게발, chelicerae)가 보각절에는 다리가 있다(**그림 3-21**). 첫 번째 다리는 곤충의 눈과 촉각의 기능을 한다. 구기를 식물세포에 직접 찔러서 흡즙을 하며, 점박이응애의 경우 1분에 18-22개의 식물세포를 찔러서 흡즙하며, 이것으로 인해 광합성이 저해되며 호흡을 증가시켜 수분 손실을 가속화한다(Hoy 2011). 후체절에는 소화기관, 생식기관, 배설기관, 호흡기관 등이 있다.

생육단계는 알(eggs), 1령충(1st instar, larva, 유충), 2령충(2nd instar, protonymph, 1령 약충), 3령충(3rd instar, deutonymph, 2령

약충), 성충(adult)의 5가지로 나뉜다(**그림 3-22**). 응애의 다리는 4쌍(le

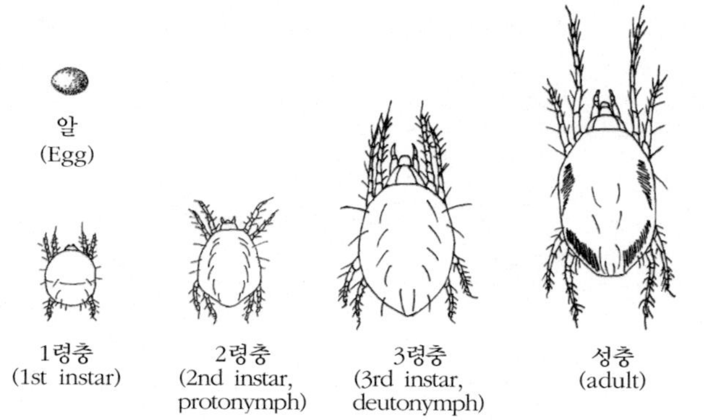

그림 3-22. 잎응애류의 생육 단계(Hoy 2011).

gs I, II, III, IV)이지만 유충에서는 3쌍의 다리(legs II, III, IV)만 있다. 유충에서는 나타나지 않는 첫 번째 다리(legs I)는 곤충의 촉각과 눈과 같은 역할을 한다(Hoy 2011).

3.3.2. 잎응애과(Tetranychidae)의 특징

잎응애과에는 약 1,250여종이 약 3,877종의 식물에서 서식하는 것으로 알려져 있으며, 이들 중 100여종이 경제적으로 중요하다(Hoy 2011). 점박이응애(*Tetranychus urticae*), 차응애(*T. kanzawai*), 사과응애(*Panonychus ulmi*) 등을 포함하며, 특히 점박이응애는 전 세계적으로 분포하는 가장 큰 피해를 주는 해충이다. 알에서 성충까지 약 3주가 소요되어 세대기간이 짧은 다화성이고 알로서 월동한다. 반수체이배체 생식을 하며 번식력 또한 왕성하여, 잎, 과일 부위 등을 가해하여 온실, 과수원, 노지 작물의 중요한 해충이다. 약제 저항성 발달 속도가 빨라 DDT등 유기합성 약제의 사용으로 응애류가 전 세계적으로 대발생하게 된 이유가 되었다. 실제로 Kim *et al*. (2003a)은 장기간 약제를 살포하지 않은 사과원에서는 점박이응애와 사과응애의 발생이 거의 없었는데 이는 긴털이리응애(*Amblyseius womersleyi*)와 같은 포식성 응애의 밀도 억제에 의한 것이라고 하였다. 다리수염의 발마디(tarsus)에 위치린다. 이 섬유의 분비는 건조한 환경에서 수분 손실을 줄이며, 여러 천적으로부터 보호를 하며, 또한 비나 농약의 살포로부터 그들을 보호하는 역할을 한다(Hoy 2011). 그리고 일부 잎응애는 풍선과 같은 작용으로 분산을 한다(Hoy 2011).

3.3.3. 먼지응애과(Tarsonemidae)의 특징

먼지응애과의 응애는 몸의 크기가 0.1-0.3mm로 매우 작은 편이며 이끼류, 곰팡이, 식물 등 다양한 기주를 섭식하는 그룹이다. 먼지응애류는 또한 다른 곤충에 기생을 하기도 하며 40속에 530여종이 알려져 있다(Hoy 2011). *Tarsonemus* sp.은 사람의 피부염을 일으키며, *Acarapis* sp.은 꿀벌의 몸에 기생하여 와이트섬(Isle of Wight)병을 유발한다. 차먼지응애(*Polyphagolarsonemus latus*)와 씨크라멘먼지응애(*Phytonemus pallidus*)는 대표적인 농업해충이다.

차먼지응애는 영어 일반명으로 broad mite 혹은 citrus silver mite, yellow tea mite, tropical mite 등으로 불린다. 차먼지응애 성충의 크기는 0.2mm로 작아 육안으로는 확인이 어렵지만 이동력은 큰 편이다. 고추에서 세계적인 문제해충이며 이외 다른 채소류와 화훼류에서 피해를 준다. 주로 생장점 부위의 새눈, 꽃, 과실에 피해를 주며 피해 받은 잎은 광택이 난다(플라스틱병). 과실의 경우 코르크화 시킨다. 또한 식물체의 섭식 중에 독소를 주입한다. 온실에서 2-5월에 발생이 심한데, 15-20°C에서 가장 잘 번식하고 25°C이상일 때는 번식이 억제되는 것으로 알려져 있다. 알에서 성충까지 3-5일이 소요되며, 농약(황, 기계유제 등)의 적절한 사용과 함께 천적이나 재배적 방제법과 병행 사용하여 방제할 수 있다(Hoy 2011).

3.3.4. 이리응애과(Phytoseiidae)의 특징

이리응애과는 농작물에 피해를 주는 응애류 해충의 가장 중요한 포식천적을 포함하는 그룹이다. 현재 전 세계에 2,000여종이 보고되었으며(Hoy 2011), 이 들 중에는 총채벌레의 천적인 오이이리응애(*Amblyseius cucumeris*)와 응애류의 천적인 긴털이리응애(*Amblyseius womersleyi*)

와 칠레이리응애(*Phytoseiulus persimilis*) 등이 대표적이다.

이리응애류는 잎응애나 먼지응애류와 달리 parahaploid 생식(=pseudo arrhenotokous reproduction)을 하는데, 이것은 암컷의 모든 알이 수정이 되어 산란되지만, 수컷이 되는 배는 배발생 과정에서 염색체의 반을 잃어버리게 되는 특징이 있다. 결과적으로는 다른 응애류의 반수체이배체 생식법과 유사하게 수컷의 반수체 염색체상의 돌연변이가 선택될 수 있다는 특징이 있다(Hoy 2011). 이리응애류는 그들의 피식자 응애보다 비교적 빠르게 움직이며, 체색은 먹이에 따라 달라진다. 이리응애류는 먹이의 종류가 다양한데, 칠레이리응애와 같이 반드시 포식을 해야 하며 먹이가 부족할 경우 동종포식(intraguild predation)하는 반면, 다른 종들은 먹이가 부족할 경우 꽃가루, 곰팡이, 식물즙액 등의 대체 먹이를 섭식하며 성공적으로 발육할 수 있다. 또한 어떤 종은 이러한 대체 먹이를 이용할 수는 있지만 다른 응애나 곤충을 포식하지 않으면 발육이 정상적으로 되지 않는 경우도 있다. 이러한 섭식 방법의 이해는 응애의 종합적관리에서 중요하다고 할 수 있다.

제4장

해충의 방제법

제4장 해충의 방제법

01 법적 방제법

1.1. 법적 방제의 필요성

세계적인 교역량의 증가에 따라 해충의 세계적 전파가 증가하고 있으며(**그림 4-1**), 침입 해충은 대부분 경제적, 환경적인 피해를 일으킨다. 미국의 경우 2000년을 기준으로 이러한 외래침입 해충에 의한 경제적 손실을 피해와 방제 비용을 합쳐 1,360억 달러가 매년 소요된다고 추정하였다(Norris *et al*. 2003). 이러한 외래침입 해충을 사전에 차단하기 위해서는 **동식물 검역(qurantine)**과 같은 법적 구속력을 가진 방제법이 필요하다. 구체적으로 국가는 동식물 검역을 실시하고, 불행히도 침입이 되었을 경우에는 그에 대한 대책을 수립하여 분포확대를 저지하는 한편 중요한 병해충에 대해서는 필요에 따라 방제를 명해야 한다. 침입 해충의 차단에 쓰이는 비용이 침입 해충이 일으키는 경제적 손실에 비해 적으므로 가장 최선의 해충 방제법은 해충 유입의 차단이다.

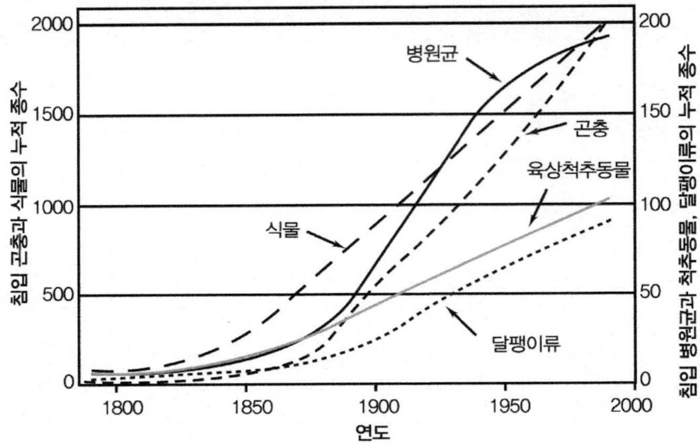

그림 4-1. 1800년 이후 미국에 침입한 해충 수의 변화(Norris *et al.* 2003).

1.2. 법적 방제의 역사

독일이 1873년 미국으로부터 포도묘목의 수입을 금지하는 법령을 제정하였는데, 이것은 포도뿌리혹벌레의 침입을 막기 위한 것으로서 외국으로부터 침입한 해충이나 병원체에 대한 세계 최초의 법적 조치이었다. 미국에서는 1912년 식물검역법을 제정했으며, 우리나라에서는 1961년 동식물검역법이 법률 908호로 공표되었다. 국제식량농업기구(FAO)는 1951년에 국제식물보호협약(International Plant Protection Convention, IPPC)을 제정하여 113 가맹국(2000년 1월 현재)간에 정보를 교환하고 있으며, 우리나라는 1953년에 가입하였다.

1.3. 동식물 검역(Quarantine or Exclusion)

동식물 검역 실시지역은 해충이나 병원체의 침입 지점이 되는 공항, 국제항, 국제우체국 등이며, 검역 대상은 유해 동식물이 묻어 있을 수 있는 모든 것으로 식물, 토양, 용기, 포장, 선박, 비행기, 자동차 등을 포

표 4-1. 수입식물의 검역과정에서 발견되는 병해충을 관리 기준(2019, 농림축산검역본부)

<table>
<tr><th rowspan="3">구분</th><th colspan="4">규제병해충</th><th rowspan="3">잠정규제
병해충</th></tr>
<tr><th colspan="3">검역병해충</th><th rowspan="2">규제비검역
병해충</th></tr>
<tr><th colspan="2">금지병해충</th><th>관리병해충</th></tr>
<tr><td>관리방법</td><td>법령
(77)</td><td>고시
(6)</td><td>고시(2,104)</td><td>고시(59종)</td><td>PRA대상</td></tr>
<tr><td>처분방법</td><td colspan="2">수입금지</td><td>소독 · 폐기 등</td><td>소독 · 폐기 등</td><td>소독 · 폐기 등</td></tr>
</table>

함한다. 농림축산검역본부(http://www.qia.go.kr/)에서는 수입식물의 검역과정에서 발견되는 병해충을 국제기준과 조화되는 병해충위험분석을 바탕으로 그 위험정도에 따라 차등관리한다(표 4-1). 우선 크게는 규제병해충과 잠정규제병해충, 비검역병해충으로 나뉜다. 규제병해충은 병해충 중 소독 · 폐기 등의 조치를 취하지 아니할 경우 식물에 해를 끼치는 정도가 크다고 인정되는 것으로 검역병해충 (금지병해충, 관리병해충)과 규제비검역병해충으로 구분하고 있다.

검역병해충은 국내 유입시 잠재적으로 큰 피해를 줄 우려가 있는 등 중요성이 있고, 국내에 존재하지 않거나 국내의 일부지역에 분포되어 있지만 발생예찰 사업, 기타 방제에 관한 조치를 취하고 있는 병해충으로서 금지병해충과 관리병해충으로 구분한다. 금지병해충은 국내에 유입될 경우 폐기 또는 반송조치를 하지 아니하면 식물에 해를 끼치는 정도가 크다고 인정하여 당해 병해충의 분포국가로부터 기주식물의 수입을 금지하는 병해충으로 농림축산식품부령(식물방역법 시행규칙)에서 정하는 병해충과 해충위험분석결과 금지병해충에 준하는 위험이 있다고 인정하여 농림축산식품부장관이 고시하는 병해충이다. 2024년 현재 피어스병(Pierce's disease, *Xylella fastidiosa*)과 같은 금지병 13종과 코드린나방(*Cydia pomonella*)과 지중해과실파리(*Ceratitis capitata*)와 같은 금지 해충 64종이 고시되어 있으며, 발견되는 즉시 소독절차를 거치지 않고 바로 폐기 및 반송해야 한다. 관리병해충은 국내에 유입될 경우 소독처리를 하지 아니하면 식물에 해를 끼치는 정도가 크다고 인정하여 농림축산검역본부장이 고시하는 병해충으로 2019년 현재 2,104여종이 있다. 발견될 경우 소독을 실시하여야 하며, 만약 소독방법이 없으면 폐기 및 반송해야 한다.

규제비검역병해충은 재식용 식물에 경제적으로 수용할 수 없는 정도의 해를 끼쳐 국내에서 규제되는 비검역병해충으로서 농림축산검역본부장이 고시하는 병해충이며, 잠정규제병해충은 수입식물검역에서 처음 발견되었거나 병해충위험분석을 실시 중인 병해충으로 이 둘 모두 소독처리 후에 반입해야 하며, 소독방법이 없으면 폐기 및 반송해야 한다.

비검역병해충은 규제병해충 및 잠정규제병해충을 제외한 병해충으로서 국내에 널리 분포하여 수입농산물에 부착되어 있을 경우에도 소독 등 검역적 조치를 취하지 않는 병해충이다.

1.4. 침입해충의 방제

(1) 완전구제(Eradication)

대상 해충을 어떤 지역에서 완전히 제거하는 것으로 초기에 분포 면적이 아직 얼마되지 않는 침입해충에 대해서 시도한다. 1900년대 초 미국 플로리다에 도입된 오렌지 나무의 세균병인 감귤궤양병(citrus canker, **그림 4-2**)의 방제를 위해 150만 오렌지 나무를 소각한 것(1947

그림 4-2. 감귤의 잎과 과일에 발생한 감귤궤양병의 병징.

년에 완전구제에 성공하였다), 플로리다에서 가축에 기생하여 피해를 주는 내부기생파리를 불임화된 수컷파리를 대량 방사[제4장 8절 불임충 방사법 참고]하여 구제한 것이 예가 될 수 있다. 영국에서는 2000년 Sussex 지방에 침입해서 정착 및 대발생한 오이총채벌레를 초기 완전구제 프로그램으로 7개월 후에 방제에 성공하여 이듬해인 2001년에 완전구제를 선포하였다. 이 때 사용한 방제법으로는 총채벌레가 발견된 두 개의 국화 하우스에 살충제의 공중 및 엽면 살포, 침투성 살충제의 사용, 노란색끈끈이트랩 설치, 메틸브로마이드를 이용한 훈증 등의 방법들을 동원하였으며, 2회의 작물 재배 기간 동안 총채벌레가 더 이상 발견되지 않은 것을 확인하였다(Cannon *et al*. 2007).

(2) 분포확대 저지

완전구제가 불가능할 경우에 침입 해충이 아직도 분포할 수 있는 잠재적인 분포지역까지 확대되고 있지 않을 때 그 분포가 확대되는 것을 저지하여야 한다. 예를 들어 솔잎혹파리의 경우 그의 분포 확대를 저지하기 위하여 분포 선단지를 조사하고 그 지역에 방제를 집중하였다. 1950년대 미국 뉴욕시 옆의 롱아일랜드 섬에 감자뿌리혹선충이 유럽에서 침입한 것을 발견하고 정부가 이 지역에서 생산된 감자의 반출을 철저히 제지하여 미국내 다른 지역으로의 확산을 방지한 사례가 있다. 롱아일랜드의 농민들로부터 법적 소송이 뒤따랐으나 모두 기각되었다. 이때 통과된 법령을 'Golden Nematode Act'라 하였다. 만약 분포확대방지가 실패할 경우에는 일반 방제로 전환하여야 한다.

1.5. 병해충 발생 예찰사업

식물방역법에 국가는 농작물에 큰 피해가 있을 우려가 있는 병해충에 대하여 그의 발생과 관련하여 발생 상황, 기상 조건, 농작물의 생육 상황 등을 조사하여 피해를 예측하여 정보를 제공하고, 방제계획을 수립하고 방제를 명할 수 있도록 규정하고 있다(현 1994). 병해충 발생 예찰사업은 1958년에 전국에 10개의 예찰소가 설치되면서 시작되었으며(현

1994), 현재는 농촌진흥청에서 2010년 구축한 국가농작물병해충 관리시스템(NPMS, http://ncpms.rda.go.kr)을 통해 14개 작목에 대한 주요 병해충 조사자료를 공개하고 있다[26]. 국가농작물병해충 관리시스템은 시·도별, 지대별로 농작물의 생육상황 파악과 주요 병해충의 예찰, 예측, 진단정보를 바탕으로 중요, 돌발 병해충 발생, 외래 병해충 유입 시 신속하게 방제의사결정을 지원하여 농업인의 피해를 최소화하고 농업적 재난을 미연에 방지하기 위하여 구축된 시스템이다.

02 재배적 방제법

해충에 불리한 환경 조건을 조성하여 해충 개체군을 억제시키는 것으로, 재배적 방제의 목적은 발생한 해충을 죽이는 것보다는 해충의 발생이나 가해를 어렵게 하는 것으로 예방이 주목적이다. 따라서 해충의 행동 습성이나 생활사 그리고 작물에 대한 깊은 지식이 토대가 되어야 한다. 재배적 방제는 대체로 경종법을 일부 변형하는 것이어서 방제를 위한 특별한 경비지출이 필요 없어서 방제비가 거의 들지 않는다. 하지만 재배적 수단만으로 만족스러운 해충방제가 어렵기 때문에 다른 방제법과 같이 쓸 필요가 있다.

2.1. 재배적 방제의 종류

(1) 종자, 토양, 장비의 소독

동물일 경우에는 날아서 혹은 걸어서 침입할 수 있지만 선충, 병원균, 잡초, 또는 작은 곤충과 응애는 수동적(바람, 물, 인간의 활동에 의한)으로 이입되는 경우가 많다. 가장 대표적인 인간에 의한 것은 토양과 장비

26) 벼 병해충의 경우에만 전국적으로 690여개의 관찰포에서 벼멸구, 흰등멸구, 혹명나방, 먹노린재, 이화명나방, 멸강나방 등의 해충을 대상으로 예찰정보를 주기적으로 공표하고 있다.

의 이입에 의한 것이다. 그래서 장비들은 포장간 이동하기 전에 반드시 소독되어야 하며, 특히 토양이 묻은 상태로 다른 포장으로 옮겨지는 것을 주의해야 한다. 또한, 종자는 식물병 또는 선충에 감염되어 있거나 잡초 씨앗과 섞여 있을 수 있기 때문에 파종 전에 소독해야 한다.

(2) 해충의 월동처 또는 잠복처 제거

포장의 잡초나 그루터기, 또는 수확 후 남아있는 작물들을 제거하면 해충의 증식처나 월동처를 잃게 하는 효과가 있다. 그래서 이를 위해서는 해충에 대한 생태적 지식이 필요하다. 예를 들면, 감자나방 방제를 위해서는 수확 후 남은 감자를 제거하고, 복숭아심식나방 방제를 위해서는 과수원에 버려진 과일을 제거하고, 끝동매미충 방제를 위해서는 논둑 주변의 잡초를 제거(월동 후 한 세대를 뚝새풀에서 보내야 하기 때문에)하며, 소나무재선충 방제를 위해서는 솔수염하늘소의 유충에 감염된 피해목을 제거하는 것 등이다. 단, 해충의 서식처인 잡초를 제거하는 것은 겉흙의 유실27)과 토양 수분 감소, 유용 곤충 감소28)와 같은 단점이 있을 수 있다.

(3) 돌려짓기

일반적으로 같은 작물을 이어짓기하면 해충류, 특히 토양해충의 발생이 심해진다. 따라서 서로 다른 작물을 시간차를 두고 재배하여 해충의 발생을 줄일 수 있다. 이것은 어떤 해충의 기주 범위가 넓다고 하더라도 모든 작물을 다 가해할 수 있다는 것은 아니기 때문에, 해충이 선호하지 않는 작물을 재배할 경우 해충 개체군이 감소한다는 사실에 근거한 것으로 주로 식물 기생성 선충과 같이 포장내 이동성이 적은 해충에 적용가능하다. 예를 들어 미국에서는 뿌리혹선충의 방제를 위해 목화-옥수수-땅콩의 3년 돌려짓기를 추천하고 있다. 네덜란드에서는 감자씨스트선충을 방제하기 위해 3년 동안 1년 이상 감자나 다른 감수성 작물을 재배하지 못하도록 법적으로 금하고 있다. 유럽과 미국에서는 옥수수의 뿌리를 가해하는 잎벌레류 해충인 western corn rootworm (*Diabrotica*

---

27) 토양의 겉흙이 바람이나 물에 의해 유실될 수 있다.

28) 유용한 천적류나 화분매개충의 서식처를 뺏는다.

virgifera virgifera)의 방제를 위해 2년 간 옥수수와 콩으로 돌려짓기를 하는데, 1년 일화성인 이 해충이 기주 식물인 옥수수의 재배지에만 산란하는 습성을 이용한 것이다. 이듬해 부화한 유충이 먹이가 없어 살아남지 못하게 하는 것으로 그동안 매우 성공적인 방제법이었지만 1987년부터 돌려짓기를 하여도 옥수수에서 피해가 다시 나타나기 시작했는데, 이것은 이 곤충이 행동적인 적응을 통해 옥수수 밭뿐만 아니라 다른 기주 식물이 있는 곳으로 날아가 산란하기 때문인 것으로 밝혀졌다(Mikac *et al*. 2013).

돌려짓기는 다른 방제법, 즉 살충제, 저항성 작물, 생물학적 방제법 등과 함께 사용할 수 있다는 장점이 있다. 하지만 돌려짓기는 농민이 주로 한 가지 작물의 재배에 익숙한 경우가 많아 새로운 작물을 재배함으로써 추가 노력이 들며, 새로운 농자재로의 교체 등으로 인해 추가 비용이 발생할 수 있다. 또한 돌려짓기의 경우 작물의 경제적 가치가 떨어질 수 있기 때문에 농민의 소득 감소를 초래할 수 있다. 마지막으로 돌려짓기는 한 농경지에서 여러 작물을 재배하여 선충의 경우에는 오히려 해충의 종류를 증가시킬 수 있다.

(4) 섞어짓기

같은 토양에 서로 다른 작물을 동시에 재배하는 것으로 '**복잡한 생태계는 안정성이 커진다**'라는 생태학적 원리에 바탕을 두고 있다. 예를 들어, 아프리카에서 곡류 작물의 포충나방과(Crambidae) 해충인 *Chilo partellus*와 밤나방과 해충인 *Busseola fusca*방제를 위해 비기주식물인 molasses grass을 사이짓기를 해서 옥수수의 해충 감염률이 39에서 5%로 줄고, 천적인 *Cotesia sesamiae*에 의한 기생률은 5에서 20%로 증가하는 것을 발견하였다. 이것은 molasses grass가 생산하는 (E)-4,8-dimethyl-1,3,7-nonatriene이 천적을 유인하기 때문인 것으로 밝혀졌다(Khan *et al*. 1997). 하지만 최근의 농업이 집약화되고 기계화의 경향이 큰 것을 감안할 때 수확이나 작업효율, 노동력 등에서 여러 가지 문제점이 있어 소규모적으로는 가능하지만 대규모적으로 실시하는 데는 문제가 있다. 돌려짓기와 섞어짓기는 식성범위가 좁고 생활사가 길며 이동력이 적은 해충들이어야 적용이 가능하다.

(5) 재배시기 조절

파종시기 등을 조절하여 해충이 출현했을 경우 작물이 해충의 생육에 불리한 상태가 되도록 하는 것으로, 예를 들어 벼물바구미의 피해를 줄이기 위해서 벼물바구미의 주요 침입 시기인 5월 중하순을 피해 모내기를 하는 것이 될 수 있다. 벼의 생육시기가 늦어질수록 벼물바구미 유충의 피해에 대한 내성이 증가한다(Stout *et al*. 2012). 미국 노스캐롤라이나의 경우에도 감자를 이른 봄에 재배함으로서 뿌리혹선충에 의한 피해를 줄일 수 있었는데, 이것은 감자는 낮은 기온의 이른 봄에도 잘 자라지만 뿌리혹선충은 저온에서 잘 증식하지 않기 때문이다.

(6) 유인작물 이용

유인작물이란 해충의 유인에 사용될 수 있는 작물 또는 잡초를 포함하는 비작물을 말한다. 유인작물은 보호하고자 하는 작물 주위에 재배하거나 휴지기간에 재배하면 된다. 유인작물이 작용하는 기작은 유인작물이 해충을 유인하는 경우와 유인작물이 해충과 작물의 상호작용을 교란시키는 것 두 가지가 있다. 전자에 해당하는 예로서는 노린재과(Pentatomidae) 노린재의 방제를 위해 조생종 콩을 유인작물로 포장주위에 심는 것이다. 조생종에서 콩깍지가 열리기 시작하면 이곳으로 노린재들이 몰리기 시작하는데, 이때 유인작물에 살충제를 처리하면 경제적으로 또는 효과적으로 나머지 기간 동안의 노린재류를 방제할 수 있다.

브라질에서는 이 유인작물에 살충제처리 대신에 알기생벌 *Trissolcus basalis*를 헥터당 15,000 마리를 방사하였는데, 노린재가 유인작물에 산란을 많이 했기 때문에 쉽게 증식되며, 본 작물의 콩깍지가 열리기 시작할 때 이미 기생벌의 밀도가 매우 높아져 있기 때문에 노린재의 밀도 억제에 성공할 수 있었다[29]. 또한 목화밭에서의 장님노린재 방제를 위해 알파파를 사용하면 되는데, 이것은 장님노린재가 목화보다는 알파파를 더 좋아하기 때문이다. 하지만 목화와 알파파의 같이 재배하기가 어려우며, 관계수로나 수확시기 등에서 많은 차이가 있다는 단점이 있다.

29) 유인트랩에 포획된 노린재 수는 54% 감소하였으며 작물에서 노린재 밀도가 58%가 감소하여 천적으로서 가능성을 확인하였다(Correa-Ferreira & Moscardi 1996).

후자의 기작에 해당하는 예로는 선충의 방제에 선충의 부화를 촉진하는 식물을 심어 식물에서 나오는 화학물질로 자극하여 미리 부화시킨다. 즉, 선충의 부화는 유도시키되 부화된 선충이 적합한 기주를 찾지 못 해 개체군 증가가 어렵게 하는 것이다. 또한 이것은 잡초방제에도 이용할 수 있는데, 동부와 목화는 *Storiga* sp.라는 잡초의 기주는 아니지만 *Storiga* sp.의 싹트기를 촉진시킨다.

(7) 흙갈이

흙갈이는 땅속의 해충을 고온이나 저온, 건조, 천적에 노출시키는 효과가 있다. 또한 표층 가까이 있는 것은 오히려 땅속으로 묻어서 우화율을 낮추기도 한다. 흙갈이를 이용해 해충을 방제할 때는 해충의 생육단계 중 가장 외적인 환경 요인에 의해 영향을 크게 받는 시기에 적용해야 하는 것으로 이를 위해서는 해충의 생활사나 각 생육단계에 미치는 여러 가지 환경 조건의 영향 등에 관한 깊은 지식이 필요하다. Stinner & House (1991)가 전 세계적으로 조사한 결과 51종의 해충에서 흙갈이를 하지 않아 해충 발생이 증가한 경우는 28%만이고, 해충 발생 변화와 무관하거나 오히려 해충밀도를 억제한 경우가 각각 29와 43%이었다. 하지만 흙갈이를 하지 않으면 토양 표면에 있는 해충의 먹이자원을 계속 공급하게 되어 달팽이류 같은 해충류의 피해가 커진다고 하였다(Norris *et al.* 2003).

2.2. 재배적 방제법의 장점과 단점

재배적 방제법의 장점으로는 방제책에 대한 별도의 비용이 들지 않으며, 저항성 해충의 출현과 같은 부작용이 없고, 환경에 대한 영향이 적으며, 기존의 장비를 이용하기 때문에 새로운 장비의 도입이 불필요하다는 것이다. 하지만 해충 발생 전에 미리 계획해서 적용해야 하는 것[30]과 해충문제의 완전한 해결이 어렵다[31]는 단점이 있다.

---

30) 농민들이 필요성을 절실하게 인식하지 않는 경우가 많다.

31) 예를 들어, 1980년대 벼의 모내는 시기가 6월에서 5월로 앞당겨지면서 1960년대부터

03 작물의 저항성 이용법

3.1. 작물의 저항성의 개념

작물의 저항성이란 다른 품종에 비해 같은 환경 조건하에서 해충의 가해를 피하거나 견디어 낼 수 있으며, 가해를 받았을 때 회복할 수 있는 능력이 큰 식물의 특성이다. 1792년 미국에서 'Underhill'이라는 밀 품종이 Hessian fly (*Mayetiola destructor*)에 대해 저항성이 있는 것이 처음으로 알려졌다(Pedigo & Rice 2006). 작물은 원래 야생의 식물로서 진화의 과정에서 자연선택에 의해 해충의 공격에 대항할 수 있는 여러 가지 형태의 방어력을 갖고 있다(Pedigo & Rice 2006). 그러나 작물이 인간에 의해 선발되는 과정을 거치면서 해충에 대한 대응 능력과 관련된 유전자가 탈락되거나 그 능력의 강화가 무시되어, 현재의 작물들은 여러 해충의 공격을 받게 되었으며 그의 영향도 커지게 되었다. 예를 들어 아프리카에 재배되는 카사바의 경우 원시종은 독성물질(시안산배당체)이 있어 초식성 동물이 먹지 않으나, 인간이 식용으로 재배하는 종은 이 물질의 함량이 적어 해충의 가해를 받는다.

3.2. 작물의 저항성 이용의 예시

단년생 작물의 병 관리에서는 저항성 품종의 이용이 가장 중요한 방법이다[32]. 특히 많은 경우에서 토양 전염성 병원균과 바이러스의 방제를 위해서 사용되는 유일한 방법이기도 하다[33]. 작물의 저항성을 이용

주요 벼해충이었던 이화명나방의 발생은 감소했지만 벼멸구나 매미충의 발생은 반대로 증가하게 되었다.

32) 가장 오래전에 개발된 저항성 품종은 밀의 녹병(cereal rust disease)을 방제하기 위해 만들어진 것이었다.

33) 목화와 토마토의 경우 품종명에 VFNT라는 약자가 있는 경우가 있는데, 이것은 토양전염성 병원균인 *Verticillium*균, *Fusarium*균, 뿌리혹선충(root-knot nematode), 담배모자이크바이러스(tobacco mosaic virus)에 대한 복합저항성이 있는 것이다.

해서 해충을 성공적으로 방제한 사례는 포도뿌리혹벌레가 대표적이다. 포도뿌리혹벌레는 1860년대 중반 미국에서 프랑스로 전해졌으며, 프랑스의 와인 산업에 큰 타격을 주었다. 프랑스에서 미국산 저항성 품종(*Vitis* sp.)의 대목을 사용하여 1890년에 이 문제를 완전히 해결하였다[34]. 하지만 최근 1980년대에 미국 캘리포니아에서 작물의 저항성을 극복할 수 있는 포도뿌리혹벌레 계통이 발견되어 새로운 저항성 품종 개발이 필요하게 되었다. 아시아 지역에서는 벼가 주요 작물인데 약 1,000여종의 해충이 벼를 가해하는 것으로 있다. 그 중 가장 심각한 피해를 일으키는 해충 중의 하나는 벼멸구(brown planthopper, *Nilaparvata lugens*)이며, 1973년 필리핀의 국제벼연구소(International Rice Research Institute, IRRI)에서 저항성 벼를 육종하여 널리 사용되었다(Norris et al. 2003). 다만 벼멸구에는 3가지의 계통이 있는 것으로 알려졌는데, 앞으로 이들 모두에 대한 저항성 품종의 육종이 필요할 것이다(Norris *et al.* 2003).

3.3. 작물의 저항성 기작

해충에 대한 작물의 저항성의 본질은 첫째는 **비선호성(antixenosis)**[35]으로 작물에 카이로몬(자극물질)이 없거나 알로몬(기피물질)이 있어 해충이 섭식이나 산란을 하지 않는 경우이다. 예를 들어 오이의 타감물질인 cucurbitacin (tetracyclic terpene계통)은 곤충의 섭식자극 물질인데, cucurbitacin 성분을 적게 함유하는 품종의 경우에는 해충의 피해를 덜 받게 된다. 또한 담배나방류인 corn earworm (*Helicoverpa zea*)은 옥수수를 포함한 여러 작물의 중요한 해충이다. 주로 털이 많은 식물을 선호하는데, 미국에서 털이 적은 목화를 개발해서 그들에 의한 피해를

34) 하지만 이때 프랑스로 수출된 저항성 품종에 흰가루병을 일으키는 병원균인 *Plasmopara viticola*이 같이 침입하여 유럽전역으로 확산되어 포도뿌리혹벌레보다 훨씬 더 큰 피해를 줄 수 있는 상황이 되었다. 결국 석회(lime)와 황산구리(copper sulfate)를 섞어 만든 보르도액으로 방제하였다.

35) 항객성(antixenosis)이라고 한다. Xenosis는 그리스어로 손님이라는 뜻이다(Pedigo & Rice 2006).

줄인 사례가 있다. 이것은 식물의 행태적인 특징이 해충의 섭식이나 산란을 억제할 수 있다는 것을 보여주는 예이다. 둘째는 항생성(antibiosis)으로 해충이 먹었을 때 그의 생리작용에 불리한 영향을 일시적으로 또는 영구적으로 일으키는 것이다. 식물이 생산하는 타감물질이 항생성이 나타나는 주요인이며, 담배의 니코틴과 같은 유독성 물질, 밤나방의 성장저해물질인 목화의 gossypole, 담배나방에는 별 영향이 없지만 다른 밤나방 곤충류에는 치사작용을 일으키는 고추의 매운 성분인 캡사이신(Ahn *et al*. 2011) 등이 있다. 이외에도 감자의 스테로이드 글리코시드(steroidal glycoside), 알파파의 사포닌(saponins) 등이 있다. 또한 완두콩수염진딧물(pea aphid, *Acyrthosiphon pisum*)에 저항성인 완두콩은 아미노산함량이 적으며, 아스파라긴산(asparagine)이 적은 벼품종은 벼멸구의 산란을 억제하는데, 이와 같은 것은 영양물질이 부족하거나 결여되기 때문에 나타나는 현상이다(Pedigo & Rice 2006). 셋째는 **내성(tolerance)**으로 비슷한 정도의 해충밀도 하에서 감수성인 품종에 비해 생장이나 증식에의 영향을 덜 받고 가해된 부위를 회복시키는 능력이 큰 품종을 내성품종이라 한다. 이것은 비선호성이나 항생성에 비해 가장 강도가 약한 형태의 식물의 저항성 기작이기 때문에 학자에 따라 저항성의 범주에 넣지 않기도 한다(Pedigo & Rice 2006). 또한 내성은 해충의 수를 줄이지 않기 때문에 해충 개체군을 계속 유지시키게 하는 단점이 있다. 하지만 내성은 비선호성이나 항생성과는 달리 해충 개체군에 선택압으로 작용하지 않는다. 따라서 내성이 있는 작물을 견디는 해충의 변화를 유도하지 않는다. 항생성의 예로는 옥수수의 뿌리를 가해하는 잎벌레류 해충인 western corn rootworm (*Diabrotica virgifera*)의 가해를 받는 옥수수에서 볼 수 있다. 여러 옥수수 품종은 가해 부위를 치료하거나 대체할 수 있으며, 어떤 경우에는 뿌리의 부피가 더 커지는 품종도 있다. 또한 진딧물과 같은 흡즙성 곤충은 오옥신과 같은 물질을 식물체로부터 빼앗아서 식물생장에 영향을 주는데, 보리두갈래진딧물에 대한 저항성 품종은 오옥신이 체관부조직에 결합되어 있어 진딧물에 의한 추출이 덜 된다.

3.4. 유전공학을 이용한 저항성 품종 개발

유전공학은 생명과학기술의 한 분야로 유전자의 조작(삭제, 전이 등)을 통해 작물과 해충의 유전자 구조를 변경시키는 기술이다(Norris *et al.* 2003). 유전공학에 의해 만들어진 작물을 유전자변형작물(GMO, genetically modified organism)이라 하며, 생물간 유전자의 이동이 일어난 경우에는 형질전환 작물(transgenic organism)이라고 하며, 가장 대표적인 것은 *Bacillus thuringiensis* (Bt, 비티)의 내독소를 생산하는 유전자를 식물체에 주입하여 만든 비티 옥수수(몬산토의 YieldGuard Corn) 등이 있다. 다른 저항성 품종과 마찬가지로 형질전환 작물은 살충제의 사용을 현저히 줄일 수 있다[36].

3.5. 저항성 품종 이용의 장단점

저항성 품종 이용은 해충의 종에 대한 특이성이 있어 비표적 생물에 대한 영향이 적어 천적과도 함께 사용할 수 있으며, 그 효과가 누적적이며 장기간에 걸쳐 지속된다. 따라서 살충제 사용을 줄이는 장점이 있다. 저항성 품종은 작물의 경제성이 낮아 생산비를 많이 쓸 수 없는 경우에 유리하다. 하지만 저항성 품종은 육종에 오랜 시간이 소요되며[37], 저항성 품종을 가해할 수 있는 새로운 계통의 해충[38]이 나타날 수 있다. 특

36) 콜로라도감자잎벌레를 방제하기 위해서는 살충제를 엽면에 살포해야 한다. 하지만 이것은 천적의 밀도를 급격히 낮추어 진딧물과 같은 다른 해충의 발생을 촉진시키는 원인이 된다. 따라서 다시 침투성 살충제를 사용해서 진딧물을 방제해야 한다. 하지만 비티 감자의 경우 살충제 사용이 없어도 콜로라도감자잎벌레의 밀도를 낮추기 때문에 이것은 다른 천적의 밀도에 영향을 주지 않아 진딧물과 같은 다른 해충의 방제에도 효과가 있다고 하였다(Norris *et al.* 2003).

37) 보통 10여 년이다. 하지만 살충제도 안전성 검사 때문에 개발시간이 많이 소요되며, 실험 여건과 기술의 향상으로 오히려 살충제에 비해 개발이 빠를 수도 있다. 참고로 새로운 농약개발은 10-12년에 300-400억원이 소요되며 성공률은 1/(10,000-20,000)이다.

38) 이를 생태형(ecotype)이라 하며 진딧물, 멸구류와 같이 연간 세대수가 많은 흡즙성 해충에서 문제가 될 수 있다. 앞서 기술한 포도뿌리혹벌레의 경우 1980년대 미국 캘리포니아 Sonoma와 Napa군에서 다시 문제가 되기 시작했는데, 이것은 100여 년 동안 사

히 형질전환 작물의 경우에는 특정 독소를 생산하는 유전자를 다양한 작물에 주입하여 사용하면, 그 독소에 대한 선택압을 증가시키는 기능을 하게 될 것이다. 이미 글라이포세이트(glyphosate) 제초제에 저항성을 가지고 있는 잡초가 보고되었는데, 이는 글라이포세이트 제초제에 저항성을 가진 작물을 많이 재배하고 글라이포세이트 제초제를 많이 사용하게 되었기 때문이다(Norris *et al*. 2003). 형질전환 작물을 오랜 기간 지속적으로 사용하기 위해서는 이러한 저항성 발현의 관리가 중요하며. 대개 일정 면적에 일반작물(nontransgenic crop)을 같이 재배하여 감수성 해충의 도피처로서 작용하게 하여 저항성 유전자의 발현 속도를 늦추어야 한다(Norris *et al*. 2003). 또한 해충에는 저항성이 있으나 생산물의 품질, 수량 등은 낮아 질 수 있으며, 방제 대상 해충외의 다른 곤충에 대한 감수성은 오히려 높아질 수도 있다는 단점이 있다.

04 행동적 방제법

해충을 포함한 동물들은 먹이 탐색과 천적 회피, 불리한 환경 조건 극복, 교미, 생식, 새끼 양육 등을 위한 행동 양상을 보인다. 이때 동물들은 신경계를 통해 외부의 정보(시각 및 냄새, 맛, 소리, 접촉)를 감지하여 행동을 조절한다. 행동적 방제에서는 해충의 행동 양상들을 이해하고 이들의 행동을 변화시켜 작물의 피해를 줄이는 방법으로 시각, 청각, 후각과 관련된 방제 방법들로 나눌 수 있다.

4.1. 시각과 관련된 방제 방법

곤충은 비교적 짧은 가시광선에서 근자외선 범위의 파장에 가장 민감

용된 저항성 대목에 적응한 새로운 계통의 포도뿌리혹벌레가 출현했기 때문이었다. 그래서 새로운 저항성품종을 다시 개발하였으며 이는 향후 100여 년 동안 유효할 것으로 예상한다.

한 반응을 보이며, 곤충에 따라 반응 범위가 다르므로 색깔, 모양, 움직임 등을 변경하여 해충방제에 이용할 수 있으며, 유색끈끈이트랩과 식물모형트랩, 유아등트랩, 반사 멀치(reflective mulches, 알루미늄박을 비닐에 입힌 것), 자외선 흡수제 등이 있다.

그림 4-3. 총채벌레 예찰을 위해 딸기밭에 설치된 노란색끈끈이트랩.

유색끈끈이트랩은 유색 종이나 플라스틱에 점착성 물질을 도포한 것으로 노란색끈끈이트랩은 하우스내 온실가루이, 굴파리, 매미충 등의 유인에 사용하며, 흰색 혹은 파란색끈끈이트랩은 총채벌레 유인에 효과적이다(**그림 4-3**). 유색끈끈이트랩은 해충의 밀도를 줄이는 것 보다는 해충의 상대적 발생 정보를 알 수 있어 예찰에 더 유용한 방법이다. 또한, 시간이 지남에 따라 먼지와 같은 이물질에 의해 혹은 다수의 해충이 유인되었을 경우(saturation) 효과가 떨어지는 단점이 있다.

해충이 선호하는 식물체 부위의 모형을 이용한 **식물모형트랩**에는 북미지역에서 사과의 주요 해충인 과실파리류 해충(apple maggot fly, *Rhagoletis pomonella)* 방제를 위해 개발된 사과모형트랩(apple sphere trap)이 대표적이다. 이 해충이 성숙기의 사과에 산란하는 것을 선호하여 사과원으로 이동해 올 때 사과원 주변에 사과모형트랩을 설치하여 유살하는 방법이다(Prokopy 1975). 또한 꽃총채벌레류의 방제를 위해 꽃모형트랩이 개발되었는데, 이것은 꽃총채벌레류가 먹이원으로서 식물체 조직뿐만 아니라 꽃가루, 꿀 등을 섭식하기 때문에 꽃을 선호하는 것을 이용한 것이다(Mainali & Lim 2008).

유아등트랩은 곤충의 양의 주광성(positive phototaxis)을 이용하는 것이다. 곤충은 특히 자외선에 유인되는 경우가 많기 때문에 자외선(=blacklight)을 이용한 트랩이 효과적이다.

반사 멀치는 해충의 대상 작물로 이동 및 착지를 방해한다. 진딧물과 가루이는 반사 멀치를 하늘로 인지하고 착지하지 않는 것으로 알려져 있다. 실용적이지는 않지만 소규모의 포장에서는 효과적이고 특히 진딧물과 같은 바이러스 매개충의 전파를 효과적으로 관리할 수 있다.

자외선 흡수제가 사용되어 자외선이 차단된 온실에서 노란색끈끈이트랩에 유인된 담배가루이와 꽃노랑총채벌레의 수가 줄어든다는 것이 발견되었는데(Costa & Robb 1999; Antignus *et al*. 2001), 이것은 자외선이 차단되면 곤충의 비행 방향감각이 교란되어 분산력이 감소되기 때문이라고 하였다. 또한 담배가루이의 경우 분산력 감소로 토마토황화잎말림바이러스(Tomato yellow leaf curl virus)의 발생도 억제되었다고 하였다(Antignus et al. 2001).

최근에는 식물의 광합성을 위한 대체 광원으로 LED(light emitting diode)를 사용하고 있는데, 태양빛과 가장 유사한 흡광도를 보여주는 것은 적색 LED와 청색 LED를 16:4의 비율로 사용하는 것이다. 이러한 LED를 이용한 해충 방제법도 개발되었는데, 멜론 하우스에서 적색 LED를 24시간 혹은 12시간 사용하여 오이총채벌레를 성공적으로 방제할 수 있다고 알려졌으며(Katai *et al*. 2015), Zhang *et al*. (2020)은 시설하우스에서 노란색끈끈이트랩에 녹색 LED를 비추는 것이 황색이나 자외선 LED를 비추는 것보다 온실가루이의 유인에 더 효과적이었다고 하였다.

4.2. 청각과 관련된 방제 방법

음파를 이용하면 해충이 치사되거나[39] 기피현상[40]을 유도하여 청각 장벽을 만들 수 있다. 하지만 음파를 이용하는 방법은 시설비용이 많이 들고 고음일 경우에는 다른 문제점을 야기할 수 있다. 따라서 아직까지는 해충관리에서 실제 적용된 예는 없다(Norris *et al*. 2003). 유해조수의 방제에는 폭발음이나 진동 같은 음이 사용지만, 동물의 습관화(habituation)에 의해 그 효과가 지속되지는 못한다.

39) 고음(140-160dB)에 의한

40) 밤나방은 박쥐의 초음파에 예민한 고막을 가지고 있다. 그래서 초음파에 접하게 되면 밤나방은 땅에 떨어진다.

4.3. 후각과 관련된 방제 방법

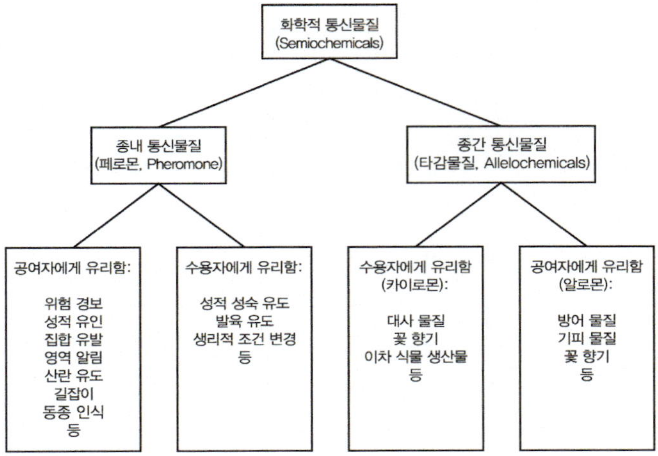

그림 4-4. 곤충의 화학적 통신물질(Semiochemicals)의 종류(Norris *et al.* 2003).

많은 종류의 동물들에서 후각이 고도로 발달되어 있는 경우가 많으며, 선충과 같이 시각계가 없는 경우에는 전적으로 화학적 통신을 이용하기도 한다. 따라서 현재 해충관리에서 가장 중요한 행동적 방제법으로 이용되고 있다. 이러한 동물들의 의사소통에 사용되는 화학물질을 semiochemicals이라고 하며, 이를 연구하는 학문을 화학 생태학(chemical ecology)이라고 한다.

그림 4-5. 과수원에 설치된 성페로몬 트랩.

Semiochemicals은 종내통신에 사용되는 페로몬(pheromone)과 종간통신에 사용되는 타감물질(allelochemicals)의 두 종류로 나뉜다**(그림 4-4)**. 페로몬에는 다시 종내 다른 개체들을 모으는 기능을 하는 집합페로몬(aggregation pheromone), 위험 신호로 쓰이는 경보페로몬(alarm pheromone), 짝을 유인하는 성페로몬(sex pheromone)이 있다. 타감물질은 카이로

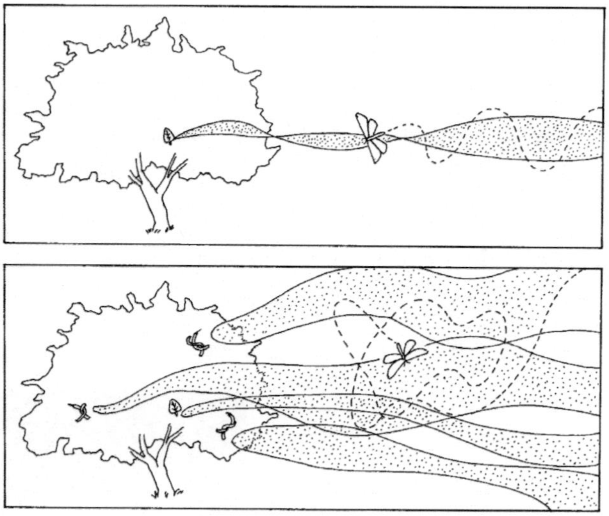

그림 4-6. 교미교란제로서의 페로몬 이용 원리. (A) 성페로몬에 의해 유인되는 수컷나방. (B) 포화된 합성 페로몬에 의해 수컷이 암컷을 찾지 못하게 됨(Norris *et al.* 2003).

몬(kairomones)과 알로몬(allomones), 시노몬(sinomones)으로 나뉜다. 카이로몬은 화학물질의 공여자보다는 수용자에게 유리한 경우를 말하는데, 예로서는 배추와 브로콜리와 같은 배추과 식물이 생산하는 mustard oil glucosides이 배추흰나비에게는 기주 탐색에 이용되는 경우이다. 반대로 알로몬은 화학물질의 공여자에게 유리한 경우이며, 식물의 뿌리에서 선충이 싫어하는 기피물질을 생산하는 경우이다. 마지막으로 시노몬은 화학물질의 공여자와 수용자 모두에게 유리한 경우를 말하며, 꽃에서 생산하는 향이 화분매개 곤충을 유인하는 경우가 예가 된다.

Semiochemicals은 해충방제에 예찰, 대량 포획, 교미 교란 등의 방법으로 현재 이용되고 있다. 해충의 예찰에 성페로몬이 이용되고 있는데 이는 1970년대에 처음 시도되었다(Norris *et al.* 2003). 터널모양의 트랩에 성페로몬과 끈끈이판을 달아 유인된 곤충을 잡는다(**그림 4-5**). 나방류의 경우 암컷이 성페로몬을 분비하기 때문에 수컷만 유인된다. 또한 카이로몬도 사용할 수 있는데, 섭식유인제를 사과원에 설치하여 과실파리의 발생을 알 수 있다. 이러한 예찰 정보는 해충 방제책의 사용 시기를 계획하는데 필수적이다. 페로몬을 이용한 대량 포획은 실제에 있어서는 효과적이지 못할 수가 있다. 특히 트랩이 유인된 곤충으로 포화되면 그 효과가 떨어지며, 성페로몬의 경우 수컷만 유인되기 때문에 실제 해충의 밀도 증가와 관련이 있는 암컷의 밀도를 줄이지 못하기 때문이다. 하지만 성페로몬을 교미교란제로 이용하는 방법은 큰 성공을 거두었다 **(그림 4-6)**. 나방의 경우 수컷은 암컷이 분비하는 페로몬의 농도차를 감지하여 암컷을 찾게 되는데, 합성 페로몬으로 작물 재배 포장을 포화시키면 페로몬의 농도차가 없어져 암컷을 찾지 못하게 되는 원리를 이용하는 것이다[41]. 이 기술은 목화의 해충(pink bollworm)[42], 산림에서의 매미나방, 인과류(pome fruit) 및 호두(walnut)의 코드링나방, 핵과류(stone fruit)의 복숭아순나방, 토마토의 뿔나방류 해충 방제에 응용되었다. 또한 콩씨스트선충의 경우에도 온실에 성페로몬인 바닐산(vanillic acid)를 추가하여 선충의 밀도를 줄인 사례가 보고되었지만(Norris *et al*. 2003) 아직 실용화되지는 않았

그림 4-7. 집합페로몬을 이용한 통발형 톱다리개미허리노린재 트랩.

41) 교미교란기술은 대상 해충의 성페로몬을 유기합성하여 서식지에 대량으로 살포하여 발생지역내에서 대상해충의 교미를 방해하여 차세대 밀도를 억제하는 방법이다. 1870년 Jean-Henri Fabré가 최초로 곤충의 페로몬을 보고하였으며, 1967년 캘리포니아대학의 Harry Shorey가 성페로몬을 양배추은무늬밤나방(cabbage looper moth, *Trichoplusia ni*)의 교미교란 방제제로 처음으로 이용하였다(Ronald & Adamchak 2008). 성페로몬은 종 특이적이며 극미량으로도 암수의 통신에 효과적으로 이용된다. 특히 나방류의 경우 교미통신은 해가 진 저녁 무렵부터 다음날 해가 뜨기 전 새벽까지, 시각보다는 주로 후각에 의존하기 때문에 성페로몬을 이용한 교미교란 효과가 더 클 수 있다. 더욱이 많은 나방류 해충이 단일교배를 하며, 또한 암수 교미최성기가 있어 교미교란제에 의해 이러한 교미시기를 놓치면 아예 교미능력을 잃어버리거나 또는 무정난을 생산할 가능성이 높아진다. 교미교란기술의 두 번째 기작은 상시적으로 인공 성페로몬에 노출된 수컷이 감각둔화 또는 습관화에 이르게 되어 야외 암컷의 성페로몬에 반응하지 않게 하는 효과를 유발한다. 교미교란제는 튜브형(Isomate 제품), 캡슐형 혹은 왁스형(Splat 제품) 등으로 개발되었다(Jung *et al*. 2008a).

42) 이때 사용되는 합성 페로몬의 상품명은 Gossyplure이다.

다. 집합페로몬은 노린재류에서는 수컷이 다른 개체에게 먹이의 위치를 알려주는 기능을 하는 것으로 트랩과 함께 사용되어 노린재류의 예찰과 포획에 사용되고 있다(**그림 4-7**). 하지만, 트랩의 사용으로 노린재의 밀도 감소와 수확량 증대에 효과가 없는 것이 알려져 (Rahman *et al*. 2018) 방제용으로는 사용을 제한하는 것이 바람직하다. 특히, 가을철에는 노린재가 생식휴면에 들어가 수컷이 페로몬 분비를 하지 않기 때문에 인공합성 페로몬이 오히려 주변의 노린재를 더 많이 유인할 수 있으므로 유의해야 한다(Rahman & Lim 2016).

05 물리적, 기계적 방제법

물리적 에너지나 기계를 이용하여 해충을 죽이거나 정상적인 생리작용을 파괴하고, 해충이 이겨낼 수 없는 환경 조건을 조성하는 것이다. 이것은 해충의 생존이나 증식에는 온도, 습도, 전자기 등에 대한 내성한계가 있어 그 한계를 벗어나면 정상적인 활동이 불가능하다는 점을 이용하는 것이다. 재배적 방제법과는 달리 작물에 변화를 주지는 않는다. 환경의 변경(공기의 조성 변화, 고온과 저온 처리, 습도조절), 물리적 에너지 이용(가시광선, 방사선과 음파, 전자빔), 기계적 차단법 등이 있다.

5.1. 환경의 변경

(1) 공기의 조성 변화

주로 저장 농산물에 사용하는 방법으로, 초저농도 산소처리법[ULO (ultralow oxygen) treatment, 0.003%의 산소농도와 10°C의 저온 조건에서 2일 동안 둔 후 다시 2일 동안 냉장보관으로 저장 상추의 품질을 저하시키지 않고 총채벌레를 방제하는 것이 예가 될 수 있다(Liu 2011). 또한 CATTS (controlled atmosphere temperature treatment syste m, 15% CO_2와 46°C에서 1시간 노출)로 사과의 복숭아심식나방을 소독하는 기술이 최근에 개발되었다(Son *et al*. 2010).

(2) 고온과 저온 처리

여름철에 콩이나 곡류를 햇볕에 쪼이는 것이 예가 될 수 있다[43]. 이외에 온실을 휴한기에 밀폐시키는 것, 봄철 논두렁 태우기, 저장 곡식의 경우 해충 방제를 위해 12°C 이하로 유지하는 것 등이 해당된다. Shibao *et al*. (2010)은 투명한 폴리비닐클로라이드 필름으로 멀치하여 토양의 온도를 최대 44°C까지 올릴 수 있으며, 이는 파총채벌레의 우화를 감소시킬 수 있다고 보고하였다. 또한 미국 캘리포니아 대학의 Clyde Elmore교수는 습한 토양을 6주간 투명 비닐로 덮어두어 거의 대부분 잡초 종자를 죽일 수 있다는 것을 보고한 바 있다(Ronald & Adamchak 2008). 다만, 토양에서 투명 비닐 멀치는 잡초와 병원균 방제에는 효과적이지만 이동성이 큰 선충류에는 방제 효과가 적다(Norris *et al*. 2003). 저장 곡식류 해충의 경우 12°C 이하에서는 생리작용이 정지되므로 저장창고의 온도를 저온으로 유지시켜 해충을 방제할 수 있다. 미국 동부에서는 사과해충인 과실파리의 방제를 위해 산소량을 감소시키고 이산화탄소량을 증가시킨 조건에서 0-3°C의 저온에서 사과를 60일 정도 저장한 후 미국 서부지역으로 판매하고 있다.

(3) 습도조절

저장 농산물의 경우 습도를 낮추어 해충의 발생이나 생육을 억제할 수 있으며[44], 또한 반대로 온실과 같은 밀폐된 환경에서 곤충병원균의 활성 증진을 위해 습도를 높이는 것도 포함한다.

43) 곤충류는 60-66°C의 고온에서는 짧은 시간에 죽는 것이 보통이다.

44) 저곡 해충류는 곡물 함수량이 12% 이하일 때는 정상적인 활동을 할 수 없다.

5.2. 물리적 에너지 이용

(1) 가시광선 이용

앞서 기술한 바와 같이 곤충이 비교적 짧은 가시광선에서 근자외선 범위의 파장에 가장 민감한 반응을 보이므로 발광다이오드를 이용해서 특정 파장의 광선을 조사한 후 유인된 곤충을 끈끈이트랩이나 동력흡충기를 이용해 포획할 수 있다. 유럽에서는 장시간 인공조명으로 하우스에서의 장미 생산량과 품질을 향상시키고 있는데, 24시간 인공조명으로 장미의 흰가루병이나 온실가루이의 발생을 억제할 수 있다고 하였다. 이는 흰가루병의 경우 인공조명이 분생포자(conidium)의 생성과 싹트기를 억제하기 때문이다(Johansen 2009). 또한 야행성 곤충류는 주광성을 가지고 있지만 황색 파장에 대해서는 기피현상을 가지고 있다. 미국에서는 야외극장, 야외수영장 등에서 이용된다. 반대로 진딧물은 황색계 색에 유인되나 은색 멀치를 기피하는 것으로 알려져 있다.

(2) 방사선, 음파

방사선은 주로 저곡 해충류 방제에 시도되었으나 시설비가 많이 들어 실용화가 어렵다. 하지만 방사선은 불임충을 이용한 방제에 이용된다(4장 8절 불임충 방사법 참고).

(3) 전자빔

방사선과는 달리 전기에너지를 이용한 전자빔은 방사능 잔존이 없어 안전하고 유해물질이 발생되지 않아 친환경적이지만 해충의 박멸보다는 알의 부화억제나 성충의 불임화를 유도하여 해충밀도 억제에 사용할 수 있다(Moon *et al*. 2010). 담배가루이의 경우 100Gy 조사선량으로 부화가 100% 억제되었으며, 70Gy으로는 우화한 성충이 산란을 하지 않는 것으로 알려져 있다(Moon *et al*. 2010).

5.3. 기계적 차단법

해충이 작물에 접촉할 수 있는 면적이나 기회를 감소시키는 방법으로 잠복소[45], 유대재배(=봉지 씌우기)[46], 방충망(혹은 방조망) 등이 예가 될 수 있다. 최근에는 카올린을 스테아르산(stearic acid)나 크롬 복합체 등과 섞어 소수성을 띄게 한 후 작물에 살포하여 멜론에서 담배가루이(*Bemisia argentifolii*), 고추에서는 매미충류(*Circulifer tenellus*), 양파에서는 파총채벌레(*Thrips tabaci*), 배와 사과에서는 응애류(*Aphis spireacola*), 꼬마배나무이(*Cacopsylla pyricola*), 점박이응애(*Tetranychus urticae*), 매미충류(*Empoasca fabae*), 코드링나방(*Cydia pomonella*), 목화에서는 바구미류(*Anthonomus grandis grandis*) 방제에 효과가 있는 것으로 알려졌는데, 이것은 카올린 입자가 식물체 표면에서 가루막을 형성하여 해충의 접촉을 차단시키는 물리적 차단벽 역할을 하기 때문이다(Larentzaki *et al*. 2008). 또한 해충뿐만 아니라 고추에서는 바이러스 발생을 감소시켰으며, 작물의 광합성에는 영향을 주지 않으며 오히려 작물의 스트레스를 줄여 성장과 생산량, 품질 등을 향상시키는 것으로 보고되었다(Larentzaki *et al*. 2008).

06 화학적 방제법

화학 물질을 이용한 해충 방제법을 화학적 방제라고 한다. 20세기 초반까지는 주로 비소제나 식물성 살충제가 해충 방제에 이용되었다. 1938년 스위스의 뮬러(Paul Müller) 등이 DDT가 탁월한 살충력이 있음을 발견한 것이 유기합성 살충제 개발에 하나의 중요한 전기가 되었다. 그 후에 여러 가지 유기염소제, 유기인제, 카바메이트제 등의 합성

45) 솔나방과 같은 나방류 대상으로 사용한다.

46) 사과, 배, 복숭아, 포도 등의 재배에서는 과실에 종이봉지를 씌워 심식나방, 바구미류 등의 산란과 유충이 들어가는 것을 막는다.

살충제가 개발되어 농업생산뿐만 아니라 위생 해충의 방제에 크게 공헌하고 있다. 살충제의 가장 중요한 장점은 해충의 밀도를 해를 끼치지 않는 수준으로 낮출 수 있다는 점이다. 이외에도 방제효과가 매우 빠르고, 다른 방제책에 비해 비용이 저렴하며, 사용이 쉬운 장점이 있다(Pedigo & Rice 2009). 우리나라에서는 1950년대 후반부터 본격적으로 합성살충제가 도입되었다. 살충제 사용량은 1965년에 730만톤이던 것이 1988년에는 10배로 사용량이 증가하였다. 그간 살충제에 관한 연구가 크게 진전되어 많은 살충제가 개발됨으로써 농업생산에 지대한 공헌을 하였다. 살충제는 전체 농약의 약 10%만 차지하지만, 사용량은 전체 농약의 44%에 달하며(**그림 4-8**), 미국에서만 220가지 이상의 활성성분(active ingredients)이 등록되어 있다(Pedigo & Rice, 2009). 살충제에 대해서는 기존의 많은 문헌에서 상세히 다뤄졌기 때문에 여기서는 다음과 같이 간략하게 정리하였다.

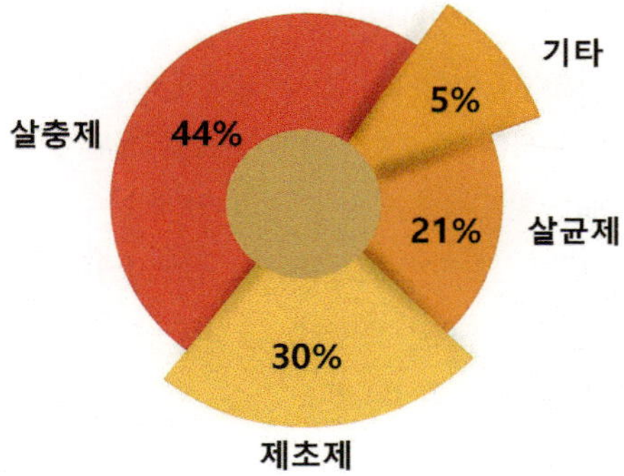

그림 4-8. 전세계 사용되는 농약 중 살충제의 비율(Mathur 1999).

6.1. 살충제의 종류

살충제는 화학적 구조, 제제 형태, 작용 기작 등이 다양하여 그의 분류방법도 다양하다. 약제가 곤충체내에 침입하는 경로에 따라 다음과 같이 분류할 수 있다.

(1) 소화중독제(Stomach poison)

해충의 입을 통해 체내로 들어가 중독 작용을 하는 것으로 가장 사용이 오래된 살충제들이 속하며, 나비목, 딱정벌레목, 메뚜기목의 저작형 입틀을 가지고 있는 해충에 대해 사용할 수 있다. 가정내 해충 구제용으로 사용되었던 붕산(H_3BO_4)이 그 대표적인 예이며 합성 살충제로는 유기인제들이 여기에 속한다.

(2) 접촉제(Contact poison)

약제가 기문이나 체벽을 통하여 침투해서 신경계통이나 세포조직에 작용하는 것으로 해충 입틀의 형태와 관계없이 이용가능하다. 근대 살충제의 대부분이 이 작용 기작을 가지고 있으며 유기염소제, 유기인제, 카바메이트제 등이 포함된다.

(3) 훈증제(Fumigant)

훈증제는 5°C이상에서 기체 상태가 되는 약제로 해충의 기문을 통해 호흡기에 침투하여 죽게 만드는 것으로 밀폐된 창고나 토양에 사용한다. 토양 훈증시에는 지표층에 구멍을 뚫고 약제를 주입하는 방법이 이용된다. 훈증제로는 메틸브로마이드(methyl bromide)나 클로로피크린(chloropicrin) 등이 있다. 단, 메틸브로마이드는 최근 미국 EPA에서 오존층 파괴 물질로 규정하여 사용이 금지되었다.

(4) 침투성살충제(Systemic insecticide)

메틸디메톤제, 카보퓨란, 네오니코티노이드계 등이 있으며, 작물체 내로 약제를 흡수시켜 그 성분이 식물체 전체에 퍼져 가해하는 해충이 먹고 죽게 한다. 일반적으로 천적에 대한 직접적인 영향이 없으나 대부분이 인축에 대한 독성이 크므로 사용에 주의해야 한다. 프랑스는 해바라기와 옥수수에서의 네오니코티노이드계 이미다클로프리드의 사용을 금지한 바가 있는데, 이것은 꿀벌에서 벌집내 개체수가 급격히 감소되는 현상(CCD, collony collapse disorder)의 주원인으로 여겨졌기 때문이었다[47](Ratineks & Carreck 2010).

(5) 불임제(Chemosterilant)

곤충 생식세포의 생식능력을 잃게 하는 물질로 부술판(busulfan) 등이 있다. 화학불임제는 대체로 인축에 위험하며 암과 돌연변이를 일으킬 수 있다(Pedigo & Rice 2006).

(6) 보조제(Auxiliary substance)

살충제의 효력증진을 위해 섞는 보조물질로, 작물이나 해충의 몸 표면에 약제가 잘 묻도록 고착성이나 확전성을 향상시키는 전착제, 기름입자가 물속에 균일하게 분산되도록 하는 유화제, 주제의 농도를 희석시키기 위해 사용하는 단체(carrier) 등이 있다.

6.2. 살충제 사용의 문제점

살충제의 가장 큰 문제점은 살충제가 더 이상 효과를 나타내지 못하는 방제 실패가 있다는 점이다. 해충이 어떤 살충제에 대한 반응이 저하되어 방제제의 효력이 떨어지는 살충제 저항성과 살충제가 천적이나 경쟁자를 제거하고 이를 통해 전보다 해충의 밀도가 더 늘어나게 하는 해충의 격발현상(resurgence)을 일으킨다(제5장 종합적해충관리편 참고). 또한 살충제가 해충에 유리하게 기주 식물의 영양성분 변화를 초래하여 해충의 발육을 촉진시키거나 섭식을 자극하고, 생식이나 생존율을 증가시키기도 한다.

살충제는 해충의 방제와 관계없이 작물의 생리작용에 불리한 영향을 미치는 약해가 있을 수 있다. 약해는 일반적으로 고온, 다습조건에서 잘 일어나는데, 이것은 고온이면 약제의 흡수력을 증가시키고 다습하면 약제가 잘 마르지 않아 침투량이 많아 지기 때문이다. 약해의 원인으로는 불순물이 혼합되어 있거나 잘못된 혼용 그리고 약제가 변질되었을 때 일어나며, 그밖에 높은 농도의 농약을 살포하였을 때에도 생길 수 있다.

---

47) 하지만 이후 CCD 현상이 지속되어 침투성 살충제가 CCD의 주원인이라는 것은 증명되지 못하였으나, 살충제뿐만 아니라 상업적인 수분을 위한 장거리 이동과 같은 요인들에 의해 꿀벌의 면역력이 약해져 다른 병원균들의 침투에 쉽게 노출되었기 때문으로 여겨지고 있다.

또한 살충제는 야생동물이나 인축에 독성을 가지고 있어, 동물의 먹이 제거, 서식처 생물의 제거, 경쟁자의 제거, 천적의 제거 등과 같은 생태계 파괴를 유발할 수 있다.

07 생물농약(Biopesticide) 이용법

생물농약은 동물, 식물, 미생물로부터 만들어진 농약이나 그러한 생물들 그 자체를 의미한다. 기존의 일반농약에 비해 안전하고 환경오염이 적다. 생물농약의 종류는 적용 대상에 따라 생물살충제, 생물살균제, 생물제초제 등으로 나누며, 생물농약의 특징에 따라서는 **식물농약(botanical pesticide)**, **미생물의 발효과정에서 생산된 물질(fermentation products)**, **생화학 농약(biochemical pesticide)**, **생물체(organisms)**로 나눌 수 있다(Norris *et al*. 2003). 하지만 Pedigo & Rice (2009)는 생물체 즉 천적을 이용한 생물학적 방제를 별도로 구분하였고 생물농약은 미생물농약(microbial pesticide)와 식물성 보호제(plant-incorporated protectants), 생화학농약(biochemical pesticide)으로 구분하기도 하였다.

7.1. 식물농약(Botanical Pesticide)

식물농약은 자기방어 물질을 생산하는 식물과 해충에 대한 독성 물질을 생산을 인위적으로 가능하게 만든 유전자변형작물(GMO, genetically modified organism)이 있다. 천연 살충제로 오래전부터 사용된 제충국, 담배, 데리스, 님(neem)은 자기방어 물질을 생산하는 식물의 예이며, 각각 피레스린, 니코틴, 로테논, 아자디락틴이 주요 성분이다(**그림 4–9**). 피레스린은 꽃에서 추출하여 수세기 이전부터 중국에서 해충방제에 사용된 살충성분으로 현재 주산지는 케냐, 탄자니아, 르완다와 같은 동부 아프리카 지역과 타스마니아, 파푸아 뉴기니이다. 단점으로는 광분해(photodeg

- 톱다리개미허리노린재 성충 - - 썩덩나무노린재 약충 -

그림 4-9. 님 추출물인 아자디락틴을 살포 후 노린재 성충과 약충의 날개에서 나타난 기형 현상(화살표로 가리킨 부분).

radation)와 산화(oxidation)되기 쉬워 가정용 등으로만 사용된다. 이러한 단점을 개선해서 만든 것이 퍼메스린(permethrin)이며 퍼메스린의 살충력을 증가시키기 위해 만든 것이 싸이퍼메스린(cypermethrin)이다. 아자디락틴은 살충 성분이 님나무의 씨앗에 있으며 인도에서는 살충 및 의약 성분으로 오랫동안 알려져 왔다. 주요 살충 기작은 소화중독이며, 온실가루이, 나무이, 진딧물, 깍지벌레, 굴파리, 딱정벌레, 나비목 해충류에 효과적이다. 곤충 유충의 탈피와 발육도 저해하며**(그림 4-9)** 부분적 침투성을 가지고 있어서 라미나층을 투과할 수 있다. 1985년 미국에서 처음으로 살충제로 등록되어 유기농자재로 인증되어 있다. 국내에서는 멀구슬나무가 잎과 과실에 아자디락틴을 함유하고 있는 것으로 알려졌다. 이 외에 콩과 식물인 고삼도 살충 효과가 있는 것으로 알려져 있으며, matrine이 주성분이다. 한방에서는 치열, 건위, 나병, 치풍 치료에 사용하였다. Kim *et al*. (2015)는 고삼추출물외 2-3종 식물추출물을 복합적으로 함유한 혼합제들이 배추좀나방, 파밤나방, 복숭아혹진딧물 등에 대해 살충 효과가 있다고 하였다.

또한 수증기 증류법(steam distillation)으로 식물(Myrtaceae과의 Eucalyptus, Melaleuca, Callistemon 등)에서 추출할 수 있는 약 20-80여 가지의 식물 대사물질인 식물정유는 분자량이 적은 휘발성 물질로 살충력과 살비력이 있음이 알려져 있다. 이들의 작용 기작은 잘 알려지지 않았지만 terpinen-4-ol (차나무 오일에서 고농도로 발견되는 성분)과 같이 절지동물의 acetylcholinesterase를 억제하는 곤충의 신경독으로 작용하는 것과 소수성으로 체벽의 왁스층의 기능을 저해하거나 기문을 막아 수분 조절 방해와 질식을 유발하는 기계적 작용이 알려져 있다. 특히 다른 합성 살충제의 인체에 대한 독성 때문에 인간의 외부기생 해충 방제에 이용되고 있다(Ellse & Wall 2014).

유전자변형작물은 유전공학 기술을 이용해 형질이 변한 것으로 전통 육종법과 달리 특정 원하는 유전자만을 유연관계에 있는 종뿐만 아니라 다른 어떤 생물 종간에 도입하는 것이다. 그래서 미국에서는 특히 유전자변형작물은 식물유래 천연물들과는 달리 화학농약과 같이 등록 및 관리되고 있다(Norris *et al*. 2003). 유전자변형작물은 유전공학 기술의 발달과 더불어 향후 전 세계적으로 이용 및 개발이 보편화 될 것으로 보인다. 대표적인 예로 바이러스 저항성 호박(squash), 제초제(glyphosate) 저항성 옥수수와 콩, 비티 독소를 생산할 수 있는 옥수수, 목화, 감자 등이 있다. 하지만 1)비티 독소와 같은 새로운 물질이 발현되는 농작물의 안전성에 대한 소비자의 불안과 2)유전자의 같은 종 혹은 다른 종으로의 전이로 예상치 못한(수퍼잡초와 같은) 변종의 출현, 3)유전자변형 기술의 일부 큰 기업에 의한 독점, 4)유전변형 작물의 품질 저하 등에 대한 우려가 있는 것은 사실이다(Ronald & Adamchak, 2008). 하지만, 유전자변형작물이 농약의 사용을 현저히 줄여 환경보호와 인류의 식량 안보에 지대한 공헌을 할 수 있다는 점에서 지속적인 연구와 개발이 필요할 것으로 생각된다[48].

48) 이것은 우리가 합성 농약과 비료를 사용해서 재배한 농작물을 섭취하는 것이 비티 독소를 가지고 있는 유전자변형작물을 섭취하는 것보다 훨씬 더 우리의 건강에 위험하다는 것을 의미한다. 최근에 동남아시아의 벼 재배에서 가장 큰 문제 중의 하나인 장기간의 침수에도 살아남을 수 있는 벼 품종이 개량되었는데, 인도의 오리사 지방에서 발견된 FR13A 벼에서 침수에 대한 내성 유전자인 SubI를 찾아 Swarna 벼에 주입하여 2주 이상의 침수에도 살아남을 수 있게 하였다(Xu *et al.* 2006). 또한 아프리카와 동남아시아에 만연되어 있는 비타민 A 결핍증을 해결하기 위해 록펠러 재단이 과학자들에게 연구비 지원을 통해 비타민 A의 전구체인 카로티노이드를 만들 수 있는 벼 품종을 개발하였다(Ye *et al.* 2000). 이 품종 쌀알은 카로티노이드의 색깔 때문에 노란색을 띄어 황금쌀(golden rice)이라 불리며, 수선화와 한 종의 세균에서 유전자를 찾아 유전

7.2. 미생물의 발효 산물(Fermentation Products)

미생물의 발효과정에서 생산된 물질로 비티 독소(Bt toxin), 아바멕틴(abamectin), 스피노사드(spinosad), 미생물들에 의해 만들어지는 항생물질 등이 있다. 비티는 1901년 일본의 생물학자 Shigetane Ishiwatari가 누에나방 유충에서 최초로 발견하였으며, 1956년 Hannay와 Fitz-James, Angus가 비티의 작용 기작이 포자 형성시 만들어지는 유독성인 결정체라는 것을 알아냈다(Ronald & Adamchak 2008). 현재는 이 유독성 결정체(Bt Cry 단백질)를 분리 정제한 생물농약이 1958년에 최초로 상업화된 후 널리 이용되고 있으며, 또한 최근에는 유전공학 기법을 이용해서 작물 내에 이러한 독소를 생산하는 유전자를 주입한 유전자변형작물[49]을 만들어 사용하고 있다.

아바멕틴과 스피노사드는 미생물의 대사산물로 1980년대에 개발되었으며, 유기합성 살충제의 주요 유효 성분으로 사용되고 있다[50]. 아바멕틴은 토양 미생물 *Streptomyces avermtilis*에서 생산되는 발효물질인 2종의 아버멕틴(avermectin) 혼합물로 구성되어 있으며 1985년 처음으로 소개되었다. 많은 종류의 응애와 콜로라도감자잎벌레, 굴파리, 총채벌레류 해충에 효과적이며, 주요 살충 기작은 소화중독제이고 일부 접촉독으로도 작용한다. 따라서, 흡즙성 곤충에 대해서는 효과가 적다. 침투성은 없으나 식물의 라미나층을 투과하여 긴 잔류효과를 보인다. 아바멕틴은 신경전달 물질인 GABA를 활성화 시키는데, GABA는 포유류에도 있어서 이 약제의 척추동물 독성이 높은 편이다. 스피노사드는 토양 미생물인 *Saccharopolyspora spinosa*의 발효물질로 1997년 상업화되었다. 주요 살충 기작은 접촉독과 소화중독제로 작용하며 침투성은 없어 흡즙성 곤충에는 비효과적이다. 스피노사드는 척추동물에는 없는 신경전달 물질인 nAch에 대한 반응을 활성화 시키므로 척추동물에는 무해하

공학으로 만든 것이다. 이와 같은 예들은 유전공학이 농업에 이바지 할 수 있는 길이 다양하다는 것을 보여준다.

49) 유전자변형작물에 사용된 최초 독소단백질은 Cry 1Ac이다. 나비목 유충에 효과적이며 Bt-목화인 Bollgard로 개발되었다.

50) 아바멕틴에는 올스타, 버티맥 등이 있으며, 스피노사드에는 부메랑, 올가미 등이 있다.

다. 나비, 파리, 총채벌레류 해충에 효과적이다. 미생물의 항생 물질은 1940년대부터 식물 세균병 방제를 위해 사용되었다.

7.3. 생화학 농약(Biochemical Pesticide)

생화학 농약은 곤충의 생리적 혹은 행동적 작용을 담당하는 물질들을 이용해서 이들 작용을 억제 및 교란하여 해충의 밀도를 억제하고자 하는 것으로 곤충생장조절제(Insect Growth Regulator, IGR), 성페로몬과 집합페로몬과 같은 곤충페로몬제 등이 있다[제4장 4절 행동적 방제 참고]. 곤충생장조절제는 키틴합성 저해제, 탈피호르몬(20-hydroxyecdysone) 유사체, 유약호르몬 유사체 등으로 나눌 수 있다. 키틴합성 저해제는 곤충의 큐티클층의 합성을 억제하며, 1970년대초 Philips-Duphar사가 처음으로 개발한 다이플루벤주론(diflubenzuron, dimilin)과 뷰프로페진(buprofezin) 등이 있다. 탈피호르몬 유사체는 유충의 조기 탈피를 유도하는 것으로 나비목 유충에 특이적인 테부페노자이드(tebufenozide)가 예이다. 유약호르몬 유사체는 유충에 대한 치사효과는 없으나 배 발생에 영향을 주고 최종 탈피 과정에 영향을 주어 기형 성충을 유발한다. 1970년대 초 Zoecon사에서 개발한 메소프린(methoprene)이 대표적인 약제이다. 이와는 반대로 유약호르몬을 생산하는 기관인 알라타체를 제거하는(allatectomy) 기능이 있는 precocenes과 같은 물질도 개발되었는데, 이들은 곤충의 조숙증을 유도 한다.

7.4. 생물체(Organisms)

7.4.1. 생물체를 이용하는 생물적 방제의 개념과 역사

생물체는 해충 밀도 조절을 위해 직접 방사 혹은 살포하는 해충의 천적 혹은 경쟁자가 될 수 있다. 이러한 생물체를 이용하는 방제법을 **생물적 방제(Biological Control)**이라고 하며, 천적 및 경쟁자는 해충 개체군과의 상호작용으로 일정 시간이 지난 후 개체군 밀도가 일정 수준 이하로 감소 및 유지되도록 하는 것이다. 생물적 방제의 역사에서 기원전 300년 중국의 고서에 감귤의 해충 방제를 위해 개미를 사용한 기록이 가장 오래되었으며(Norris *et al.* 2003), 근대적 생물적 방제는 19세기 후반 미국 캘리포니아 주에서 감귤의 외래 침입 해충이었던 이세리아깍지벌레를 호주에서 들여온 베달리아무당벌레로 성공적으로 방제한 것에서 시작되었다. 이 후 전 세계적으로 다른 해충에서도 성공적으로 시도되었으며, 최근(1995년)에는 미국 플로리다 주에 침입한 귤굴나방 방제를 위해 호주에서 들여온 기생벌을 방사한 것이 성공적인 생물적 방제의 예로 들 수 있다(**그림 4-10**). 국내에서는 일제 강점기에 일본인들에 의해 도입된 사과면충을 일본에서 들여온 기생벌인 사과면충좀벌로 생물적 방제를 성공한 것이 최초의 사례이고 1975년에는 제주도에 침입한 루비깍지벌레를 일본에서 들여온 루비붉은좀벌로 방제에 성공한 사례가 있다.

그림 4-10. 귤굴나방의 유충에 산란하는 기생벌(*Semielacher petiolatus*).

7.4.2. 생물적 방제의 필요성

해충에 의한 피해를 줄이는 방법으로 가장 보편적으로 사용된 방법은 유기합성 살충제이다. 1938년 스위스의 Geigy사의 Müller, Martin, Laüger 등이 DDT가 탁월한 살충력이 있음을 밝힌 뒤 유기합성 살충제는 1)강한 독성, 2)저렴한 가격, 3)광범위한 적용범위, 4)사용의 간편성 등의 이점으로 20세기 후반까지 널리 사용되었으나, 1)방제실패, 2)인축에 대한 독성, 3)야생생물에 대한 영향, 4)환경오염 등의 여러 문제점이 대두되었다. 그 중에서도 살충제의 방제실패 현상이 나타나기 시작했는데 이는 해충의 약제 저항성과 격발 현상 때문이었다. 해충의 약제 저항성은 해충 개체군 중 유전적 변이 혹은 돌연변이에 의해 일부 개체가 살충제에 대해 영향을 받지 않는 저항성을 가지게 되고 이들 저항성 개체들의 밀도가 증가된 현상이다. 또한 해충의 격발 현상은 살충제가 해충에 대한 밀도 억제 효과보다는 천적이나 경쟁자 개체군에 대한 영향이 더 커서 해충의 밀도가 살충제 사용 전에 보다 오히려 더 늘어나는 결과를 초래하는 것이다(Flint & Dreistadt 1998, 제5장 종합적해충 관리 참고). 이러한 살충제의 문제점으로 인해 대체 방제책으로써 천적을 이용한 생물적 방제의 중요성이 강조되었다.

7.4.3. 생물적 방제의 종류

(1) 도입 천적에 의한 생물적 방제 (Introduction 혹은 Classical Biological Control)

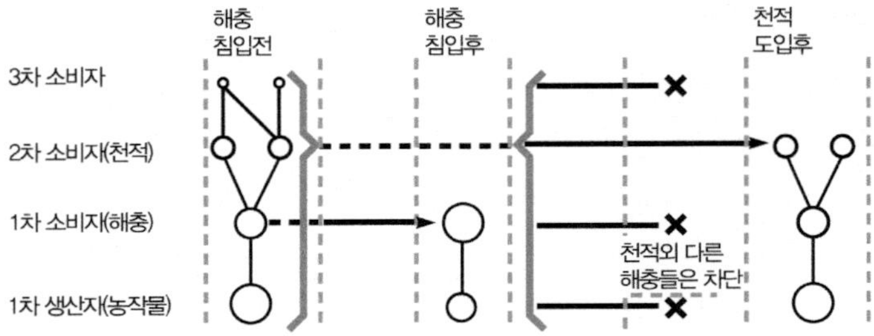

그림 4-11. 도입 천적을 이용한 해충의 생물적 방제의 원리를 보여주는 모식도(Van Driesche & Bellow 1996).

위에서 예시한 베달리아무당벌레를 이용한 이세리아깍지벌레의 방제, 미국 플로리다 주에 침입한 귤굴나방 방제를 위해 호주에서 들여온 기생벌 방사는 모두 도입 천적에 의한 생물적 방제의 예로서 외래해충이 침입했을 때 국가 단위 또는 매우 광범위한 지역에 걸쳐 적용하는 것이다. 이것은 외국에서 침입한 해충은 적절한 천적이 없어(또한 경쟁자도 적어 기후환경에만 적응한다면) 빠른 속도로 증가하기 때문에, 이러한 생태적으로 외계생명체라 할 수 있는 침입해충의 고유 천적을 원산지에서 찾아 도입 및 방사하는 것이다(**그림 4-11**). 이 방법은 일반 농가에서는 실시하기는 불가능하며 국가나 지방자치단체에서 추진되어야 하는 규모가 큰 방제법이라 할 수 있다. 지난 120여 년 동안(2006년 기준) 전 세계적으로 2,000종의 천적을 방사하여 적어도 165종의 해충을 성공적으로 방제하였다(Gibbs *et al*. 2011). 천적 도입의 이익:비용 비율은 최소 5:1에서 최고 1,000:1에 이르며, 천적 도입을 통한 해충의 완전 방제 성공률은 2.5-3.8%이었고 천적의 정착에 성공한 것은 25%이었다. 이는 살충제 개발 성공률인 0.0007% (1/140,000)보다 훨씬 높으며, 살충제의 경우 개발비용이 2.5천억원 이상 소요되고 개발 기간도 8-12년으로 길어 도입 천적에 의한 생물적 방제가 더 경제적이라고 할 수 있다(Naranjo *et al*. 2015).

(2) 증식방사를 통한 생물적 방제 (Augmentative Biological Control)

반면 개별 농가에서는 천적회사에서 생산되는 제품을 사서 방사하는 경우가 일반적인데 이는 천적을 생물공장에서 대량으로 증식한 후 해충 발생지역에 방사를 해서 단시간 내에 해충 방제 효과를 얻고자 하는 것으로 화학적인 살충제 사용을 대신할 수 있는 친환경적 그리고 경제적인 해충 방제법으로 인식되었다(Van Lenteren 2012). 전세계적으로 지난 120여 년 동안 약 230여 종의 천적이 상업화되었다. 현재 국내에서도 오상킨섹트(www.k-insect.com), 코퍼트(www.koppert.co.kr), 한국유용곤충연구소(www.kbil.co.kr), 에코윈(www.eco-win.kr) 등의 천적을 생산 및 판매하는 회사가 있으며, 앞으로 정부의 친환경농업육성정책에 따라 시장 규모도 성장할 것이라고 예측하고 있다. 천적 사용은 안전성, 그 효과의 지속성 등의 장점이 있으나 실내에서 대량으로 증식된 천적의 경우 야외 적응성이 떨어져 만족할 수준의 방제 효과를 얻지 못하는 경우가 많으며, 아직까지는 천적 생산에 드는 인건비 등으로 기존 살충제에 비해 비싸다는 단점이 있다. 하지만 이러한 기술적인 혹은 경제적인 문제를 극복하고 서구 유럽에서는 이미 천적의 사용이 보편화 되어 있다.

(3) 천적의 보존을 통한 생물적 방제 (Consevational Biological Control)

마지막으로 천적을 직접 방사하지는 않지만 천적의 서식처를 보호하거나 그들의 기능을 향상시켜 해충의 밀도를 억제할 수 있는데 이를 천적의 보존을 통한 생물적 방제라 한다. 이 방법은 천적의 서식 환경 개선을 통해 천적의 기능을 보완 및 강화시켜 자연적인 해충밀도 억제를 유도하는 것이다(**그림 4-12**). 모든 해충은 자연계 혹은 농생태계에서 포식자, 기생자 등의 천적에 의해 그 밀도가 억제되고 있다. 하지만 인간에 의한 작물 재배 환경의 변화로 인해 천적이 제대로 역할을 수행하지 못했을 때 해충의 밀도가 급격히 증가되고 따라서 농작물에 경제적 피해를 주게 된다. 다음은 천적의 기능을 향상 또는 억제시킬 수 있는 작물 재배 환경에 대한 고찰이다.

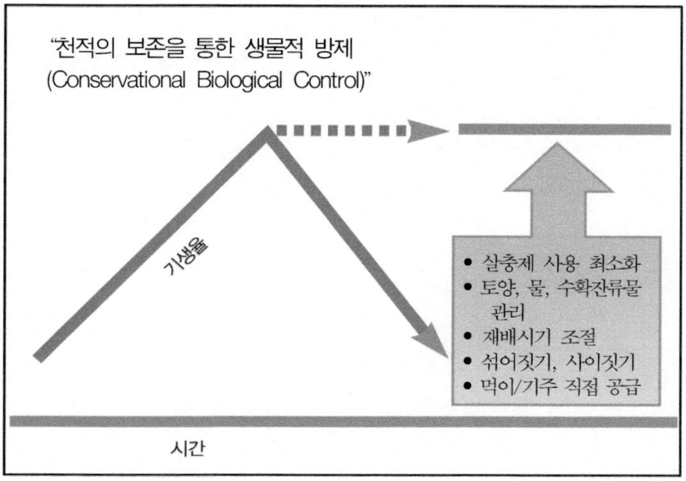

그림 4-12. 천적 보존을 통한 생물적 방제의 원리. 살충제 사용 제한 등을 통해 천적의 기능을 보완 및 강화시키는 것이다.

가) 살충제의 무분별한 사용

천적은 해충과 마찬가지로 같은 종류의 동물군(곤충)일 경우가 많으며 따라서 살충제에 대해서도 감수성을 가지고 있다(**표 4-2**). 하지만 천적은 해충과 달리 그들의 먹이가 농작물이 아니라 살충제 처리시 감소한 해충의 밀도에 의해 더 크게 영향을 받기 때문에 그 밀도가 다시 원래 상태로 돌아오는 데는 더 많은 시간이 소요된다. 따라서 해충에 의한 피해를 줄이기 어렵게 된다. 따라서 친환경 인증 농가에서는 천적의 기능을 극대화 시킬 수 있도록 1)살충제 사용을 최소화해야 하며, 2)천적에 영향이 적은 선택성 살충제나 생물농약을 사용해야 하며, 3)천적의 활동이 적은 시기에 농약을 살포해야 한다.

표 4-2. 천적의 주요 살충제에 대한 감수성(All & Treacy 2006).

일반명 (계통)	대상 해충	천적에 대한 급성 독성						
		무당벌레	포식성 노린재	거미	기생벌	풀잠자리	포식 응애	꿀벌
abamectin (microbial)	응애	*	*	**	**	*	***	***
acephate (organophosphate)	진딧물	***	***	***	***	***	***	***
acetamiprid (neonicotinoid)	진딧물	-	***	-	**	*	-	-
azinphosmethyl (organophosphate)	잎말이나방	***	*	-	***	***	-	***
Bacillus huringiensis (microbial)	배추좀나방	*	*	*	*	*	*	*
bifenthrin (pyrethroid)	진딧물약응애	***	***	***	***	***	***	***
buprofezin (IGR)	온실가루이, 깍지벌레	**	*	-	*	-	*	-
carbaryl (organophosphate)	잎말이나방	***	***	***	***	***	***	***
carbofuran (carbamate)	물바구미	***	***	-	***	-	***	-
chlorpyrifos (organophosphate)	깍지벌레, 잎말이나방	***	***	-	***	***	***	***
cyfluthrin (pyrethroid)	심식나방, 굴나방	***	***	-	***	**	***	***
deltamethrin (pyrethroid)	잎말이나방	***	***	-	***	***	***	***
diazinon (organophosphate)	이화명나방, 멸구	***	***	***	***	***	-	***
dichlorvos (organophosphate)	진딧물, 잎말이나방, 굴나방	***	***	-	***	***	***	***
dicofo (chlorinated hydrocarbon)l	응애	*	*	*	*	*	-	*

일반명 (계통)	대상 해충	천적에 대한 급성 독성						
		무당벌레	포식성 노린재	거미	기생벌	풀잠자리	포식응애	꿀벌
diflubenzuron (IGR)	굴나방	**	*	*	*	***	*	*
dimethoate (organophosphate)	깍지벌레	***	***	-	***	***	***	***
emamectin benzoate (microbial)	총채벌레	*	***	*	**	-	-	***
endosulfan (cyclodienes)	담배나방	***	**	**	***	**	***	**
esfenvalerate (pyrethroid)	잎말이나방, 진딧물	***	***	-	***	***	***	***
fenbutatin-oxide	응애	*	*	-	*	*	*	-
fipronil	총채벌레, 혹명나방	*	**	**	**	***	-	-
imidacloprid (neonicotinoid)	진딧물, 멸구, 혹명나방	***	*	*	**	***	*	-
indoxacarb	굴나방, 파밤나방	*	*	*	*	-	-	-
lambda-cyhalothrin (pyrethroid)	잎말이나방	***	***	-	***	-	***	-
methamidophos (organophosphate)	배추흰나비	***	***	-	***	***	***	***
methidathion (organophosphate)	깍지벌레	***	***	-	***	***	***	***
methomyl (carbamate)	진딧물, 담배나방	***	***	**	**	**	***	-
methoxyfenozide (IGR)	이화명나방, 혹명나방	-	*	-	*	-	-	-
profenophos (organophosphate)	진딧물	***	***	-	***	***	-	-
propargite (organosulfur)	응애	**	**	-	*	*	-	*
pymetrozine	진딧물	-	*	-	*	*	*	-

일반명 (계통)	대상 해충	천적에 대한 급성 독성						
		무당벌레	포식성 노린재	거미	기생벌	풀잠자리	포식응애	꿀벌
spinosad (actinomycete product)	총채벌레, 배추좀나방	*	*	*	**	*	-	*
tebufenozide (IGR)	잎말이나방	-	*	-	*	*	**	*
thiodicarb (carbamate)	심식나방	***	**	*	**	-	-	**
thiamethoxam (neonicotinoid)	진딧물, 물바구미	-	***	-	**	***	-	-

(***70% 이상감소, **31-70% 감소, *30% 미만 감소, -시험하지 않음).

나) 잡초관리

과수원의 잡초는 점박이응애의 천적인 포식성 응애들의 주 서식처(월동장소 및 대체먹이원인 꿀 등을 얻는 장소로서)이기 때문에 이러한 잡초를 제거해버리면 천적의 밀도를 감소시키는 결과를 초래한다. 물론 잡초는 농작물에게는 해로우며 다른 해충을 유인할 수 있기 때문에 농가재배관리 유형에 따른 목적에 맞게 잡초를 관리하여 한다.

다) 토양관리

흙갈이에 의해 토양 표면위에 있는 월동태 기생벌이나 곤충의 핵다각체바이러스 등이 파묻혀 버린다. 하지만 석회의 사용은 토양의 산성도를 중화시켜 곤충의 핵다각체바이러스 유지에 도움이 된다.

라) 수분 관리

토양의 적정한 수분관리를 통해 곤충 기생성 곰팡이 천적의 기능을 향상시켜 해충의 밀도를 줄일 수 있다. 다만, 높은 습도는 식물의 병을 증가시킬 수 있다.

마) 수확잔류물 관리

수확 후 잔류물을 일부 남겨 둠으로써 월동하는 천적을 보호하여 이듬해 그들의 밀도를 유지시킬 수 있다. 봄철 논둑 태우기가 여러 해충 방제에 도움이 되기도 하지만 또한 천적의 밀도를 낮추는 역효과가 있는 것(Lee & Kim 2003)도 이 때문이다.

바) 섞어짓기(polycropping) 혹은 사이짓기(intercropping)

주 농작물에 다른 작물을 같이 배치함으로써 해충의 기주 식물 선택에 간섭하여 일부 해충의 밀도가 급격히 높아지는 현상을 줄일 수 있으며, 또한 작물의 수가 늘어남으로 해서 해충 및 천적의 군집상 또한 다양하게 되어 천적의 기능을 향상 시킬 수 있는 장점이 있다. 하지만 다양한 작물의 재배 및 수확관리는 그 효율성이 떨어질 수 있으므로 대규모 농가에서만 적용이 가능한 방법이다.

사) 지피작물(cover crop)의 재배

포도밭에서의 유채와 같은 지피작물의 재배로 토양의 온도를 낮출 수 있고, 토양 습도를 높게 유지할 수 있으며, 또한 천적의 대체 먹이원으로 작용하여 천적의 기능을 향상시킬 수 있다.

아) 먹이/기주 직접 공급

응애, 총채벌레 등의 방제를 위해 포식성 응애나 애꽃노린재를 방사하였을 경우에는 꽃가루, 효모, 설탕물의 추가 공급으로 천적의 기능을 강화시킬 수 있다.

자) 길항생물의 제거

천적의 작용을 저해하는 2차 천적과 같은 길항생물을 제거해야 한다. 개미가 대표적인 예로서 진딧물 혹은 깍지벌레와 같이 감로를 배설하는 곤충의 천적을 억제하는 것으로 알려져 있다.

표 4-3. 세 가지 생물적 방제법에 대한 요약과 비교.

구 분	생물적 방제법		
	도입(=고전적)(IBC)	증식/방사(ABC)	보존(CBC)
개 념	외래 천적의 도입을 통한 방사	천적의 산업적 대량생산을 통한 방사	작물재배 환경 변경을 통한 기존 천적의 해충 억제 기능 강화
사용 주체	주로 공공기관 (예외, 호주 아르헨티나줄기바구미와 이탈리아 미국선녀벌레의 기생벌을 산업화함)	산업체, 농업인	농업인, 산업체 (선택성 살충제, 재배관리 등)
사용 현황 및 경제적 가치	전세계 400종 이상의 침입해충 방제에 5,000종의 천적 도입 및 방사됨	전세계 500개 이상의 업체에서 230여종의 천적 생산 중이며 소비자기준 시장가치가 2천억원임	2013년 미국에서만 농작물에서의 천적에 의한 해충방제 가치는 5.5조원으로 추산됨
이익:비용 비 율	높음 (5:1 - 〉1,000:1)	낮음 (높은 생산비와 고르지 못한 효과 때문) (예외, 유럽에선 2-5:1로 살충제와 유사한 비율)	추정하기 어려움 (시공간적 누적, 시장가격으로 환산불가)
기타 특징	높은 방제 성공률 (2.5-3.8% 완전 성공; 25% 천적 정착) (살충제 개발의 성공률은 1/140,000 = 0.0007%에 불과하며, 비용은 2.5천억원 이상, 개발 기간은 8-12년 소요된다)	• 천적 산업은 전 세계적으로 성장추세. 다만, 미국에선 천적 산업 침체 • 주로 하우스에 적용	• 향후 연구개발 수요 높음(HIPV, mVOCs) • 하우스에도 적용 가능 (뱅커플랜트, 레퓨지플랜트, 꽃가루살포 등)

(Messelink *et al.* 2014, Naranjo *et al.* 2015, Colazza *et al.* 2023)

7.4.4. 주요 해충 방제에 이용할 수 있는 천적

현재 전 세계적으로 지난 120여 년 동안 약 230여종의 천적이 상업화되었다(Van Lenteren 2012). 국내 천적회사에서 판매되고 있는 시설 작물의 해충 방제용 천적을 다음과 같이 요약하였다. 해충 및 천적의 실제 사진과 그에 대한 자세한 정보는 농촌진흥청 곤충표본관(insect.nass.go.kr)에서 확인할 수 있다.

(1) 점박이응애

과수, 화훼, 채소 등 광범위한 작물에서 피해를 유발하는 해충으로 원래는 농작물에 피해를 주지 않았으나, 살충제의 사용으로 인한 천적의 감소로 전 세계적으로 가장 주요한 해충으로 대두 되었다. 이들의 방제를 위해 사용할 수 있는 천적은 포식성 응애류가 있으며 이 중에는 **긴털이리응애**(*Neoseiulus womersleyi*), **칠레이리응애**(*Phytoseiulus persimilis*), **사막이리응애**(*Neoseiulus californicus*) 등이 포함된다. 응애의 발생은 잎 뒷면에서 시작하여 그 피해가 육안으로 쉽게 관찰 되지 않아 방제적기를 놓치는 경우가 많다. 잎에 수많은 하얀 반점이 나타나는 것이 특징이며 밀도가 높아지면 거미줄을 만들어 살충제 처리 시에 더 효과가 없게 되는 원인이 된다. 과수원에서는 이들 천적의 밀도가 과원 주위의 잡초에서 그 밀도가 높으므로 잡초관리 시에 천적의 유지 필요성을 감안해야 할 것이다. 부득이 살충제를 사용할 때는 천적 응애에 영향이 적은 선택성 살충제를 사용해야 한다.

(2) 아메리카잎굴파리

미국 플로리다 원산지이며 1970년대 이후 전 세계적으로 확산된 해충으로 부화한 유충이 다양한 시설작물의 잎에 굴을 파고 다니면서 가해한다. 국내에서는 1994년 광주시 거베라 재배 비닐하우스에서 최초 발견된 후 전국적으로 확산되었다. 급격한 밀도증가와 화훼작물에서의 광범위한 살충제 사용 등으로 살충제 저항성이 쉽게 발달하여 그 피해가 늘고 있다. 사용가능한 천적으로는 기생벌들로 **잎굴파리고치벌과 굴파리좀벌** 등이 있다. 이들의 효과적인 방제를 위해서는 굴파리의 밀도가 낮을 때 기생벌을 방사하는 것이 중요하다.

(3) 온실가루이

식물체 즙액을 흡즙하는 곤충으로 채소, 화훼류 등 광범위한 기주 범위를 가지고 있으며 전 세계적으로 분포한다. 국내에서는 27과 39종의 식물을 가해하는 것으로 알려졌는데, 1977년 최초 발견되었으나 별 피해를 일으키지 않다가 1993년 수원에서 재발견된 후 확산되어 시설원예

작물에 피해를 주고 있다. 이들이 배설하는 감로는 각종 그을음병을 유발하여 식물 잎의 광합성을 저해할 뿐만 아니라 토마토 등에서는 상품가치를 떨어뜨려 큰 피해를 준다. 이들 방제를 위해서 사용할 수 있는 천적으로는 **온실가루이좀벌**(*Encarcia formosa*)이 있으며 발생 초기에 사용해야 효과를 볼 수 있다. 온실가루이류는 노란색에 유인이 매우 잘되는 것으로 알려져 있기 때문에 초기 밀도 모니터링을 위해서는 노란색끈끈이트랩을 사용할 수 있다.

(4) 복숭아혹진딧물

과수, 채소, 화훼류 등 66과 300여종의 광범위한 식물을 가해하는 해충으로 전 세계적으로 분포한다. 온실가루이와 마찬가지로 매미아목 해충으로 식물체의 어린 싹이나 잎 뒷면에 무리지어 즙액을 흡즙하고 감로로 인한 그을음병을 유발한다. 이외에도 100여종의 식물병원성 바이러스 매개하여 피해를 준다. 추운 지방에서는 주로 알로 과수의 겨울눈이나 곁껍질 속에서 월동하며, 따뜻한 지방에서는 무시충 암컷으로 월동한다. 연 9-23세대 발생하며 약 50마리의 새끼를 낳으며, 알에서 성충까지 발육기간은 11일이다. 진딧물의 밀도가 낮을 때 천적유지식물(banker plants)에 기장테두리진딧물 또는 보리두갈래진딧물을 접종한 후 **콜레마니진디벌(그림 4-13)**을 방사하여 예방 및 방제효과를 거둘 수 있다. 또한 **진디혹파리(그림 4-14)**도 상업적으로 판매되고 있다.

그림 4-13. 진디벌에 기생된 진딧물의 머미(mummy).

그림 4-14. 잔딧물을 공격하고 있는 진디혹파리 유충.

(5) 꽃노랑총채벌레

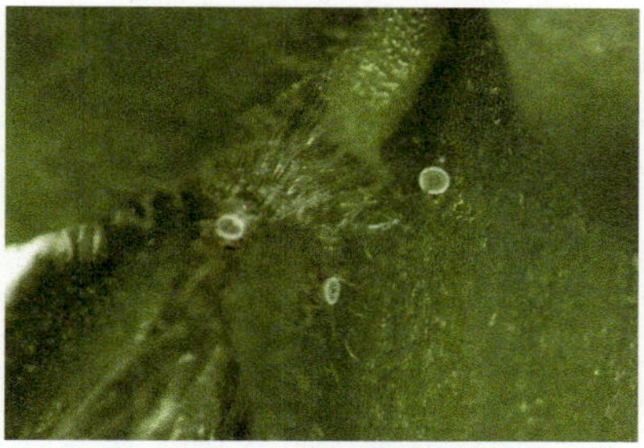

그림 4-15. 애꽃노린재의 알.

그림 4-16. 애꽃노린재 약충이 총채벌레를 포식하는 모습.

채소류, 화훼류 등 광범위한 작물을 가해하는 해충으로 1980년 전 까지는 미국 서부의 지역 종이었으나 이후 전 세계로 확산되었다. 국내에서는 1993년 9월 제주도 감귤밭에서 처음 발견되었으며 이후 전국적으로 확산되었다. 유충, 성충 모두 잎, 줄기, 꽃잎 등을 흡즙하여 피해를 주며 잎에서는 피해 부위가 은색으로 되고 검은 반점(배설물이 말라서 생긴 자국)이 붙어 있다. 꽃잎에서는 조기 낙화를 유발하고 고추와 과실을 가해했을 경우에는 기형이 되거나 피해 부위가 탈색된다. 국외에서는 토스포바이러스(tospovirus)와 같은 식물바이러스의 매개로 더욱 큰 피해를 주고 있다. 주로 꽃을 선호하기 때문에 과채류에서 피해가 크다. 총채벌류는 크기가 작고 잘 숨는 행동습성 때문에 살충제로 방제하기가 어려우며 여러 살충제에 대해 이미 저항성이 보고되어 있다. 이들을 방제할 수 있는 천적으로는 **포식성 응애(오이이리응애 등)**와 **애꽃노린재(그림 4-15, 4-16)** 등이 성공적으로 사용되고 있다.

(6) 거세미나방과 다른 식엽성 나방류

거세미나방은 유충이 다수의 채소(시금치, 고추, 감자 등)와 어린 묘목을 가해하는 해충으로 작물과 묘목의 지면에서 가까운 잎과 줄기 부분을 잘라서 섭식한다(잘라낸 부위를 땅속으로 끌고 들어가 가해하기도 한다). 거세미나방의 유충은 주로 땅속에서 서식하기 때문에 이들의 방제를 위해서는 **곤충병원성 선충**(*Steinernema* spp.)을 이용하는 것이 효과적이다. 곤충병원성 선충은 크기가 매우 작은 지렁이와 같이 생긴 동물이다. 토양내에서 서식하다가 곤충의 체내에 침투한 후 공생세균에 의해 치사된 곤충의 사체에서 증식한다(**그림 4-17**). 곤충병원성 선충은 비교적 오랜 기간(6개월 정도) 보존이 가능해서 성공적으로 산업화되었으며, 농가에서 주문해서 사용할 때는 공장에서 출시 후 바로 사용되어야 한다. 일반 농약 분무기에 선충이 들어 있는 원액을 섞어서 감염된 부위에 뿌려주면 되며, 이때 분무기의 노즐에 선충이 막히지 않도록 유의해야 한다. 최근에는 다른 식엽성 나방류 해충(파밤나방, 배추좀나방, 담배거세미나방) 방제에도 사용하고 있다. 이와 같은 나방류 방제에는 포자형성 세균류인 *Bacillus thuringiensis* (**Bt, 비티**)도 이용되고 있다[제4장 7.2 미생물의 발효 산물 참고].

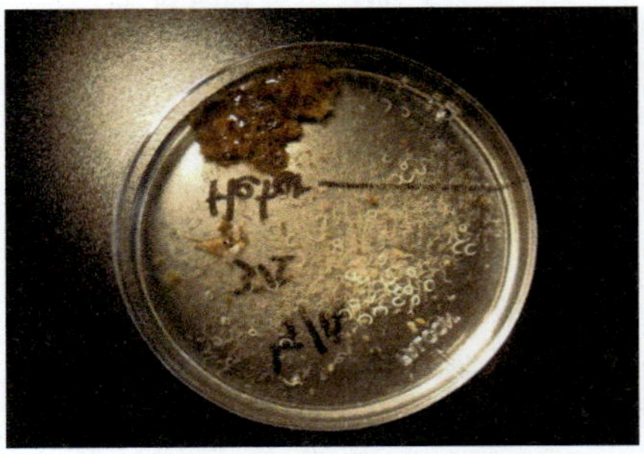

그림 4-17. 기주에서 증식된 곤충병원성 선충 *Heterorhabditis megidis.*

7.4.5. 생물적 방제의 장단점

생물적 방제의 장점으로는 1)환경오염이나 인축에 대한 해가 없는 안전성이 높으며, 2)천적류의 자기 증식에 의하여 지속적이고 광역적인 효과를 유지할 수 있는 영속성이 있으며, 3)천적의 사용으로 살충제의 사용이나 개발에 들어가는 비용을 절감할 수 있는 경제성[51]이 높다. 생물적 방제의 단점으로는 1)그 효과가 나타나려면 상대적으로 긴 시간이 걸린다는 점과 2)천적류는 해충과 더불어 환경 조건의 영향을 크게 받아 그 효과에 대한 정확성을 기대하기 어려운 점, 3)외래

51) 천적에 의한 생태계 안정에 기여하는 가치는 연간 4천억 달러에 달할 것이라고 추산되었다(De Clereq & Bale 2011)

천적에 의한 잠재적 위험성 등의 단점이 있다. 외래 천적에 의한 잠재적 위험성으로는 크게 인축의 건강에 대한 위험성, 작물과 식물에 대한 위험성, 환경에 대한 위험성의 3가지로 나눌 수 있다. 인축의 건강에 미치는 영향으로는 대표적인 것이 알레르기이지만 실제로 천적이 작업자나 동물에 알레르기를 일으킨다는 보고는 매우 드물다. 또한 작물에 직접적인 피해를 주는 경우(zoophytophagous)도 체리토마토에서의 *Macrolophus caliginosus*(장님노린재류)와 포도에서의 무당벌레(*Harmonia axyridis*)처럼 흔하지 않는 경우이다. 반면, 환경에의 위해성은 상대적으로 높은 경우가 많으며, 외래 천적이 영구적으로 정착하는 경우, 비표적 생물에 대한 포식 혹은 기생, 토착종과의 경쟁 혹은 제거, 수분과 같은 생태계 기능의 방해, 병원균과 중복기생자(hyperparasites)와 같은 오염원의 도입, 토착종의 잡종 교배 등이 될 수 있다[52]. 이러한 단점을 최소화하기 위해서는 외래 천적의 수입과 관련한 관리 규정과 정책의 수립이 필요하며, 우선적으로 천적류에 대한 깊은 생물학적 지식이 전제되어야 할 것이다.

52) 무당벌레(*H. axyridis*)는 위험성이 큰 생물적 방제원으로 널리 인식되어왔다. 하지만 과거에는 진딧물과 깍지벌레류의 가장 유망한 천적으로 여겨졌으며, 1916년에 미국에서 처음으로 도입 및 방사된 이후 세계 각국으로 도입이 확산되었으며 1995년에는 프랑스에서 상업적으로 증식 방사되었다. 피칸과 사과, 감귤, 홉, 딸기, 장미, 다양한 채소작물에서는 진딧물 방제에 효과적이었으며, 소나무와 대나무 등에서는 깍지벌레의 효과적인 천적이었기 때문에 유럽/지중해 식물보호기구(EPPO)에서는 무당벌레(*H. axyridis*)를 가장 성공적인 도입천적 리스트에 올렸다. 하지만 미국에서는 1988년부터와 유럽에서는 1990년대 초부터 무당벌레(*H. axyridis*)의 유해성이 알려지기 시작하였다. 우선 넓은 기주범위와 높은 산란율 등의 특징으로 인해 다른 진딧물 천적들과의 경쟁과 포식 작용으로 진딧물 천적의 생물다양성 감소를 초래하여 생태환경에 대해 위협이 되었으며, 작물을 직접 가해하는 것으로도 알려져 있는데, 특히 포도와 사과, 복숭아, 자두, 배 호박 등의 과실을 섭식하기도 한다. 미국 와인 생산용 포도에서는 오염원으로 작용하여 와인의 맛을 변하게 하여 피해를 준 바가 있다. 무당벌레(*H. axyridis*)의 가장 큰 위험은 월동충들의 군서로 인한 일반 가정집이나 건물에서 사람들에게 불편함을 준 것이었다. 그들의 방어물질 분비는 가정의 카펫과 벽을 오염시키며, 식품에 혼합되어 식품산업의 오염원이 되기도 했다. 또한 천식과 같은 알르레기를 유발하며 월동 중에 사람을 무는 것으로도 알려졌다.(De Clereq & Bale 2011)

08 불임충 방제법(Sterile Insect Release, SIR)

불임화된 곤충[53)]을 대량으로 야외에 방사하였을 때 그것이 정상적인 해충과 교미하게 되면 정상충의 생식력을 무효화시킨다는 원리(**표 4-4**)를 이용하는 방제법으로("autocidal method of insect control" - Edward Knipling), 1958년 미국 플로리다 가축류에 발생한 내부기생 검정파리 방제를 위해 불임 수컷을 대량으로 방사하여 1년 후에 완전구제에 성공한 것에서 시작되었다. 이후 멕시코에서는 캘리포니아로 침입한 지중해과실파리의 방제에도 사용하였으며, 1970년 미국 캘리포니아 샌 호아킨 밸리(San Joaquin Valley)에서는 목화의 주요 해충인 pink bollworm을 저항성 품종과 불임충 방사를 함께 사용하여 방제에 성공한 바 있다. 미국과 캐나다의 서부 지방(Washington State, USA; Okanagan Vallley of British Columbia, Canada)에서는 사과와 배의 코드링나방을 성페로몬을 이용한 교미교란과 불임충 방사를 함께 이용하여 방제하였다. 또한 남쪽풀색노린재도 불임충을 이용해서 방제에 성공하였는데, 이는 10Gy의 방사선에 노출된 약충이 부분적으로 불임이 되고 불활성된 알만 산란한다는 점을 이용하는 것이다(Knight & Gurr 2007). 이외에도 전 세계적으로 사용이 확대되었다.

불임충 방사법을 사용할 수 있는 해충의 조건으로는 우선 대량사육 및 생산이 가능하여야 하며, 방사대상 해충(불임화된) 자체는 인축에 무해해야 하며, 증식력이 약하고 피해가 큰 해충이며, 분산력이 크고[54)], 방제 대상지역이 다른 지역과 격리되어 있어야 한다[55)].

53) 불임충은 방사선이나 화학 불임제를 이용하여 만든다.
54) 교미 전에 자연집단 내에 균일하게 혼합될 수 있다.
55) 인접지역으로 부터의 해충의 침입이 없어야 함.

표 4-4. 불임충 방사를 통한 해충 방제 원리.

세대	암컷의 수 (무처리)	불임 수컷의 수	암컷의 수 (처리 후)	불임 정상 : 수컷 수컷	생식기능 암컷의 수
1	1,000,000	9,000,000	1,000,000	9:1	100,000
2	5,000,000	9,000,000	500,000	18:1	26,316
3	25,000,000	9,000,000	131,579	68:1	1,907
4	125,000,000	9,000,000	9,535	934:1	10
5	625,000,000	9,000,000	50	180,000:1	0

제5장

종합적해충관리

Integrated Pest Management, IPM

제5장 종합적해충관리 (Intergrated Pest Management, IPM)

01 IPM 도입방법

유기합성 농약이 개발되기 전(19세기 이전)에는 해충 방제를 위해 맨손으로 잡기 혹은 물로 씻기와 같은 직접적인 방법이나 피레스린, 니코틴, 로테논, 아자디락틴과 같은 식물성 살충제, 유황, 비산, 빙정석, 붕산, 비누액, 고래기름, 기계유, 송진, 청산가스 등을 이용하였다. 이 외에도 1867년 유럽에서는 미국산 저항성 대목을 이용하여 포도뿌리혹벌레를 방제하였으며, 1888년 미국에서는 천적인 베달리아무당벌레를 호주에서 도입하여 캘리포니아에 침입한 이세리아깍지벌레를 성공적으로 방제한 기록이 있다.

제 2차 세계대전 후 DDT(1874년 독일 Zeidler가 합성, 1938년 스위스 Geigy사의 Müller 등이 살충력을 입증함)나 BHC(1825년 Faraday가 합성, 1942년 살충력 입증)를 비롯한 유기합성 살충제의 이용이 일반화 되면서 그들의 사용이 급격히 증가하였다. 처음에는 위생해충 방제에 크게 공헌하여 이탈리아의 경우 1944년 40만 건의 말라리아 발생건수가 1949년에 거의 없을 정도였다. 이렇게 살충제 사용이 급격히 늘어난 이유는 유기합성 살충제의 1)강력한 살충력과 2)사용의 편리함, 3)저렴한 가격 때문이었다. 그래서 1936년경 까지는 살충제를 포함

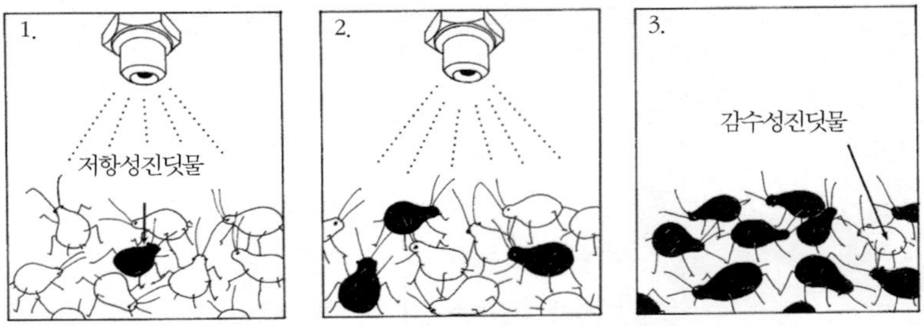

그림 5-1. 살충제의 저항성이 나타나는 과정의 모식도(Flint & Dreistadt 1998).

한 농약류가 30여종이었지만, 1970년대에는 900종에 달하였고, 그 사용량도 1945년 이전에 비해서 1965년에는 100배, 1976년에는 200배에 달하였다.

1950년대에 곤충학자들을 중심으로 해충방제를 위해 살충제 사용에 지나치게 의존하는 것의 문제점을 인식하기 시작하였다. 1962년 카슨의 '침묵의 봄' 출간으로 살충제를 비롯한 농약의 직접적인 독성뿐만 아니라 먹이 연쇄를 통한 간접적 피해까지도 대중들에게 알려지게 되었다. 그래서 1960년대에는 **반농약 운동**이 시작되었으며, 유기농업(organic farming)[56] 및 지속가능 농업(sustainable agriculture)[57]에 대한 관심이 높아졌다. 이때 부각된 살충제의 문제점들 중의 하나는 살충제에

56) 유기농업은 생태학에 바탕을 두고 합성 농약과 비료를 사용하지 않는 농법이다. 최초의 근대적인 유기농업을 시작한 사람은 영국인인 Sir Albert Howard로 1900년대 초반에 인도에서 전통적인 방식의 농업을 보고 영향을 받아 두 권의 저서인 'An Agricultural Testament'와 'The Soil and Health: A Study of Organic Agriculture'를 통해 가장 훌륭한 농부는 자연 그 자체이며 합성 비료가 토양의 구조나 질을 파괴한다고 하였다. 또한 그는 토양의 건강이 식물의 건강 나아가서는 인간의 건강에 영향을 준다고 믿었다. 1947년에는 Sir Albert Howard의 영향을 받은 미국인 J. I. Rodale이 펜실배니아주에서 최초의 유기농 실험 농장을 만들었으며, 유기농에 대한 잡지와 책(How to Grow Vegetables and Fruits by the Organic Method) 등을 발간하였다. 유기농업에서는 토양의 생산성과 비옥도 유지와 작물에 영양분 공급, 병해충 방제를 위해서 돌려짓기와 피복작물, 퇴비, 기계적인 재배법 등을 사용한다. 미국의 경우 2000년에 유기농업의 국가표준이 만들어 졌으며, 유기농업에서는 유전자변형 기술을 사용할 수 없다. 2008년 현재 미국의 경우 전체 농가인구의 2%만이 유기농업을 하고 있다(Ronald & Adamchak 2008).

57) 제6장의 지속가능한 농업편 참고

대한 해충의 **저항성**이었다**(그림 5-1)**. DDT 사용 3년 후인 1946년에 저항성 집파리와 모기의 출현이 보고되었으며(Carson 1962), 미국 캘리포니아주의 감귤원에서 귤응애(*Panonychus citri*)와 사과응애(*P. ulmi*)의 방제 문제가 일어났으며 이는 살비제에 대한 응애의 저항성의 발달과 포식자의 감소 때문으로 밝혀졌다. 또한 cotton bollworm (*Helicoverpa zea*)와 tobacco budworm (*H. virescens*)는 거의 모든 적용 살충제에 대하여 복합저항성을 발달시킨 것으로 알려졌다(Adkisson 1969). 살충제 저항성의 기작으로는 집파리에서와 같이 체벽의 인지질(phospholipid) 함량을 높여 살충제의 투과성을 떨어뜨리거나, monooxygenase와 glutathion s-transferase, esterase와 같은 해독효소로 분해하는 경우, 살충제의 작용점을 변경시키는 경우 등이 있다.

살충제의 두 번째 문제점은 살충제의 잔류(residue)나 비산(drift)에 의해 **환경오염**이나 다른 동식물에 대한 피해가 생긴다[58]는 것이었다. 미국에서는 농약에 의한 작물피해, 지하수 오염과 같은 환경오염, 비표

예) DDT의 생물농축

물	: 0.00005 ppm
플랑크톤	: 0.004 ppm
피라미류	: 0.23 ppm
포식성 창고기	: 0.94 ppm
왜가리	: 3.57 ppm
가마우지	: 26.4 ppm

적 생물에 대한 독성(중독), 공중보건 등에 들어가는 비용을 연간 8조원으로 추정하였다(Pimentel *et al*. 1992). 특히 생물의 경우 잔효기간이 긴 살충제가 생물 체내에 축적되는 생물농축현상(biological magnificat

58) 최근 전세계적으로 화분매개충의 밀도감소를 일으키는 원인으로 네오니코티노이드계 살충제를 지목하고 있으며 미국에서는 네오니코티노이드계 살충제가 안전하다고 판명될 때까지 그 사용을 금지시키자는 'Saving America's Pollinators Act' 법의 제정을 추진하고 있다.

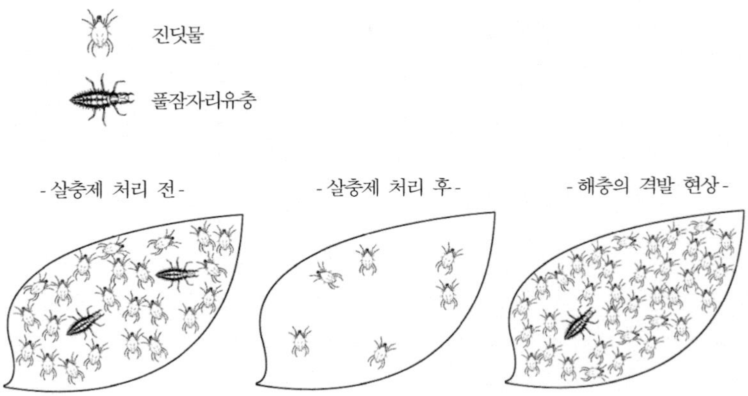

그림 5-2. 살충제가 천적을 제거함으로서 나타나는 격발 현상을 보여주는 모식도 (Flint & Dreistadt 1998).

ion)을 유발한다.

살충제의 세 번째 문제점은 살충제가 해충의 격발(resurgence) 현상을 유발하는데, 이는 천적의 감소(미국 캘리포니아의 붉은깍지벌레, 목화에서 파밤나방)**(그림 5-2)**나 경쟁자의 제거(점박이응애의 경우)**(그림 5-3)**, 살충제의 해충에 대한 유리한 영향[59]으로 살충제 처리 후 해충의 회복속도가 빨라지거나 그 밀도가 종전보다 높아지며 잠재적으로 2차 해충의 피해가 커지는 현상을 뜻한다.

이와 같이 여러 가지 문제점을 야기한 살충제의 사용을 줄일 수 있는 대안들이 제시되었는데, Bartlett는 화학적 방제법과 생물적 방제법의 종합이라는 뜻에서 1956년 종합적 방제(integrated control)라는 말을 처음 사용하였다. Stern *et al.* (1959)은 해충방제에 있어서 경제적 방제의 개념의 중요성을 강조한 종합적해충방제(integrated pest control)의 개념을 제기하였다. 이들은 주로 천적을 이용한 생물학적 방제법과 교효성이 있는 화학적 방제법의 사용을 강조하였다. 1961년 호주 곤충학자

---

59) 살충제인 포스파미돈(phosphamidon)에 의해 작물내 질소와 인산의 함량이 증가하고 이는 매미충과 벼멸구의 증식률을 향상시키거나, 저농도의 이미다클로프리드(imidacloprid) 처리가 복숭아혹진딧물의 산란수를 증가시키는 호르몬으로 작용하는 경우 등(Yu *et al.* 2010)이 있으며, 이를 Hormetic 효과 혹은 Hormesis라 한다.

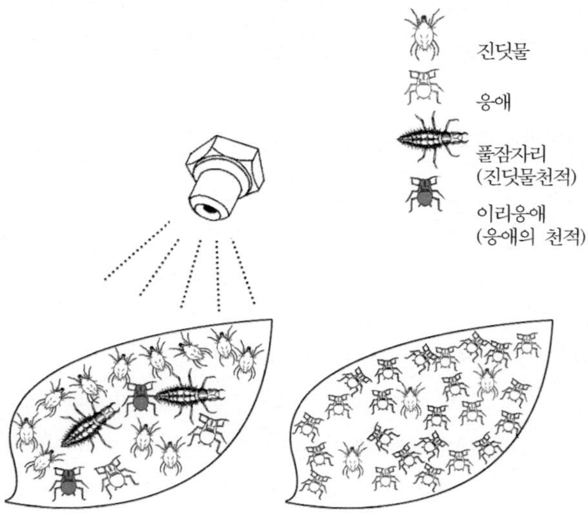

그림 5-3. 살충제가 경쟁자를 제거함으로서 나타나는 격발 현상을 보여주는 모식도(Flint & Dreistadt 1998).

인 L. R. Clark과 P. W. Geier가 해충방제의 목적이 구제(control) 중심에서 해충밀도를 경제적피해수준(EIL) 이하로 억제, 유지한다는 해충관리(pest management)의 개념을 제안하였다(Pedigo & Rice 2006). 1970년대 이후 해충방제의 목적이 해충의 구제중심 개념에서 생태 또는 경제 친화적인 해충방제 수단을 조화되게 사용하여 해충밀도를 경제적피해수준(EIL) 이하로 억제, 유지한다는 IPM의 개념으로 전환되었다. 미국에서는 1972년 미국 닉슨의 의회연설에서 이를 언급하였으며 현재의 미국환경보호청(EPA, Environmental Protection Agency) 창설의 계기가 되었다. 1977년에는 미국 대통령령으로 종합적해충관리가 가능한 모든 지역에서 도입할 것을 정하였다. 그래서 2000년에는 미국 전체 농지의 75%에서 종합적해충관리를 실행하게 되었다(Pedigo & Rice 2006).

02 IPM의 정의

IPM의 정의는 현재까지 알려진 것만 60여개 이상이지만 이 책에서 설명하고자하는 정의에 가장 부합하는 것은 Norris *et al*. (2003)가 제안한 것으로 다음과 같다. **IPM은 생산자, 사회, 그리고 환경에 대한 영향과 그들의 이해관계를 고려한 경제성 분석에 기초한 해충방제 전략으로 단일 방제책 또는 조화된 다양한 방제책들의 선택과 그 사용을 위한 의사결정 시스템이다**(IPM is a decision support system for the selection and us e of pest control tactics singly or harmoniously coordinated into a management strategy, based on cost-benefit analyses that take into account the interests of and impacts on producers, society, and the environment)**(그림 5-4)**.

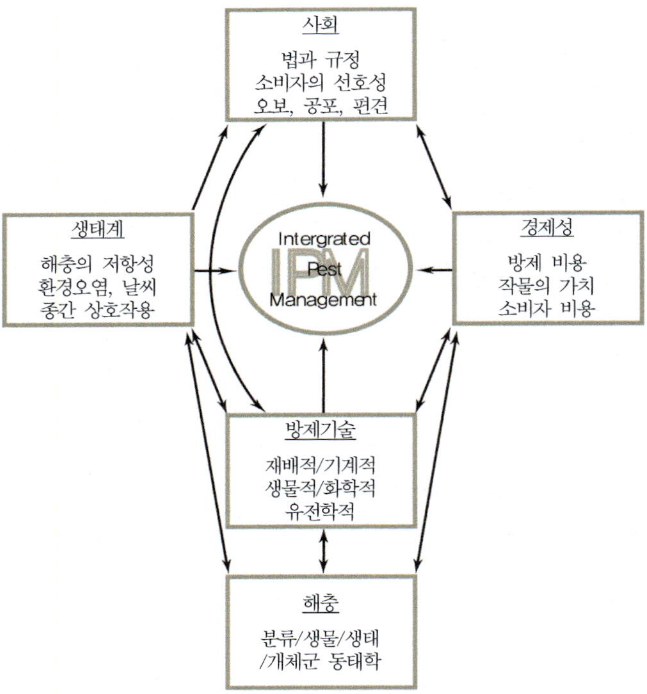

그림 5-4. IPM의 개념적 체계(Norris *et al.* 2003).

IPM의 필수 3 요소는 (1)**경제 혹은 생태 친화적인 방법**을 이용해서 해충방제의 극대화(Optimization of pest control in an ecologically and economically sound manner), (2)안정적인 작물생산을 위한 **방제전략들의 조화된 사용**(Coordinated use of multiple tactics to assure stable crop production), (3)사람, 동물, 식물, 환경에 피해를 주지 않게끔 **해충의 피해를 경제적피해수준 이하로 유지**(Maintenance of pest damage below injurious levels, while minimizing hazards to humans, animals, plants, and the environment)이다.

과수 IPM의 세계적인 전문가인 Prokopy 박사는 IPM의 단계별 적용(stepwise implementation)을 제안했다**(그림 5-5)**. 우선 한 종류의 해충에 대한 복합적인 관리전략을 세워 사용해야 한다고 하였으며 이것이 1단계이다. 해충에 따라 관리전략이 중복되는 부분과 상충되는 경우 등이 있기 때문에 이것을 고려해서 다른 해충들에 대한 복합적인 관리전략을 세우는 것이 2단계이다. 하지만 이러한 복합적인 관리전략은 작물의 생산 시스템과 교효성이 있어야 하며, 바로 3단계에서는 해충에 대한 방제 효과뿐만 아니라 작물의 재배와 생산 과정에 적합한 해충관리체계를 접목시켜야 한다. 이 모든 것이 완성된 후에는 최종적으로 해충관리체계와 이해관계가 있는 생산자, 소비자, 정부관료, 환경운동가 등의 모든 사

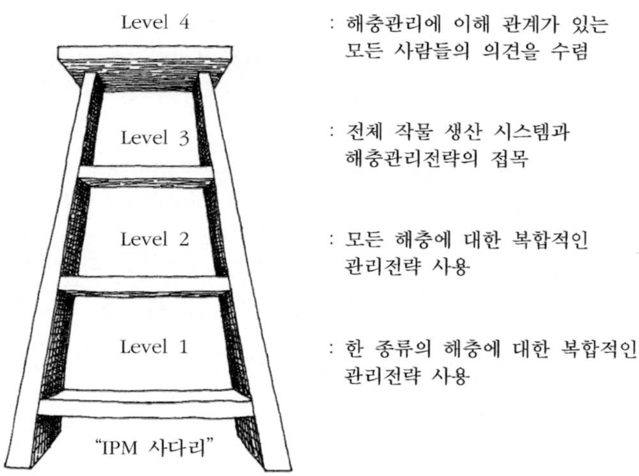

그림 5-5. IPM의 단계적 적용(IPM 사다리 개념)의 모식도.

람들의 의견을 수렴해서 가장 적합한 해충관리체계를 결정하는 것이다.

미국에서 1970년대부터 이미 IPM을 사과원에 도입하였는데 그 당시에는 살충제의 사용을 줄이면서 천적의 보호를 통한 자연적(혹은 생물학적)인 방제에 의해 과수의 경제적 생산 이익을 극대화하려는 시도가 주로 이루어졌다. 이것을 하향식(top-down) IPM이라하며, 농민들은 기후 조건과 병해충의 발생정보만으로 농약 사용 여부를 결정하였고 또한 농약의 선정 시에도 천적에 대한 유해 여부를 중요한 기준으로 삼았다. 그리고 더 나아가 농약이외의 재배적인 방법, 생물학적인 방법, 행동학적인 방법 등을 해충방제에 이용하기 시작하였다. 하지만 프로코피 박사는 생산량 증대가 아닌 고품질의 안전한 과일을 생태학적으로 그리고 지속적으로 생산하는 상향식(bottom-up)의 생태적 IPM을 제안 하였다. 이것은 하향식 IPM에서는 해충의 방제에 초점을 맞추었다면, 상향식 IPM에서는 재배환경의 생태공학적 설계, 우수한 품종의 선택, 토양관리 등을 통해 작물을 건강하게 하여 병해충에 대한 면역력을 증진시키는 방법이다.

프로코피박사는 자신이 사과원을 운영하는 농민이기도 하였는데, 그는 매사추세츠 콘웨이에 위치한 10,000m^2 크기의 과수원에서 20여 년간 상향식의 생태적 IPM을 적용하여 그 결과를 논문으로 출간하였다(Prokopy 2001). 포장설계 단계에서부터 주요 해충인 코드링나방의 서식처가 되는 주변의 기주식물들을 모두 제거하였으며, 사과품종도 미국 동부 사과원의 가장 주요한 병인 사과나무검은별무늬병(apple scab)에 저항성이 있는 품종들을 선택하여 병해충 관리를 용이하게 하였다. 또한 매

표 5-1. 프로코피 박사의 생태적 IPM 사과원과 일반 IPM 사과원과의 병해충관리를 위한 투입량과 생산품의 품질 비교(Prokopy 2001).

		미국 매사추세츠주의 사과원		
		생태적 IPM	일반 IPM	무방제
농약처리 횟수	기계유제	1	2	0
	살충제	2	7	0
	살균제	2	9	0
	살비제	0	1	0
피해과실 비율(%)		8.2	8.4	100

년 토양 성분 분석을 통해 석회나 비료의 투입량과 시기를 조절하였다. 이외에도 다양한 병해충에 대해 그들의 생태학적인 측면을 고려한 방제책들을 주로 사용하였으며 따라서 살충제 사용을 최소화 할 수 있었다. 기존의 일반 IPM 사과원에 비해 농약 사용 횟수를 19회에서 5회로 크게 줄이고서도 생산 과일의 품질의 감소를 야기하지 않아 성공적이었다(**표 5-1**).

03 IPM의 생태학

3.1. 곤충 개체군의 성장

개체군은 어떤 지역에 살고 있는 같은 종 개체의 집합으로 구성 개체들은 상호교잡을 통해 유전자를 교환하고 먹이나 서식장소와 같은 자원을 통해 서로 간에 영향을 주고받으며 생활하는 공동체로 정의될 수 있다. 곤충 개체군 각자는 뚜렷한 유전적 구조(genetic structure)와 성장구조(growth structure)를 가지고 있는데, 이것은 같은 종이라도 개별 서식처의 개체군은 환경적 또는 비환경적 요인에 의해 유전적 특징이 다르게 나타날 수 있기 때문이다. 곤충 개체군의 성장은 출생(birth), 사망(death), 이입(immigration), 이출(emigration)의 상호작용에 의해 시간적으로 변하며 다음과 같은 식으로 표현될 수 있다[제3장 3.2.2. 곤충의 생태적 특징 참고].

$$dN / dt = r \cdot N_0 = ([b + i] - [d + e]) \cdot N_0$$

만약 곤충 개체군이 생존, 생식에 제한이 없다면 **기하급수적으로 증가(지수성장, exponential growth)**할 것이며 다음과 같은 식으로 나타낼 수 있다.

$$dN / dt = r \cdot N_0$$

$$N_t = N_0 \cdot e^{rt}$$

r = 자연증가율(intrinsic rate of natural increase)

e = 자연로그 상수(base of natural logarithms)

d = 변화(change in)

N_0 = 초기 개체군 크기(size of population at the start)

N_t = 특정 시간에서의 개체군 크기(size of population at any given time)

t = 시간(time)

예를 들어 곤충 개체군 A와 B가 있다고 하고, 이들의 변수가 다음과 같다고 가정하면,

Species A	Species B
N_0 = 4	N_0 = 4
N_1 = 8	N_1 = 10
t_0 = 0 day	t_0 = 0 day
t_1 = 1 day	t_1 = 1 day
dN = 8 − 4 = 4	dN = 10 − 4 = 6
dT = 1 − 0 = 1	dT = 1 − 0 = 1
r = 4 / (4 × 1) = 1	r = 6 / (4 × 1) = 1.5

일정 시간(t)이 지난 후의 개체군의 수는 다음의 표와 같이 나타날 것이다.

Time	No. of species A	Time	No. of species B
0	4	0	4
1	8	1	10
2	29.6	2	80.4
3	80.4	3	360
4	218.4	4	1616
5	596	5	7224
6	1616	6	32291
7	4396	7	144341

하지만 실제 곤충 개체군은 이와 같은 이상적인 성장을 할 수 없다. 개체군이 증가할수록 자원감소 등의 원인에 의해 개체군의 증가율에 영향을 미쳐 자율적으로 증가율이 감소하는 성장(**로지스틱 성장, logistic growth; 그림 5-6**)을 보일 것이며 식으로 나타내면 다음과 같다.

$$dN / dt = r \cdot N_0 [(K - N_0) / K]$$

$$[dN / dt = r \cdot N_0 \text{ (기하급수적 성장시)}]$$

이때 K를 carrying capacity라 하며, 어떤 환경하에서 유지될 수 있는

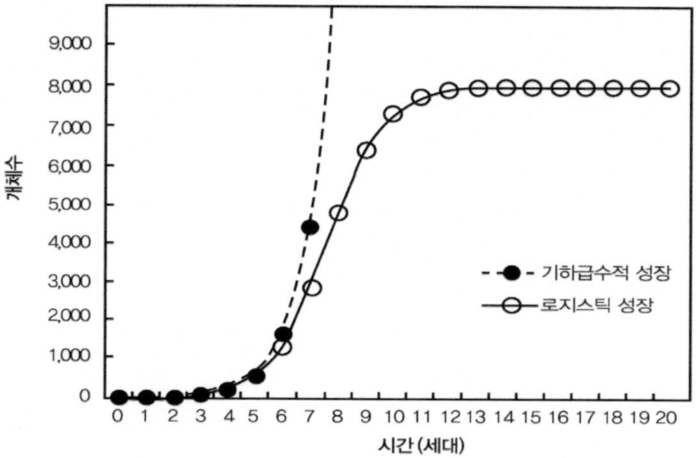

그림 5-6. 자연증가율 r이 1인 개체군의 기하급수적 성장과 K(carrying capacity)를 8,000으로 설정했을 경우 개체군의 성장을 보여주는 그래프.

최대 개체군 크기(수)이다. K를 결정하는 요인들에는 제한된 자원(resource limitations), 경쟁(competition), 포식(predation), 기생(parasitism) 등이 있다. 로지스틱 성장 곡선은 해충관리에서의 문제점을 잘 보여준다. 즉 살충제 등에 의해 해충의 밀도를 낮추더라도 이에 따른 자원이 감소되지 않는 한 해충개체군은 다시 K까지 증가할 것이기 때문이다. 이것은 또한 천적을 이용한 해충 방제(생물적 방제)가 어떻게 해서 영속성 있는 방제 효과를 얻을 수 있는지를 보여주기도 한다.

3.2. 생명표 분석(Life table analysis)

표 5-2. 동일 연령층의 생명표(살충제 처리 전)

x	l_x	d_x	d_{xF}	$d'x$	q_x	k_x
알(eggs)	1000	500	날씨(weather)	500	0.5	0.301
유충(larvae)	500	250	날씨(weather)	150	0.5	0.301
			기생(parasitism)	100		
용(pupae)	250	200	날씨(weather)	100	0.8	0.699
			포식(predation)	100		
생식전 성충 (adults, pre-reproductive)	50	30	원인불명(unknown)	30	0.6	0.398
생식 성충 (adults, reproductive)	20	20	원인불명(unknown)	20	1.0	-

x (시간, 나이)

l_x (연령층의 생존수, number of survived)

d_x (영기내 사망수, number of dead)

d_{xF} (사망원인, factor caused death)

q_x (연령군 x에서의 사망률, death rate)

k_x (치사력, killing power = log [l_x] - log [l_{x+1}])

생명표는 발육단계(연령)별 생존율과 사망률이 요약된 표(tabular summary of intergenerational survival and mortality)로서 산란수에서 출발하여 발육단계의 진행에 따라 일어나는 개체수의 감소를 원인별로 나타낸다. 사실 생명표(life table)는 사망률과 사망원인을 나타내어 엄밀히 말하자면 사망표(death table)인 셈이다. 생명표는 생명보험회사에서 사용된 것에서 유래하였으며 개체군 밀도 변동 양식을 분석할 때 효과적이다.

곤충 개체군의 동태는 그 개체군을 형성하는 개체들의 특성에 따라 달라진다. 특히 연령분포의 구조가 개체군 동태에 가장 큰 영향을 미치는데, 예를 들어 유충은 성충에 비해 대체로 섭식량이 많으며, 암컷 성충만 생식을 하며, 유충과 성충의 먹이가 다른 것 등이 있다. 따라서 다른 크기의 개체군이라고 할지라도 유충과 성충의 개체군 구성 비율에 따라 개체군의 잠재적 성장률에서는 크게 다르게 나타날 수 있다는 점이다. 그래서 개체군을 각각의 생활단계(= 발육단계 = life stage)로 나눈

표 5-3. 동일 연령층의 생명표(살충제 처리 후).

x	lx	dx	d_{xF}	$d'x$	q_x	k_x
알	1000	500	날씨	500	0.5	0.301
유충	500	150	날씨	150	0.3	0.155
용	350	140	날씨	140	0.4	0.222
생식전 성충	210	188	살충제	188	0.9	0.980
생식 성충	22	22	원인불명	22	1.0	-

다음 각 생활단계의 사망률을 구할 수 있는 생명표 분석이 필요하다.

생명표에는 **연령별 생명표**(= age specific life table = horizontal life table = cohort life table)와 **시간별 생명표**(= time specific life table = vertical life table) 두 가지로 나눌 수 있다. 연령별 생명표는 동시출생군(cohort)의 사망과정을 추정하여 작성하는 것으로 곤충에서와 같이 각 세대가 불연속적이고 각각의 발육단계도 별로 겹쳐지지 않는 발육과정을 밟는 것에 적용할 수 있다. 시간별 생명표는 시간단위로 개체군의 연령분포를 바탕으로 한 생명표로 개체군 크기가 일정(출생률 = 사망률)하고 안정적인 연령분포를 가진 개체군을 전제로 하고 있어 사람이나 포유류에 적용할 수 있다

생명표의 활용 방법에서는 첫 번째 해충 밀도 억제 기작에 대한 이해를 할 수 있다는 것이다. 위의 생명표(**표 5-2**)와 아래의 생명표(**표 5-3**)에서와 같이 살충제를 사용할 때와 사용하지 않을 때의 두 가지 생명표를 작성해서 비교함으로써 해충 밀도 억제에 살충제의 사용이 효과적인지의 여부를 판단할 수 있다.

생명표를 통해서 밀도 의존적 치사원인을 찾을 수 있다. 수 개의 생명표를 작성하여 특정 치사 인자에 의한 밀도 의존적인 해충밀도 억제 효과가 있는지를 확인할 수 있다. 밀도 의존적 해충밀도 억제만이 해충 개체군을 안정적인 수준으로 유지할 수 있다.

또한 생명표를 통해서 주요 해충 개체군 밀도변동의 주요인(= key factor)을 결정할 수 있다. 해충 개체군 밀도변동의 주요인은 해충의 치사에 관여하는 요인 중 가장 중요한 요인으로 해충의 밀도와 가장 밀접한 관계가 있는 치사요인이다. 하지만 이 주요인이 해충 개체군 밀도를

결정하는 가장 중요한 요인은 아니며 다만 시간적인 밀도 변동에 가장 공헌도가 높은 밀도의존적 인자일 뿐이다.

3.3. 해충개체군 조사(Sampling populations of insects)

현대 해충관리에 있어서 해충밀도와 그들 천적의 밀도 예측 및 추정이 매우 중요하다. 해충개체군 조사가 연구자에게는 해충개체군 밀도의 **정확한 추정**에 있지만, 해충관리를 담당하는 실무자와 농민에게는 상황의 신속한 판단을 통한 **해충관리 의사 결정**(rapid classification of situations into a decision category)이다. 해충개체군 조사에서는 우선 해충의 성장 단계 조사가 우선되어야 한다. 해충은 성장 단계에 따라 해충 방제 전략에 대한 감수성이 다르기 때문이다. 예를 들어 깍지벌레류의 성충은 유충에 비해 살충제에 대한 감수성이 적은 것으로 알려져 있으며, 유묘기의 잡초는 개화기에 비해 방제가 더 쉬운 특징이 있다. 다음으로 해충개체군 크기를 결정한다. 이는 쉽게 말해 해충의 수를 세는 것으로 IPM의 경제적피해허용수준(ETL) 결정에 필수적이며, 다음과 같은 절대밀도, 서식처밀도, 상대밀도, 개체군 지수 등으로 표현될 수 있다.

우선 절대밀도는 단위 면적내의 해충의 수를 일컫는 것으로 2,000씨앗/m^2 또는 50,000진딧물/m^2와 같이 표현된다. 절대밀도는 곤충 개체군 동태 연구에서 가장 중요하지만 절대밀도 조사에 들어가는 비용이 커서 해충관리에서는 잘 사용되지 않는다. 절대밀도는 개체간 근거리 측정(distance to nearest neighbor approach)이나 각종 트랩을 이용한 단위 면적내 개체군 조사법(sampling a unit of habitat)으로 추정할 수 있다. 이것의 세부 조사 방법으로는 공기 중 해충 개체군 조사에는 흡입트랩이나 회전트랩을 사용할 수 있고, 작물에서는 단위 면적 내 지상부에 있는 식물체 모두를 채취해서 조사하고, 토양에서는 채토기(core sampler)를 이용해서 채취한 다음 Berlese funnel을 이용해서 분리하는 것 등이 있다. 또한 표식-재포법(recapturing marked individuals)을 사용할 수도 있는데, 이것은 다음과 같은 식을 사용한다.

$$P = a \times n / r$$

[P = 개체군 수(total population size)
a = 표지된 개체수(number of marked and released)
n = 포획된 전 개체수(total number of individuals collected)
r = 포획된 표지 개체수(number of marked individuals)]

해충의 수를 단위 면적 대신에 단위 서식처별로 나타내는 것을 서식처밀도 혹은 개체군 강도(population intensity)라고 하며 절대밀도의 한 종류이다. 주로 잎이나 가지 또는 식물체를 단위로 해충의 수를 나타내며, 식물의 피해와 관련이 있어 해충관리법에서 흔하게 사용되는 지수이다(Pedigo & Rice 2009).

상대밀도는 단위 조사방법 당 해충의 수로 예를 들어 10회 포충망 사용에서 발견된 딱정벌레의 수나 5분 동안 관찰된 사과잎말이나방의 수와 같이 표현된다. 상대밀도 조사에 비용이 적게 드는 장점 때문에 종합적해충관리에 가장 적합하다고 할 수 있다(Pedigo & Rice 2009).

상대밀도에서와 같이 곤충 개체군의 상대적 비교를 위해 개체군 지수(population index)를 사용할 수 있다. 이는 곤충을 직접 조사하지 않고 곤충의 산물(똥, 집 등)이나 식물이 받은 피해를 조사하여 밀도를 가늠하는 경우를 말한다. 예를 들어 식물에서 낙엽률은 종합적해충관리에서 가장 흔하게 이용되는 지수 중의 하나이다(Pedigo & Rice 2009).

이러한 해충 개체군 크기의 조사 방법으로는 직접관찰 및 기록, 작물 피해부위 조사, 트랩사용 등이 있다. 우선 **직접관찰 및 기록**으로는 밀도가 낮은 잡초나 포장내 해충의 전체개체군을 조사하는 전수조사법[60], 방형구내 비이동성 해충의 수를 조사하여 전체밀도 추정하는 방형구법, 작물의 줄기, 잎, 뿌리 등을 조사하여 곤충의 수 및 피해를 구하는 작물체 표본 조사법, 포도, 목화, 콩밭에서 천을 깔아 놓은 후에 작물을 흔들어 해충이나 천적을 떨어뜨린 후 수를 세는 타락법[61], 포충망[62]과 동력

60) 해충의 밀도가 올라가면 전포장의 조사가 불가능해진다. 이럴 경우 표본조사를 통해 수치를 얻는다.

61) 다만, 비행능력이 좋은 곤충에는 효과가 없다.

62) 장비가 저렴하지만 상대적으로 많은 곤충을 작물에 피해를 주지 않고 포획할 수 있는 방법이다. 조사자에 따라 개인차이가 심한 것이 단점이다.

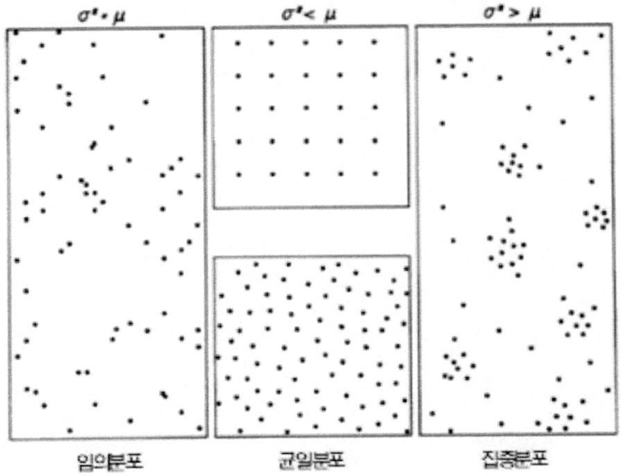

그림 5-7. 해충의 공간적 분포 양상.

흡충기를 사용하는 방법 등이 있다.

작물 피해부위 조사를 통한 방법으로는 콩에서의 노린재류의 섭식흔과 같이 해충의 병징이나 피해 흔적을 조사하거나, 인공위성을 이용해서 해충의 가해에 의한 작물의 광흡수 또는 반사의 차이를 인식하는 원격 감지, 잡초의 잎면적과 작물의 잎면적 비율로서 작물의 피해정도 예측할 수 있는 잎면적지수 등을 이용할 수 있다.

해충 개체군 크기의 조사 방법에 사용되는 **트랩**은 시각트랩, 페로몬트랩, 핏폴트랩(pitfall trap) 등으로 구분할 수 있다. 시각트랩에는 총채벌레나 온실가루이와 같이 색깔에 유인되는 해충을 대상으로 하는 유색끈끈이트랩이 대표적이다. 또한 날개가 있는 진딧물과 파리류를 유인하는 황색수반트랩이 있으며 밤나방과 모기가 자외선과 같은 단파장에 유인되는 점을 이용한 black light trap 등이 있다. 또한 최근에는 특정 작물 부위를 선호하는 해충을 유인하기위한 식물모형트랩이 개발되었다[apple maggot fly를 유인하는 apple sphere (Prokopy & Owens 1983), 총채벌레를 유인하는 꽃모형트랩(Mainali & Lim 2008)]. 상업적으로 성공을 거둔 페로몬트랩은 종에 대한 특이성이 뛰어나다는 특징이 있다. 가장 널리 사용되는 것은 나방류의 성페로몬트랩이다. 주로 나방류의 경우 암컷이 분비하는 성페로몬은 수컷을 유인한다. 또한 노린재의 경우 집합페로몬을 이용한 트랩들이 개발되어 있다. 거미, 딱정벌레 등 지표면을 기어 다니는 절지동물의 개체군 조사를 위해서는 핏폴트랩을 사용할 수 있다. 지표면에 컵을 묻고 그곳을 지나다니는 곤충류가 빠져서 포획된다.

해충의 공간적 분포에 대한 정보는 특정 지역의 해충 개체군 조사 방법에 영향을 주며, 개체군 동태에 대한 정보를 제공한다. 해충 개체군은 3가지의 공간적 분포 형태를 가질 수 있다(**그림 5-7**). 첫 번째는 균일분포(uniform, 분산 = 0)이다. 이것은 개체들이 서식공간에서 일정 간격으로 균등하게 분포하는 형태로 개체간의 세력권과 같은 배타성이 있을 경우(예, 꽈리허리노린재 수컷)에 나타난다. 수학적으로는 정의이항분포(positive binomial frequency distribution)로 나타낼 수 있다.

특정 개체의 행동이 다른 개체들의 행동에 영향을 주어 특정 서식 단위에 개체들의 집중이 유발되는 경우는 집중분포(clumped, 분산 〉 평균)라 하며, 자연 생태계의 대부분의 개체군은 집중분포를 보인다고 할 수 있다. 이 분포양식에서는 한 개체를 발견할 경우 주위에서 다른 개체를 발견할 확률이 크다. 이러한 분포양식이 나타나는 이유로는 곤충 개체군의 서식처는 대체로 이질적이기 때문에 개체들이 적정 서식 단위에만 집중적으로 분포하는 경우가 많으며, 무리를 이루어 사는 경우 생존율이 높은 장점이 있기 때문이다. 실례로 남쪽풀색노린재의 약충은 낮은 상대습도에서 집단으로 있을 때 그 생존율이 높고 발육이 빠르며, 진딧물의 경보페로몬은 전체 개체군의 포식자에 대한 방어를 용이하게 한다. 또한 곤충은 알을 난괴로 낳고 부화한 유충의 이동력이 작기 때문이기도 하다. 집중분포 양식은 수학적으로 부의이항분포(negative binomial distribution)로 나타낼 수 있다.

서식 공간에서 각 서식 단위별 개체수가 임의적으로 분포되어 있는 형태를 임의분포(random, 분산 = 평균)라 한다. 특정 개체의 존재 또는 활동이 다른 개체의 영향을 받지 않는 경우이다. 개체수가 많고 정착이 잘된 경우 나타나며 주로 병원균이나 잡초의 분포가 이에 속한다. 수학적으로 포아슨빈도분포(Poisson frequency distribution)로 나타낼 수 있다. 하지만 이러한 분포 양식이 개체군에 고정되지 않고 시간(또는 계절)에 따라 다른 양상으로 나타나는 경우도 있다(apple maggot fly의 경우).

이와 같이 우리가 알고자 하는 해충개체군 크기의 종류, 해충개체군 크기의 조사방법, 해충개체군의 공간분포 양상 등이 결정되면, 다음으로는 실제 야외 포장에서 표본을 어떻게 취할 것인지를 결정해야 하며, 다음과 같은 방법들이 있다. 우선 **체계적인 추출법**(systemic sampling)으로 이것은 첫 번째 표본을 임의로 선택한 다음 두 번째 표본부터는 일정 거리 혹은 간격으로 표본을 취하는 방식이다. 만약 전체에서 5%의 표본을 추출하고자 한다면, 임의로 정한 첫 번째 표본에서 매 20개의 표본마다 한 개씩(1/0.05 =20)을 취하면 된다. 하지만 이 방법은 표본 추출 방식이 주기성을 띄고 있기 때문에 이 주기성이 표본들의 어떤 주기성만을 나타내어 전체를 대변하지 못할 수도 있다. 예를 들어 사과 과원에서 해충의 밀도를 매 20번째의 나무를 통해 조사할 경우에 매 20번째 나무의 위치가 모두 가장자리에 위치할 경우 실제 과원 전체의 해충 밀도보다 높게 혹은 낮게 나타날 수 있다. 두 번째 방법은 가장 일반적으로 사용되는 것으로 난수표나 임의 수 생성기를 이용한 **무제한적 임의 추출법**(unrestricted random)이다. 세 번째 방법은 **층화된 임의 추출법**(stratified random)으로 개체군을 특징에 따라 분할 한 후 각각의 분할된 구에서 임의 추출하는 방식이다. 예를 들어 어떤 지역에서의 특정 해충에 의한 작물 피해액을 조사할 때, 작물 A와 B가 차지하는 면적이 각각 전체의 80%와 20%이라고 하면, A와 B에서 임의로 추출 및 조사한 다음 전체 평균을 다음과 같이 구하면 된다.

$$\bar{x}_{평균} = 0.8 \times \bar{x}_A + 0.2 \times \bar{x}_B$$

수목 해충의 경우에는 조사지나 조사단위의 크기가 크기 때문에 표본 추출이 어려울 수 있다. 이런 경우에는 **다단 추출법**(multiple sampling)을 이용할 수 있는데, 1단계는 나무를 먼저 임의로 선택하는 것이며, 2단계는 선택된 나무에서 임의로 가지를 선택하고 다시 3단계에서는 선택된 가지에서 임의로 잎을 선택하는 것이다.

지금까지의 방법은 작물의 재배를 담당하고 있는 이들이 직접 시행하기에는 어렵거나 시간이 많이 걸려 실질적인 해충방제 의사결정에는 큰 도움이 되지 못하는 경우가 많다. 이와 같이 경우에는 해충개체군 관리에서 신속한 의사결정을 위해 해충 밀도를 짧은 시간에 반복적으로 표본을 추출하는 방법인 **축차추출법**(sequential sampling)을 활용할 수 있다

(그림 5-8). 사전 필요 요건으로는 표본조사 방법, 해충의 개체군 공간 분포 양상, 경제적피해허용수준[ETL, 제5장 3.5 해충개체군 관리의 의사결정 참고], 해충밀도 추정 시에 감수할 수 있는 오차수준(α 혹은 β 값) 등을 결정해야 한다. 이 방법의 이점은 해충의 밀도에 따라 표본의 수를 조정하여 효율성이 매우 높아서 적은 수의 표본조사로 방제 필요성의 유무를 결정할 수 있으며, 비용이 적게 든다.

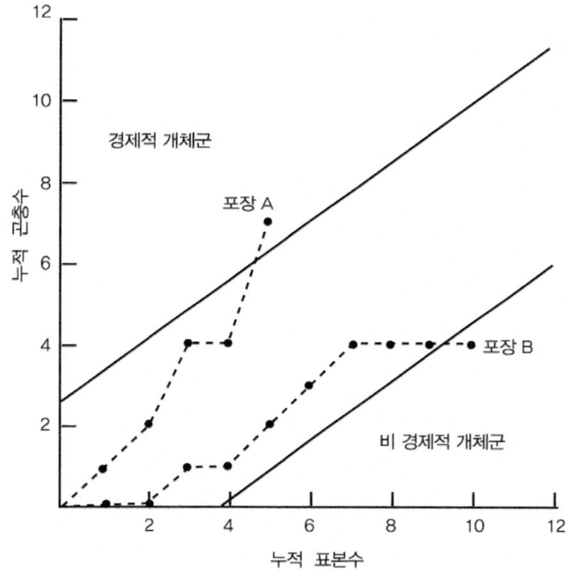

그림 5-8. 축차추출법에 이용되는 그래프의 예시(Pedigo & Rice 2006).

3.4. 기후와 곤충

기후(climate)는 한 지방의 연간에 걸친 평균적 기상 상태를 뜻한다[63]. 기상학에서는 미소기후(microclimate)라는 개념을 사용하며, 이것은 지표면에서 몇 마일에 한정하거나 날씨 측정 장비 근처의 대기 상태를 의미한다. 하지만 곤충학에서는 미소기후를 곤충들이 살고 있는 토

63) 이와 유사한 개념인 날씨(weather)는 특정 때와 장소에서의 온도, 습도, 풍속, 일사량 등의 기상 상태를 의미한다.

양속 혹은 나무껍질 속으로 더욱 작게 한정한다. 곤충의 생물적 특성에 영향을 주는 기후조건으로는 온도, 태양조사(= 일사 = solar radiation), 습도, 바람 등이 있다. 온도는 우선 변온동물인 곤충의 발육 및 생식에 가장 큰 영향을 준다[제3장 3.2.2. 곤충의 생태적 특징 참고]. 온도가 높아지면 대체로 일정 범위 내에서는 곤충의 발육이나 생식이 빠르거나 증가하게 된다. 또한 온도 조건은 곤충의 생존에도 큰 영향을 주는데, 낮은 온도에서는 곤충은 **동결저항성(freeze tolerant)**내지 **동결감수성 (freeze susceptible)**의 두 가지 생존 전략을 가지고 있다. 동결저항성은 비교적 매우 낮지 않은 저온에서 세포외액의 동결을 조장하여 세포간액의 동결시 발생하는 세포막의 물리적 손상을 예방하는 것이며, 동결감수성은 체액에 polyhydric alcohols과 같은 동결방지제(cryoprotectant)를 축적하여 체액의 동결점을 낮추거나 항온조건이 유지되는 미소 서식처에서 월동을 하는 것을 뜻한다.

한편 지나치게 높은 온도도 곤충에게는 치명적일 수 있다. 대부분의 곤충들이 짧은 시간 동안에 40-50°C의 온도에 노출될 경우 치사하게 된다. 하지만 서식하는 곤충의 환경에 따라 치사온도는 다를 수 있다. 곤충이 치사에 이를 수 있는 고온조건에 처하게 되면 우선 그늘로 피하려고 하거나 꿀벌에서는 날갯짓으로 열기를 식히거나 물을 뿌리는 행동적 조절 방식을 취한다. 또한 체내에서는 열충격단백질(heat shock protein)을 만들어 생리적 조절도 하는데, 열충격단백질은 다른 단백질이 열에 의해 변성되는 것을 막아주는 역할을 한다.

태양조사는 곤충의 자원이용 패턴에 영향을 줄 수 있다. 예를 들어 망고나무 근처에 있는 자두나무에서는 주위에 망고나무가 없는 자두나무에 비해 훨씬 높은 해충 밀도를 보이는 경우가 있는데, 이것은 망고나무가 자두나무에 그늘을 만들어 태양이 잘 비추는 조건에서 활발히 활동하는 고치벌류의 기생 작용을 억제하여 나타나는 현상으로 알려져 있다 (Aluja & Birke 1993). 또한 태양조사의 양에 따라 일주기적인 반응을 유도한다. 진딧물(pea aphid)의 경우 일장이 길 경우에는 단위생식으로 암컷 유충을 생산하는 viviparae형만이 발견된다. 태양조사를 나침반처럼 이용해서 이동하는 꿀벌이나 사막개미(desert ant) 등도 있다.

온도에 비해 습도의 변화에 의해 곤충에 나타나는 영향은 잘 알려져 있지 않은 편이다. 낮은 습도는 고온에서 곤충의 생존을 도와주는 효과가 있지만 곤충은 낮은 습도조건에 수분을 많이 잃어버릴 수 있다. 특히 수분조절 기작이 잘 발달되지 않은 나무이나 톡토기의 경우에는 그들의 분포를 결정하는 가장 중요한 인자이다.

공기의 흐름에 의해 나타나는 바람은 육지생활을 주로하는 곤충의 분포에서 중요한 역할을 한다. 점박이응애는 바람에 의해 쉽게 분산하는 것으로 알려져 있으며, 특히 암컷이 산란전에 식물체의 꼭대기 부분에 뭉쳐 있다가 바람에 실려 날아가는 것으로 알려져 있다(Hoy 2011). 수컷과 유충 단계는 바람을 이용한 분산을 하지 않으며, 다른 응애와는 달리 실을 이용한 ballooning은 하지 않는다(Hoy 2011). 낮은 개체군 밀도 조건에도 바람에 의해 시간당 8km를 이동할 수 있는 것으로 조사되었다.

이러한 기후조건이 곤충에 비교적 큰 영향을 주는 것은 우선, 곤충의 몸의 크기가 비교적 작기 때문이다. 즉 무게에 비해 상대적 표면적이 넓어 표피층에서 열 교환이 빨리 일어나거나, 공기나 물에 대한 저항이 적게 된다. 또한 곤충은 외온(= poikilotherm = ectotherm)동물이다. 따라서 주위 환경의 온도변화에 민감하게 영향을 받게 된다.

이러한 정보들은 곤충 개체군의 성장에 대한 정보를 통해 해충방제 대책을 수립하는데 도움이 될 뿐만 아니라 온일도 모델을 이용해 곤충의 발육을 예상한다던지[제4장 해충의 방제법 참고] 생물학적 방제의 효과를 증진시키는데 이용되기도 한다. 예를 들어 겨울철에는 착색단고추에서 총채벌레의 생물적 방제가 효과적이지 않을 수 있는데, 이것은 그들의 천적으로 사용하는 오이이리응애(*Neoseiulus cucumeris*)와 애꽃노린재(*Orius* sp.)가 겨울철의 단일조건에 의해 생식휴면에 들어가기 때문이다. 또한 포식성 응애의 알이 겨울철 외부기온이 영하일 경우에 나타나는 저습 조건에 민감하게 반응한다. 이와 같은 문제점을 극복하기 위해 Van Houten *et al*. (1995)은 겨울철에 휴면에 들어가지 않는 아열대 지방의 포식성 응애를 탐색하여 3종을 찾았으며, 그 중 *A. limonicus*이 그들의 알이 저습조건에 민감하지 않아 *A. hibisci*나 *A. degenerans*에 비해 더 적절하다고 하였다. 또한 기후조건에 대한 곤충의 반응에 대한 연구는 저장물 해충의 물리적 방제나 법의 곤충학(forensic entomology)에서도 중요하다.

3.5. 해충개체군 관리의 의사결정

해충이 동정이 되고 그 밀도와 해충과 작물의 성장 단계가 조사되었다면, 이러한 정보들을 이용해서 해충관리 의사 결정을 할 수 있다. 이때 작물 성장 단계에 적합한 피해허용수준과 상대적인 해충의 밀도를 고려해야 한다. 우선 해충의 밀도를 해충개체군 관리의 의사결정과 관련해서 경제적피해수준(economic injury level, EIL), 경제적피해허용수준(economic threshold level, ETL), 방제밀도(= 한계밀도, action level) 등으로 나타낼 수 있다(**그림 5-9**). 경제적피해수준(EIL)은 방제책에 의해 보전된 경제적 손실비용이 방제에 들어간 비용과 같아지는 해충의 밀도로 다음과 같은 식으로 구할 수 있다.

$$EIL = C / VIDK$$

C: 단위 생산 당 방제비용
V: 단위 생산 당 시장가격
D: 단위 해충가해 당 피해
I: 단위 해충 당 가해 단위
K: 감수해야할 피해율

경제적피해허용수준(ETL)은 해충 개체군이 EIL에 도달하기 전에 방제전략을 도입해야 하는 해충의 밀도로 EIL보다 낮은 수준의 밀도이다. 방제밀도는 방제가 행해지는 EIL보다 낮은 수준의 밀도로 방제로 인해 부작용은 최소화되고 생산이익이 극대화되는 해충밀도나 작물피해 수준이다.

ETL은 방제전략의 도입과 관련된 가장 중요한 지표로 다양한 원인에 의해 달라질 수 있다. 이러한 ETL의 유동성에 영향을 주는 요인으로는 다음과 같다. 우선 작물 공급량에 따라 ETL이 변한다. 즉, 공급이 많아지면, 생산가격이 하락하게 되며 이는 ETL의 상승을 유발한다. 소비자의 기대에 따라 ETL이 변한다. 예를 들어 GMO에 대한 거부심리가 소비자들에게 확산이 되면 GMO 농산물에 대한 수요가 감소되고 이는 곧 가격의 하락을 유도해 전체 ETL의 상승을 유발시킨다. 또한 같은 작물이더라도 작물의 생산목적이나 발육단계에 따라 ETL이 변한다. 과일용 사과는 주스용 사과에 비해 해충방제 요구가 더 크므로 과일용 사과의 ETL이 주스용 사과의 ETL에 비해 낮게 된다. 또한 어린 작물은 성숙한 작물에 비해 해충에 의한 피해가 더 크게 나타나므로 방제노력이 더 들게 되어 ETL이 하락하게 된다. 작물의 재배기간 동안의 기후조건도 ETL의 변화에 영향을 준다. 사과나무에서 건조할 때는 적은 응애 수에도 피해를 더 입게 되는데, 이것은 더 낮은 밀도에서의 응애에 대한 방제가 필요하게 되므로 ETL이 하락하게 된다. 작물의 품종도 ETL에 영향을 주는데, 사과에서는 맥킨토시사과가 진딧물에 약하므로 맥킨토시사과에서는 진딧물의 ETL이 다른 사과 품종에 비해 하락하게 된다. 해충의 연령분포에 따라 ETL도 달라지게 된다. 나방의 경우 어린 유충보다는 노숙유충이 섭식량이 많아 더 큰 피해를 준다. 따라서 노숙유충이 많은 경우 어린 유충만 있는 경우에 비해 ETL이 낮다. 농작물의 특성상 연간 변이도 ETL의 변화를 유도한다. 작물의 작황이 더욱 좋은 해에는 ETL이 상승하지만, 작황이 좋지 않은 해에는 가격상승에 대한 기대감으로 ETL이 감소하게 된다.

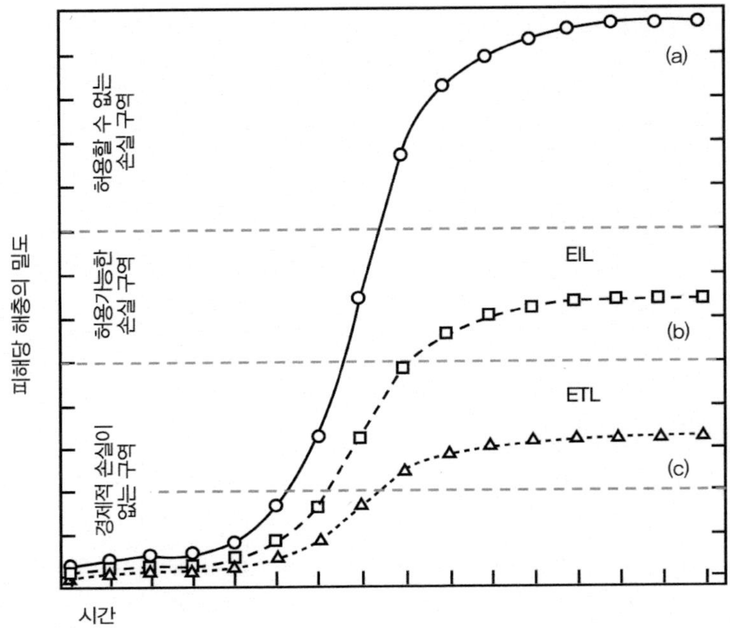

그림 5-9. EIL과 ETL의 관계를 보여주는 이론적인 해충 개체군의 밀도변화 (a, b, c는 세가지 다른 작물에서의 해충 밀도를 나타냄)(Norris *et al*. 2003).

제6장

지속가능한 농업
Sustainable Agriculture

제6장 지속가능한 농업 (Sustainable Agriculture)

01 지속가능한 농업의 탄생배경

21세기가 시작된 이후 전 세계가 당면한 가장 중요한 문제는 아마도 기후변화와 이로 인한 인류에 미칠 수 있는 영향을 어떻게 방지하거나 줄일 수 있는가 하는 것일 것이다. 기후변화의 문제는 결국 전 세계 인구의 증가와 맞물려 있으며 어쩌면 인구증가가 근본 원인일 것이다. 18세기 영국에서 일어나고 유럽과 미국을 통해 전 세계로 퍼진, 전기의 사용, 가솔린 엔진, 공장 등으로 대변되는 산업혁명(Industrial Revolution)이 인류의 근대화를 가능케 하였다. 산업혁명은 그 당시 당면한 여러 가지 문제들을 해결하는 기술적인 진보를 이끌어 인구의 증가에 직접적인 원인이 되었으며, 지구촌 곳곳을 산업 공장 부지로 만들어 도시화를 촉진하였다. 하지만 이러한 눈부신 성장과 발전이 환경오염과 기후변화라는 부메랑으로 되돌아 왔다. 화석연료 사용으로 인한 온실가스의 증가와 이로 인한 대기 온도의 상승 그리고 대기온도 상승이 다시 해상의 수증기를 증가시키거나 영구동토층의 해빙으로 메탄이 배출되어 온실효과를 더 증가시키는 악순환이 계속되어, 지구의 모든 생명체의 분포와 생장에 영향을 주고 있다. 이 중 우리가 가장 우려하는 것은 식량 작물들의 생리적 작용을 저해하여 식량 생산량이나 재고가 감소되는 것이며[64], 이는 인구증가와 더불어 심각한 식량난이 일어날 수 있다는 것을 의미한다. 이러한 위기 상황을 타개하기 위해서 인류는 새로운 패러다임을 준비해야 했다(Edwards 2005).

1972년 스웨덴 스톡홀름에서 열린 유엔의 인류의 환경에 대한 회의에서 처음으로 논의되었고 1987년 브런드트랜드의 '우리 공통의 미래(Our Common Future)'라는 보고서에 의해 널리 알려지게 된 **지속가능성 혁명(Sustainabilty Revolution)**이 바로 그것이다(Edwards 2005). 브런드트랜드는 경제와 사회정의를 고려한 지구 생태계의 보호에 관한 기본 틀을 만들었다. 지속가능한 개발(sustainanle development)은 미래 세대의 필요를 충족시킬 수 있는 능력을 손상시키지 않는 범위 내에서 현재의 필요를 충족시키는 것이라고 정의되었다(Edwards 2005). 즉, 인간 사회가 꼭 필요로 하는 것들을 부정적인 영향을 일으키지 않는 방법을 통해 만족시키는 것이라고 할 수 있다(NRC 2010). 1769년 왓슨의 증기기관의 발명이 공장의 효율을 극대화 시키고 대중교통의 발전을 이끌어 산업혁명의 계기가 되었다면 지속가능성 혁명의 계기는 1992년 브라질 리우데자네이루에서 열린 세계 정상 회의일 것이다. 이 회의를 통해 세계 182명의 지도자들이 지속가능성 혁명을 세계적인 수준으로 올리는 밑거름이 되었다. 물론 이 당시의 컴퓨터와 인터넷의 발달이 큰 역할을 한 것은 틀림없는 사실이다.

지속가능성 혁명은 처음에는 생태(ecology)/환경(environment)의 보호와 관리에 근거한 환경보호론에 초점을 두었고, 이후 경제(economy)/고용(employment), 공정(equity)/평등(equality)과 같은 의제들까지도 포함하게 되었다(Edwards 2005). 이것을 지속가능성 혁명의 '세 가지 E'라고 하며, 현재는 이러한 '세 가지 E'를 더욱 강화할 수 있는 수단이 될 수 있는 교육(education)까지도 포함시켜 '네 가지 E'라고 한다(Edwards 2005). 세계화 반대, 유기농 식품, 녹색 빌딩, 재생 에너지 등과 같은 녹색 운동은 모두 지속가능성 혁명의 범위에 있는 사회 운동이며, 산업혁명이 그러했듯이 우리 삶의 모든 부분(우리가 사는 곳, 일하는 곳, 먹는 것 등)의 변화를 이끌고 있다(Edwards 2005). 또한 영

64) 이상 병해충의 발생 증가와 꿀벌과 같은 유용 동식물의 감소는 제처 두더라도

국에서 시작되어 전 세계에 까지 퍼진 산업혁명과 같이 지속가능성 혁명도 태국의 바이오가스 프로그램, 방글라데시의 그라민은행과 같이 전 세계 곳곳에 영향을 미치고 있다(Edwards 2005). 이러한 지속가능성 혁명은 공동사회(community), 상업(commerce), 자연 자원(natural resources), 생태적 설계(ecological design), 지구 생물권(the biosphere)의 5가지의 영역으로 나누어 일어나고 있으며, 지속가능한 농업은 자연 자원의 지속가능성 혁명에 속한다고 할 수 있다(Edwards 2005).

02 아실로마 선언(Asilomar declaration)의 내용

지속가능한 농업을 위한 아실로마 선언은 1980년초 미국의 'Alliance for Sustainability'라는 단체에 의해 시작되었다(Edwards 2005). 아실로마 선언에는 영양분이 되는 음식을 제공하고, 토지를 경작하는 이들을 보호하며, 지구 기후를 안정화시키는데 도움이 되며, 토양과 물을 보호하는 지속가능한 농업이 해결해야 할 일곱 가지의 도전(challenges)을 제시하였다(Edwards 2005). **첫째**, 건강한 농촌 사회를 만들고 지속시켜야 한다. 대규모 상업 농장으로 이루어진 것이 아닌 농업의 전통적인 가치를 살릴 수 있는 건강한 농촌은 농업인과 인부 그리고 그들의 가족에게 매력적이고 공정한 삶의 터전이 된다. **둘째**, 기존의 농업인뿐만 아니라 새로 농업을 희망하는 사람들에게 지속가능성 농업을 할 수 있도록 정보제공, 교육/훈련 프로그램, 세재해택, 금융지원 등의 기회를 확대해야 한다. **셋째**, 대중에게 식품의 질이 질병의 예방 등에 얼마나 중요한지를 깨닫게 해야 한다. 소비자의 이러한 인식이 유해한 살충제를 사용하지 않고 균형된 양분을 유지하는 유기농업과 같은 지속가능한 농업에서 나온 생산물에 대해 적절한 가격을 지불하게 한다. **넷째**, 토지소유의 책임감과 가축을 대할 때의 인도주의를 강조해야 한다. 지속가능한 농업은 토양, 물, 식물, 동물(야생과 가축 모두)과 같은 자연의 선물에 의지할 수밖에 없으므로 이들을 사랑과 겸손으로 대해야 한다. 우리는 이러한 자연의 선물을 우리가 받았을 때의 상태 그대로 다시 되돌려 주어야 하는 의무가 있다. **다섯째**, 농업인들이 지속가능한 농업에 대한 정보를 접할 수 있도록 기회를 확대해야 한다. 지속가능한 농업 방법을 시연할 수 있는 농지를 확보하고 농가간 상호 방문 등을 장려하여야 하며, 대학 교육과 연구, 농가지원(extension)을 통해 화학농약에 대한 의존을 줄이고 농업 생태에 대한 이해를 높이는 방향으로 이끌어야 한다. **여섯 번째**, 정부와 산업, 농업의 상호 관계를 개혁해야 한다. 정부는 보조금, 장려금, 대출 등을 통해 산업화된 농업을 지속가능한 체계로 바꾸어야 하며, 지속가능한 방식으로 식량을 공급하는 농업인에게 공정한 보상을 해주어야 한다. **마지막**으로 지구촌에서의 미국 농업의 역할을 재정의해야 한다. 전 세계 많은 나라에서 미국 농업의 지도력을 보고 있으며, 이러한 기대를 저버리지 않도록 세계개발기구나 세계은행이나 세계연구기관 등이 지속가능한 프로그램으로 전환하도록 촉구해야 한다.

03 지속가능한 농업이 당면한 도전과 해법

하지만 지속가능한 농업의 증진을 위해서 현대의 농업은 풀어야 할 여러 가지 도전에 직면해 있다. 우선, 농민들은 늘어나는 인류의 식량, 사료, 바이오 연료의 수요를 충족시키기 위해 저렴한 가격에 충분한 양을 생산 및 공급하여야 하는데, 더 큰 문제는 이러한 농업 생산을 천연자원의 부족과 생산비 증가라는 조건에서 달성해야 한다는 것이다(NRC 2010). 또한 일반 대중의 농업 생산 행위에서 야기되는 영향에 대한 인식의 증가가 농업의 환경, 사회, 노동, 동물의 복지에 대한 기준을 향상시켰으며, 이러한 기준을 또한 충족시켜야 한다(NRC 2010).

이러한 도전을 극복하기 위한 해결책으로는 미국의 국가연구소(National Research Center, NRC)는 기존의 농법을 개선하는 점진적인 방법과 농업을 복잡한 사회-생태적 시스템으로의 인식을 바탕으로 한 새로운 변화를 통한 방법을 제시하였다. 점진적인 방법의 예로는 2년 돌려짓기, 공간정보 기술을 이용한 정밀농업, 전통 육종 및 유전공학을 이용한 유전자변형작물의 이용, 흙갈이를 하지 않는(no-till) 농업 등이 있으며, 유기농업, 초사료 축산, 다년생 곡물 작물의 개발 및 재배 등은 전체 농업 시스템의 변화를 바탕으로 하는 방법의 예이다(NRC 2010).

유전자변형작물의 개발 및 이용의 경우 이들의 안전성에 대한 우려가 큰 것은 사실이다. 하지만 미국의 경우 지난 14년 동안 2천만 에이커에 재배된 유전자변형작물에 의한 인간의 건강이나 환경에 악영향을 주었다는 사례는 단 한건도 보고된 바 없으며, 오히려 유전자변형작물의 사용으로 작물에 발생하는 병과 살충제 사용을 현저히 감소시켰다(Ronald & Adamchak 2008). 하지만 물과 살충제 필요량을 줄여 생산량을 향상시킬 수 있는 유전자변형작물의 개발만으로는 현대 농업이 처한 위기를 극복하기 어렵다. 지속가능한 농업을 극대화하기 위해서는 개량된 종자뿐만 아니라 작물을 공격하는 다양한 병과 해충을 관리할 수 있는 환경친화적인 농법이 같이 병행되어야 한다(Ronald & Adamchak 2008).

하지만 상기한 새로운 방법들만으로는 지속가능농업을 달성할 수 없으며, 농업시장 구조와 정부정책이 지속가능한 농업의 다양한 도전들을 극복할 수 있도록 개혁이 되어야 한다(NRC 2010).

제7장

작물별 주요 해충

제7장 작물별 주요 해충

01 벼의 주요 해충

벼의 해충은 벼의 재배지역, 품종, 재배법에 따라 변화해 왔다. 1960년대에는 자포니카(Japonica) 품종이 주로 재배되었고, 1970년대까지는 다수계인 통일계 품종이 재배되었다. 1980년 이후에는 다시 양질미인 자포니카 품종이 재배되었다. 다수계 품종은 벼줄기굴파리, 벼잎벌레에 약하였으나 애멸구에는 강하다. 반면, 일반계는 벼줄기굴파리에 강하지만 벼멸구에 약하였다. 재배방법에 의한 영향에서, 통일계는 밀식이 가능한 품종이었기 때문에 통일계 품종의 재배시 심는 밀도가 증가하였는데, 이는 포장내 습도가 높아져 작물이 연약하게 되어 벼멸구의 피해는 크게 늘었다고 한다. 또한 합성비료 사용의 증가로 전반적인 해충의 밀도가 증가하였다. 모내는 시기의 변화에 의한 해충상의 변화도 있었다. 1930년에는 벼의 모내는 시기가 6/15일 경이었지만, 관계수로의 정비 등으로 1970년에는 5/20일 경으로 단축된 후에 벼멸구, 벼잎벌레, 벼줄기굴파리, 벼애잎굴파리에 의한 피해가 증가하였지만 이화명나방은 감소하였다. 최근에는 지구 온난화 현상으로 농작물에 새로운 병해충이 발생하여 피해확산이 우려되고 있는데, 벼에서는 애멸구에 의해 매개되는 벼줄무늬잎마름병의 발생지역이 북상 및 확산되었다(Lee *et al*. 2012).

또한 유전 공학 기술을 이용한 비티 벼(Oh *et al.* 2012a)와 비타민 A 강화벼(Oh *et al.* 2012b)와 같은 유전변형 벼 품종 개발이 활발해질 것으로 예상됨에 따라 이들이 해충과 천적과 같은 익충에 미치는 직·간접적인 영향에 대한 폭넓은 연구가 필요할 것으로 보인다.

(1) 벼줄기굴파리

rice stem maggot, *Chlorops oryzae* Matsumura (Diptera: Chloropidae)

벼줄기굴파리는 원래 주로 산간 지방에서만 국부적으로 발생이 되었지만 다수계 벼 품종의 보급과 모내는 시기, 심는 밀도, 비료주기 등의 벼 재배법의 변화가 크게 변한 1970년대에 전국적으로 다발생하여 주요 해충으로 등장하게 되었다(Lee *et al.* 1986). 모내는 시기 변화의 경우 예를 들면 전남 해남에서 1970년에는 6월 30일이었으나 같은 지역에서 1981년에는 5월 29일로 무려 한 달씩이나 앞당겨졌다(Hwang *et al.* 1985).

수원 지방에서는 년 3회 발생하며, 각각 5, 7, 9월에 최성기를 보인다(Hwang *et al.* 1985). 제1세대 부화유충은 줄기내로 침투 후에 생장점으로 파고 가서 발달하는 잎을 섭식하며 제2세대 부화유충은 어린이삭을 가해하여 쭉정이를 만든다(Takeda & Nagata 1998). 제 3세대의 1-2령 유충이 보리와 밀과 같은 벼과(Gramineae) 식물의 줄기에서 월동한다(Takeda & Nagata 1998). 일본에서는 두 가지의 생태형이 보고되어 있으며, 북쪽 지방에 분포하는 생태형(northern bivoltine ecotype)은 남쪽 지방에 분포하는 생태형(southern trivoltine ecotype)과 달리 하면(summer diapause = aestivation)을 하기 때문에 연간 발생 횟수가 다른 것으로 알려져 있다(Takeda & Nagata 1998). 제 1세대 성충은 평균 50여개씩 산란하고 평균 18.9일 동안 산다(Hwang *et al.* 1985). 등록된 약제로는 카보설판 입제, 클로란트라닐리프롤 입제 등이 있다(KCPA 2024).

(2) 벼물바구미

rice water weevil, *Lissorhoptrus oryzophilus* Kuschel (Coleoptera: Curculionidae)

그림 7-1-1. 벼물바구미 성충.

벼물바구미는 미국이 원산지로 미국의 뉴잉글랜드 지방, 미시건주, 아이와주, 텍사스, 플로리다, 캘리포니아주와 캐나다, 멕시코, 쿠바, 콜롬비아에 분포하고 있다. 국내에서는 1988년 7월 2일 경남 하동군 고전면 범아리에서 처음 발견된 후 그 분포 범위가 확산되어 정착하였다(Lee *et al*. 2002). 일본에서는 1976년 토코나메에서 처음 발견되었으며, 미국 캘리포니아에서 수입된 건초와 함께 우연히 들여온 것으로 보고 있다(Saito *et al*. 2005). 또한 대만에는 1990년에, 중국에는 1988년에 처음으로 기록되었다(Saito *et al*. 2005). 성충의 크기는 2.5-3.5mm이며 등에는 회색 바탕에 검은색 무늬가 있는 형태적 특징을 가지고 있다(Saito *et al*. 2005).

연간 1세대가 발생이 되며, 성충으로 논 주위의 땅속이나 낙엽 속에서 월동한다. 이듬해 봄에 성충은 월동처에서 잡초를 섭식하여 날개 근육을 발달시키고 5월 모내는 시기에 논으로 이동한다(Kim & Lim 1992). 밤에 논으로 이동한 월동성충은 벼 사이를 다니며 벼의 잎과 줄기를 섭식하다가 산란한다(**그림 7-1-1**). 성충은 유성생식을 하지만 미국의 캘리포니아와 일본에서 발견된 개체군은 단위생식을 하는 것으로 암컷 성충만 보고되었다(Saito *et al*. 2005). 암컷 성충은 하루에 2-4개씩 일생 동안 평균 75개를 산란한다(Saito *et al*. 2005). 알에서 부화한 유충은 1-3일정도 잎을 섭식한 뒤 뿌리로 이동해서 가해한다. 유충은 뿌리의 외부에서 섭식하며, 성장함에 따라 다른 뿌리로 이동하기도 한다. 알에서 성충까지 25°C에서 53.6일 정도 소요되며, 우화한 성충은 8월 중순이 되면 월동처로 이동한다(Lee *et al*. 2002). 성충은 18과 116종의 식물을 가해하는 것으로 알려져 있으며, 개밀, 새, 띠, 꿩의밥 등이 주요 종이다(Kim & Lim 1992).

벼물바구미에 의한 피해는 성충의 경우 잎에 백색 줄무늬를 남기며, 유충은 뿌리를 가해하여 뿌리의 부피가 줄어들게 되며 피해가 심하면 벼가 바람에 의해 쉽게 넘어지거나 유묘가 물에 떠오르게 된다(Saito *et al*. 2005). 벼물바구미는 1화기 이화명나방 방제에도 사용하는 카보설판 입제 등을 육묘상에 처리하거나 카보퓨란 입제를 모내기 당일 혹은 본답 초기에 처리한다(KCPA 2024). 벼물구미에 의한 피해를 줄이는 방법으로 벼의 정식일을 앞당기는 재배적 방제법이 제안되었으며, 미국에서는 벼물바구미의 EIL이 2003년 당시 기준으로 주당 5마리의 유충으로 보고되었다(Espino *et al*. 2009).

(3) 벼멸구

brown planthopper (BPH), *Nilaparvata lugens* (Stål) (Homoptera: Delphacidae)

그림 7-1-2. 벼멸구(단시형) 성충.

벼멸구는 열대 및 온대의 아시아, 호주, 남태평양 등지의 벼 재배지에서 가장 문제되는 이주성 해충이다(Cho *et al*. 2003, Hu *et al*. 2010, Gurr *et al*. 2011). 벼멸구는 우리나라를 비롯한 온대지역에서는 월동을 하지 못한다. 따라서 벼멸구는 흰등멸구와 같이 3월과 6월 사이에 베트남 북부에서 중국 본토의 남부로 이동하였다가 다시 6월과 7월 사이 중국 북부, 한국, 일본으로 이동하는 해충이다(Huang *et al*. 2010). 대만에서는 태풍이 중국과 베트남에서 멸구류의 대 이동을 유발하는 가장 중요한 기후 요인이다(H uang *et al*. 2010). 비래충은 장시형(macropterous)이고 정착 및 산란하면 다음세대에는 단시형(brachypterous)이 나타나며(**그림 7-1-2**) 이후 3세대가 경과한다. 알에서 성충까지의 발육기간은 감수성 벼에서 암컷인 경우 27℃에서 23일이 소요되며, 암컷 성충의 수명은 23일 정도이며, 산란수는 299개이다(Hu *et al*. 2010). 약충과 성충 모두 주로 벼의 줄기에서 흡즙하여 잎이 마르고 줄기가 시드는 집중고사현상(**hopper burn; 그림 7-1-3**)을 유발하여 직접적인 피해를 줄 뿐만 아니라 바이러스 병을 매개하기도 한다(Gurr *et al*. 2011).

그림 7-1-3. 벼멸구 피해(집중고사현상, hopper burn).

최근에 충남, 경남, 전남 지방에서 발생이 다시 증가하였으며 2005년도의 발생면적 69,000ha으로 전년도의 13.4배이었다. 중국에서도 2005년과 2006년에 양쯔강 중하류 지방과 남중국 지방에서 대발생하여 1,880,000톤의 쌀 수확량 감소를 야기하였다(Hu *et al*. 2011, Zhao *et al*. 2011). Hu *et al*. (2011)은 벼멸구 발생의 증가는 중국내 이모작과 일모작을 병행하는 지역(안휘성의 허베이 등)에서 일모작으로 대부분 전환했기 때문이라고 분석했는데, 이는 이모작시에는 중간에 작물이 없는 기간이 있어 벼멸구의 생존에 치명적이나 일모작의 경우에는 지속적으로 밀도 증가가 이루어지기 때문이다. 또한 그들은 지구 온난화에 의한 따뜻한 가을이 지속된 점도 벼멸구의 대발생과 관련이 있다고 분석하였다.

벼멸구의 효과적인 방제를 위해서는 비래시기와 비래량에 대한 예찰이 매우 중요하기 때문에 우리나라는 벼 해충에 대한 체계적인 예찰 시스템을 운영하기 위하여 전국 150곳의 예찰포와 1,403곳의 관찰포를 운영하고 있으며, 예찰정보를 바탕으로 농가에 예보, 주의보, 또는 경보 등을 내린다(Cho *et al*. 2003).

벼멸구의 방제를 위해 저항성 품종을 개발하여 사용하기도 하였지만 벼멸구의 빠른 적응력 때문에 화학 살충제에 더 많이 의존하게 되었다.

방제 약제로는 클로티아니딘 액상수화제, 디노테퓨란 입상수용제, 에토펜프록스 유제, 이미다클로프리드 액제, 페노뷰카브 유제 등이 있다(KCPA 2024). 특히 이미다클로프리드는 Choi *et al*. (2001a)에 의한 실험에서 추천 농도(0.3kg a.i./ha)로 처리했을 경우 약효(100% 살충률)가 40일까지 지속되는 것으로 보고되었다. 하지만 최근에 살충제 처리에 의한 천적의 감소뿐만 아니라 벼멸구의 생식 자극현상이 이 해충의 발생증가의 원인이라고 알려져 있다(Zhao *et al*. 2011). 실제로 이미다클로프리드와 트라이아조포스, 델타메트린 등의 살충제 처리가 벼멸구 체내의 수용성 당과 지방의 농도를 상승시키는 것으로 보고되었으며, 이는 살충제를 아치사 농도로 처리할 경우 벼멸구의 비상 능력을 향상시킬 수 있다는 것을 뜻한다(Zhao *et al*. 2011). 또한 많은 아시아국가에서 네오니코티노이드계 살충제에 대한 저항성이 보고되었다. 그래서 최근에는 GMO 벼를 개발하려는 노력을 많이 하고 있으며, 중국에서 2009년에 비티 벼를 개발한 바 있다(Gurr *et al*. 2011).

천적과 같이 친환경적인 벼멸구 밀도 억제 인자를 사용할 수도 있다. 하지만 우리나라와 같이 벼멸구가 월동하지 않는 나라에서는 토착천적이 논 주위에서 증식 및 유지될 수 있도록 하는 것이 중요하며, 논둑에 벼가 아닌 다른 식물이 있을 경우 이러한 천적들이 다른 대체 기주에서 증식 및 유지가 가능하다(Gurr *et al*. 2011). 특히 벼의 여러 가지 병들의 매개체가 되는 풀보다는 동부(cowpea)나 콩(soybean)과 같은 광엽식물을 재배할 경우 천적의 밀도가 높다고 하였다(Gurr *et al*. 2011). 또한 초식자에 의해 유도된 식물의 휘발성 물질(HIPVs, herbivore-induced plant volatiles)을 이용해서 이러한 천적의 효과를 더 증진시킬 수도 있는데, 자스몬산(jasmonic acid)을 살포한 벼로 둘러져 있는 논에서 기생벌인 *Anagrus nilaparvatae* Peng & Wang에 의한 벼멸구에 대한 기생률이 두 배로 증가하는 것이 그 예이다(Gurr *et al*. 2011).

우리나라에서 벼를 기주로 하는 멸구류에는 벼멸구 외에 애멸구와 흰등멸구가 있다. 이들은 특히 약충의 경우 크기나 형태가 비슷하지만 벼멸구 약충의 경우 겹눈 아랫부분과 촉각 사이에 흰색형광성 광택을 가지고 있어 다른 멸구들의 약충과 구분된다고 알려져 있다(Cho *et al*. 2003).

(4) 애멸구

small brown planthopper (SBP), *Laodelphax striatellus* (Fallén) (Homoptera: Delphacidae)

애멸구는 국내에서는 1935년에 처음 발견된 이후 1970년대까지 문제 해충으로 경남북부와 경북남부 지방에서 발생이 많았다. 1970년대 도입된 다수성 통일계 벼 품종에서는 피해가 감소하였다. 최근(2007)에는 과거와 달리 전북과 충남 등 남부 지방에서 다시 문제가 되고 있는데, 중국 남부의 장쑤(Jiangsu, 강소)성과 저장(Zhejiang, 절강)성 등지에서 2000년 이후 증가한 애멸구 개체군의 비래(Otuka *et al.* 2010)나 최근 사료값 급등에 따른 조사료용 청보리의 재배 면적 증가, 비료값 상승에 따른 자운영 등을 이용한 녹비 작물 재배 등으로 애멸구 월동충의 서식 조건을 양호하게 한 것과도 관련이 있는 것으로 보인다(Lee *et al.* 2012).

약충과 성충 모두 즙액을 빨아 먹어 가해하며, 또한 벼 줄무늬잎마름병 바이러스(RSV, rice stripe virus)와 검은줄오갈병 바이러스(RBSDV, rice black-streaked dwarf virus) 등을 매개하여 더 큰 피해를 준다. 이들의 생활사는 연간 5세대를 가지고 있으며, 4-5령 약충으로 개밀, 보리 등지에서 월동한 후 3월에 제 1세대 성충이 나타나 보리밭에서 4월중 1세대를 경과한다(Bae *et al.* 1995). 제 2세대 성충이 5월부터 묘판이나 본답으로 이동해서 벼 줄무늬잎마름병을 매개한다(Bae *et al.* 1995). 총 400여개를 산란하며, 알에서 성충까지 27일 정도 소요된다. 등록된 약제는 벼멸구의 경우와 유사하다. 2006년에 중국의 장쑤 성과 저장 성에서 채집된 개체군은 이미다클로프리드에 2007년 일본 큐슈 지방에서 채집된 개체군은 피프로닐에 저항성을 가지고 있는 것으로 보고되었다(Otuka *et al.* 2010). 밀양에서 월동 중에 약충 기생벌인 *Haplogonatopus atratus*에 의한 기생률은 21%로 보고되었다(Bae *et al.* 1995).

(5) 흰등멸구

white-backed planthopper (WBPH), *Sogatella furcifera* (Horváth) (Homoptera: Delphacidae)

흰등멸구는 벼멸구와 같이 약충, 성충 모두 벼의 줄기를 흡즙하거나 배설물이 그을음병을 유발하여 작물에 피해를 준다. 우리나라에서는 1966년 경기도에서 대발생하여 큰 피해를 주었으며(Choi *et al*. 1973), 인도에서는 1981년 이후 매년 정기적으로 집중고사현상을 일으키는 심각한 벼의 해충으로 보고 되었다(Suri & Singh 2011). 중국에서도 벼의 가장 중요한 해충종의 하나로 보고되었다(Xiao & Tang 2007). 벼멸구와 같이 매년 6-7월에 동남 아시아 및 중국 양자강 유역에서 비래하며, 비래 후에 3-4회 발생한다. 단시형의 경우 25°C에서의 암컷 성충의 수명은 19일 정도이고 산란수는 216여개이다(Matsumura 1997). 방제 약제로는 벼멸구에서와 같이 이미다클로프리드이나 피프로닐과 같은 페닐피라졸 계통의 살충제가 많이 사용되었다. 벼멸구는 이미다클로프리드에 대한 저항성이 많이 보고된 반면 흰등멸구는 이미다클로프리드보다는 피프로닐에 저항성을 더 가지고 있는 것으로 알려져 있다(Tang *et al*. 2010). 특히 Suri & Singh (2011)은 메틸파라티온, 델타메트린, 퀴날포스를 기준 농도의 반으로 처리했을 경우 벼의 당, 단백질, 아미노산 함량이 많아지는 반면 페놀의 함량은 크게 떨어져 흰등멸구 약충의 생존력을 증가 시켰으며, 이것이 격발 현상의 원인이었다고 하였다. 중국에서는 저항성 품종을 개발하여 이용하고 소금쟁이류인 *Microvelia horvathi*가 천적으로 알려져 있다(Xiao & Tang 2007).

(6) 끝동매미충

green rice leafhopper, *Nephotettix cincticeps* Uhler (Homoptera: Cicadellidae)

끝동매미충은 주로 한국, 일본, 중국 등에 분포하고 있으며, 성충과 약충 모두 벼를 흡즙하여 피해를 준다. 흡즙에 의해 벼 잎의 황변과 분얼수 감소와 같은 직접적인 피해뿐만 아니라 바이러스병인 벼의 오갈병을 매개하고 그을음병을 유발하는 간접적인 피해도 준다(Honda *et al.* 2007, Kang *et al.* 2009). 밀도가 높은 지역에서는 이삭을 가해하여 쭉정이를 만들고 집중발생 시에는 산란해를 일으킨다. 연간 4회 발생하며 3, 4령 약충으로 월동한다. 이듬해 봄에 월동약충으로 뚝새풀로 이동하여 1세대를 지낸 후에 모판이나 본답으로 이동해 가서 가해한다. 암컷의 산란수는 최대 300여개이다.

끝동매미충은 난소경유전파(transovarial transmission) 방식에 의해 오갈병 바이러스를 개체군 내에 유지시킨다(Honda *et al.* 2007). 약충이 오갈병에 감염된 벼를 섭식할 때 바이러스에 감염되며, 감염된 바이러스는 끝동매미충 체내에서 증식한 후 2-3주의 잠복기를 거쳐 전파를 시작하게 된다(Honda *et al.* 2007). 일단 심하게 감염이 되면 수년간 병이 발생하게 된다(Honda *et al.* 2007). 끝동매미충은 페노뷰카브유제로 방제할 수 있다(KCPA 2024). 지구온난화로 인한 겨울철 온도의 상승과 친환경재배를 위한 녹비작물 등의 겨울작물 재배 증가가 끝동매미충의 월동밀도를 증가시켜 더 큰 피해가 예상된다(Kang *et al.* 2009).

(7) 이화명나방

rice stem borer, Asiatic rice borer, *Chilo suppressalis* (Walker) (Lepidoptera: Pyralidae)

이화명나방은 아시아의 열대 또는 온대 벼 재배지에서 흔히 발견되는 해충이다(Hou *et al.* 2010). 기주로는 벼를 포함하여 옥수수와 밀 등 41종이 문헌에 기록되어 다식성으로 알려져 있지만, 최근의 연구결과에 의하면 벼와 줄(*Zizania latifolia* [Griseb])외에는 모두 겨울 월동처일 가능성이 보고되어 실제 기주 범위는 좁을 수 있다(Hou *et al.* 2010). 지역에 따라 연간 1-5세대가 발생하며, 벼의 그루터기나 볏짚에서 성숙유충으로 월동한다(Hou *et al.* 2010). 부화한 유충은 실을 분비하면서 바람에 날려 분산하며, 기주 식물의 줄기 속에서 섭식한다(Hou *et al*. 2010). 성충의 수명은 8일, 산란수는 약 300개이다.

이화명나방은 과거에는 매우 중요한 해충이었으나 1980년대 이후 밀도가 감소하였는데 그 이유는 다수계(통일계) 품종의 육성에 따른 모내는 시기의 조기화, 조기수확, 다비밀식, 농약살포 증가, 수확의 기계화로 인한 유충사망, 볏짚의 가공 및 퇴비 이용으로 인한 논에서의 월동처 감소 등이 원인이 된 것으로 보인다(Lee & Park 1991). 하지만 그 이후 국내에서 조성된 벼 재배환경에 적응할 수 있는 새로운 개체군이 형성됨에 따라 그 경제적 피해가 다시 늘었다(Lee & Park 1991).

중국에서도 이화명나방에 의한 피해가 심각한 편이며 최근에는 유전자변형 비티 벼 품종을 개발하여 상업적으로 사용되고 있다(Gao *et al*. 2010; Wang *et al*. 2016). Lee *et al*. (1981)은 (Z)-11-hexadecenal과 (Z)-13-octadecenal을 4.5:1의 비율로 처리하여 교미교란제로 사용하여 방제 효과를 확인하였으며, 화학적 방제제로는 디노테퓨란 입상수화제, 메톡시페노자이드 수화제, 아세페이트 수화제, 에토펜프록스 유탁제, 카보설판 입제, 클로란트라닐리프롤 입상수화제, 테부페노자이드 수화제, 페니트로티온 유제 등이 등록되어 있다(KCPA 2024).

(8) 혹명나방

rice leaffolder, *Cnaphalocrocis medinalis* Guenée (Lepidoptera: Pyralidae)

혹명나방은 유럽과 아프리카를 제외한 동반구의 벼를 재배하는 지역에 널리 분포하는 해충으로서 2차 세계대전 이후에는 해에 따라 대발생하는 돌발해충이었으나 1980년대에 들어 벼에 큰 피해를 주는 주요해충으로 등장하였다(Lee *et al*. 2006). 우리나라와 일본에서 월동이 불가능한 것으로 보아 벼멸구, 흰등멸구 등과 함께 6-7월경 중국 남단에서 발생하는 저기압을 타고 이동하는 것으로 보이며, 우리나라에서는 2-3세대 경과 한다(Lee *et al*. 2006). 유충이 벼잎을 종모양으로 말고 섭식하여(**그림 7-1-4**) 벼의 광합성을 저해하며 수량과 품질에 영향을 준다. 혹명나방의 섭식으로 벼 뿌리의 질소와 인의 흡수가 감소되는 것으로 알려져 있다(Yin *et al*. 2005).

2003년 전국적으로 다발생하여 큰 피해를 주었으며(Park *et al*. 2006), 발생최성기는 8월 초순과 9월 중순이었다. 혹명나방은 고온 다습한 환경에서 증식이 빠르고 25°C에서 유충 발육기간은 15-16일이다(Park *et al*. 2010a). 유충 1마리가 유충기간 동안 6-7개의 벼잎을 가해하는 것으로 조사되었다(Lee *et al*. 2006).

그림 7-1-4. 혹명나방의 유충(A)과 성충(B).

혹명나방은 이동성 해충이어서 초기 개체군 모니터링이 중요하며, 일본에서는 (Z)-11-octadecenal (Z11-18:Ald)과 (Z)-13-octadecenal (Z13-18:Ald), (Z)-11-octadecen-1-ol (Z11-18:OH), (Z)-13-octadecen-1-ol (Z13-18:OH)을 11:100:24:36 비율의 조성을 가진 암컷이 분비하는 성페로몬이 보고되었다(Kawazu *et al*. 2000).

혹명나방의 방제를 위해서는 모내기 간격을 늘리거나, 질소질 비료의 사용량을 줄이는 재배 방식이 효과적이라고 보고되었으며(Park *et al*. 2010a), 저항성 품종도 개발되었다(Xu *et al*. 2010). 아세페이트 수화제, 에토펜프록스 유탁제, 인독사카브 액상수화제, 클로란트라닐리프롤 액상수화제 등을 방제에 사용할 수 있다(KCPA 2024).

(9) 줄점팔랑나비

rice skipper, *Parnara guttata* Brener et Grey (Lepidoptera: Hesperiidae)

그림 7-1-5. 줄점팔랑나비의 유충에 의한 벼의 피해(A), 번데기(B), 성충의 모습(C).

줄점팔랑나비는 주로 벼를 선호하지만 그 외 옥수수, 수수, 사탕수수 등을 가해한다(Choi *et al*. 2005). 과거에는 일부 산간 지방에서만 발생되어 피해를 주었지만 2000년초에 호남 지방에서 다 발생되어 피해를 주었다(이 등 2003). 익산지역에서는 1년에 3세대를 경과하며, 5월 중하순부터 월동처에서 우화하여 논으로 이동한 다음 벼 잎에 산란하는 것으로 보고되었다(Choi *et al*. 2005). 유충에 의한 벼의 피해는 7월 하순부터 증가하여 8월 중하순 사이에 가장 많은 것으로 관찰되었으며(**그림 7-1-5**), 3세대 성충이 우화하기 시작하는 시기는 9월 중순이었다. 살충제를 유충발생 최성기 약 1주일 전인 7월 하순에 처리하였을 때 91%의 방제효과를 나타낸 반면 8월 초순에 처리할 경우에는 방제효과가 57%로 낮았다(Choi *et al*. 2005). 클로란트라닐리프롤 수화제, 플루벤디아마이드 유제 등이 등록되어 있다(KCPA 2024).

(10) 벼잎벌레

rice leaf beetle, *Oulema oryzae* Kuwayama
(Coleoptera: Chrysomelidae)

벼잎벌레는 한국, 일본, 대만 등지에 분포하는 해충으로 우리나라의 경우 산간지대의 논에서 발생하는 저온성 해충이다(Yu *et al*. 1985). 벼잎벌레의 유충은 몸길이가 5mm 정도이며 암갈색을 띤다(Yu *et al*. 1985). 항상 자기의 똥을 등에다 짊어지고 다녀서 똥벌레, 똥짐벌레, 똥지게라고도 불리우며, 벼잎벌레가 가해하면 잎도열병 발생이 없고 풍년이 된다고 하여 풍년충, 유충이 15일간 가해하여 보름충, 농약대신 빗자루로 떨어버려 자레, 자리, 자루, 느세 등으로 다양한 이름을 가지고 있다(Yu *et al*. 1985).

성충과 유충 모두 잎을 가해하는데, 벼잎의 끝에서 아래로 향하며 잎맥사이의 엽육을 갉아 먹어 백색선형의 가해흔적을 만든다(Lee *et al*. 1998). 피해 부위는 갈색으로 변하며 고사하는데, 그 후 생육이 왕성해지면 새잎이 나와 회복이 되나 무효분얼이 증가되고 출수가 지연되어 수량 감소를 초래한다(Lee *et al*. 1998). 연간 1세대를 가지고 있으며 성충이 논 부근의 숲이나 잡초에서 월동한 후, 5-6월에 묘판이나 본답으로 이동 후 산란한다. 실험실 조건(25°C)에서 10-15개씩 무리지어 평균 23.5일의 산란기간 동안 163개를 산란한다(Lee *et al*. 1998). 알에서 성충까지 25°C에서 21.7일 정도 소요되며, 암컷 성충의 수명은 25°C에서 21.1일이다(Lee *et al*. 1998). 7월중 우화한 성충은 교미하지 않고 월동처로 이동한 후 휴면에 들어간다(Kidokoro 1983). 등록된 약제로는 카보설판 입제, 페노뷰카브 유제 등이 있다(KCPA 2024).

(11) 흑다리긴노린재

Paromius exiguus (Distant] [Hemiptera: Lygaeidae)

그림 7-1-6. 흑다리긴노린재 성충.

흑다리긴노린재는 이삭을 흡즙하여 벼알에 반점미(pecky rice)를 만들어 피해를 준다. 반점미는 도정 후 쌀알에 갈색, 검은색의 반점이 생기는 현상으로 노린재가 벼의 배유를 흡즙하여 유발되며, 미관상 안 좋을 뿐만 아니라 쓴맛이 나서 먹을 수 없다(Lee *et al*. 2009a). 우리나라에서 노린재에 의한 반점미 피해는 1985년 경북과 충북의 산간지에서 보고된 바 있다(Park *et al*. 2009a). 쇠보리, 띠, 강아지풀, 피 등의 벼과 잡초와 벼에 서식하는 흑다리긴노린재는(**그림 7-1-6**) 2001년 경기도 김포시 대곶면과 양촌면 일대 약 1,200ha의 서해안 간척지가 인접한 논에서 대발생하여 큰 피해를 입혔다(Park *et al*. 2009a). 이때 노린재에 의한 반점미 비율이 45%에 달하는 포장도 있었다. 2006년에는 경기도 화성시의 시화호 간척지 인근 포장에서도 대발생하여 반점미로 인한 피해액이 1억원에 달하였다(Park *et al*. 2009a). Park *et al*. (2009a)은 월동성충이 5월 띠에서 1세대를 경과하며 6월 하순 산조풀에서 2세대 발육을 완료하고 8월 초순부터 벼와 다른 벼과 잡초로 이동하여 3세대 발육을 한 후에 월동을 한다고 보고하였다. 페노뷰카브 유제 등을 사용해서 방제할 수 있다(KCPA 2024).

논 주위에 서식하는 노린재류는 경기도 지역에서 30종이 알려져 있으며, 흑다리긴노린재와 홍색얼룩장님노린재가 우점하였다(Lee *et al*. 2009a). 흑다리긴노린재외 반점미를 일으키는 종으로는 가시점둥글노린재, 홍색얼룩장님노린재 등이 있다(Lee *et al*. 2009a, 농촌진흥청 2011). 이들을 효과적으로 방제하기 위해서는 주변 잡초를 대상으로 미리 방제하여야 하며(농촌진흥청 2011), 방제제로는 페노뷰카브 유제나 펜토에이트 유제, 다이아지논 유제 등이 있다.

02 콩의 주요 해충

중요한 식량자원으로서 콩은 동부아시아 지역(중국의 만주 지방과 한반도 지역)이 원산지이며, 단백질과 지방의 공급원으로서 우리의 식생활에 중요한 역할을 해왔다(고 등 2011). 콩은 재배가 쉽고 다양한 환경에 적응할 수 있는 작물로 우리나라에서는 단작 또는 다른 작물과의 전, 후작으로 재배되고 있다. 2022년 현재 우리나라의 전체 콩 재배면적은 63, 956ha이며, 연간 소비량은 약 145만 톤으로 사료용이 106만 톤, 식용은 38만톤 내외이다(농림축산산식품 통계연보). 1975년에는 식용 콩의 자급률은 98% 수준(31만톤)에서 2004년에는 25% 수준까지 지속적으로 하락하여 세계 10위의 콩 수입국이 되었다(고 등 2011). 2022년 현재 식용 콩의 자급률은 28.6%이다(농림축산산식품 통계연보). 현재 콩의 가치[65]가 강조되면서 전 세계의 생산과 소비 모두 지속적으로 증가하고 있다(고 등 2011). 현재 정부에서도 국가적으로 논콩 재배를 권장하고 있으며, 콩의 생산량 증대 및 대단위 재배 단지 조성이 이루어지고 있다(Paik *et al*. 2007).

콩을 가해하는 해충수는 지역 및 품종에 따라 다르지만 최근에 Paik *et al*. (2007)은 2002년과 2003년사이에 호남지역 나물콩 재배지에 발생하는 해충수는 13과 23종이라고 하였다. 이들 중 콩 파종 후 발생하는 초기해충은 씨고자리파리, 두줄박이애잎벌레(**그림 7-2-1**), 파밤나방, 콩진딧물이었고, 개화기 및 꼬투리 형성기인 7월 중순에서 8월 상순에는 알락수염노린재(*Dolycoris baccarum* L.), 톱다리개미허리노린재(*Riptortus pedestris* [F.]), 풀색노린재(*Nezara antennata* Scott), 가로줄노린재(*Piezodorus hybneri* Gmelin), 썩덩나무노린재(*Halyomorpha halys* Stål) 순으로 발생하기 시작하여 수확기까지 지속되었으며(**그림 7-2-2**), 8월

65) 첫째, 식품으로서는 세계 각국의 문화에 맞춰 다양한 요리(동북아시아의 두부, 미국의 베이크드빈, 중남미의 칠리, 아랍인들의 후무스 등)로 변하면서 세계인의 필수 식품으로 정착하였고, 둘째, 기능성 식품으로 이소플라본, 사포닌, 레시틴 등을 함유하고 있어 이를 활용한 약이나 식품으로 개발되고 있으며, 셋째, 친환경 소재로 석유를 대체할 수 있는 바이오 디젤과 잉크, 친환경 플라스틱과 섬유 등으로 개발되고 있다.

이후에는 나방류 해충인 콩나방, 콩잎말이명나방, 빗줄애기자나방, 은무늬밤나방, 담배거세미나방 등이 발생한다고 하였다.

그림 7-2-1. 두줄박이애잎벌레 성충.

(1) 노린재류

노린재류는 1990년대 중반까지만 해도 개체군의 발생량이 적어 농작물의 주요 해충으로 인식되지 않았으나, 2000년도 이후부터 발생량이 크게 증가하여 이들 노린재류를 관리하지 않으면 농작물의 정상적인 수확이 어려운 지경에까지 이르게 되었다(Bae *et al*. 2008). 이렇듯 농작물의 2차 해충이었던 노린재류가 최근 콩류, 과수 및 기름작물의 가장 주요한 해충으로 등장하게 된 배경은 산림생태계를 포함한 작부 체계 및 양식 등 농업생태계의 변화와 밀접한 관련이 있는 것으로 여겨진다(Bae *et al*. 2008). 특히 최근에 기후변화에 의한 남쪽풀색노린재(*Nezara viridula* [L.])의 분포확산이 일본에서 알려졌다. 남쪽풀색노린재는 아열대성 곤충으로 일본에서는 1960년대 북방 분포 한계선이 와카야마현이었으나 최근의 조사에 의하면 이곳보다 85km 북쪽으로 이동한 것이 발견되었다(Tougou *et al*. 2009). Tougou *et al*. (2009)은 기후자료를 분석한 결과 이 지방의 겨울철 1-2월의 기온이 1960년대에 비해 2000년대에 평균 1.03-1.91도가 상승하고 섭씨 5도 이하인 일수가 현저히 감소한 것과 관계가 있는 것으로 분석하였다. 또한 남쪽풀색노린재와 같은 속의 풀색노린재는 이에 대해 남쪽풀색노린재와는 달리 따뜻한 해변가 지역에서 해발 고도가 높은 곳으로 분포가 바뀌었는데, 이것은 기후 변화가 두 종의 노린재의 종간 상호작용에 영향을 주어서 나타난 결과라고 설명하였다.

콩을 가해하는 노린재류로 톱다리개미허리노린재, 썩덩나무노린재, 가로줄노린재, 풀색노린재, 가시노린재(*Carbula putoni* [Jakovlev]), 가시점둥글노린재(*Eysarcoris aeneus* [Scopoli]), 우리가시허리노린재(*Cletus schmidti* [Kiritshenko]), 넓적배허리노린재(*Homoeocerus dilatatus* [Horváth]), 알락수염노린재 등이 있다(Paik *et al*. 2007; **그림 7-2-2**). 이중 작물재배기간 내내 가장 발생이 빈번한 것은 톱다리개미허리노린재이며, 알락수염노린재는 콩 재배 초기에 흔하며 풀색노린재는 재배 후반기에 발생 비율이 높다. 여러 식물의 종실을 섭식하는 다른 노린재류와 달리 가로줄노린재는 콩에서만 발생 하는 것으로 알려져 있다.

그림 7-2-2. 콩을 가해하는 주요 노린재류.

톱다리개미허리노린재는 현재 한국, 중국, 일본에서만 발생하는 것으로 알려져 있으며, 보리, 밀, 참깨, 콩, 사과, 감 등에 피해를 준다. 약충과 성충 모두 과실을 흡즙한다. 우리나라에서는 연간 2-3회 발생하며, 포장 주위 잡초나 포장내 잔재물에서 월동한다(Lee *et al*. 2004). 이른 봄에는 보리나 밀 재배지에서 성충이 나타나기 시작하며, 콩 포장에 침입하기 전까지는 참깨(**그림 7-2-3**) 혹은 다른 콩과식물을 섭식하면서 생존하는 것으로 보인다. 개화기에 콩 포장에서는 성충보다는 알이 더 먼저 보이기도 하는데, Jung *et al*. (2008b)은 개화기 꼬투리를 섭식하기 위해 외부로부터 콩 포장 안으로 이입하여 들어오는 개체들의 대다수가 이미 교미를 했기 때문이라고 하였다. 콩과 녹두에서 톱다리개미허리노린재는 식물체 상부와 잎의 뒷면에 주로 산란하며, 포장 내에서는 가장자리와 안쪽에 관계없이 균등한 산란비율을 나타내고, 대체로 잎당 한 개의 알을 낳는다(Jung *et al*. 2008b). 노린재과(Pentatomidae) 노린재와는 달리 난괴로 산란하지 않고 기주식물뿐만 아니라 비기주식물에도 흩트려 산란하는 행동 습성을 보인다. Leal *et al*. (1995)는 이것을 천적 기생벌(**그림 7-2-4**)에 의한 공격률을 낮추려는 전략이라고 하였다[66].

그림 7-2-3. 참깨 잎에 산란된 톱다리개미허리노린재의 알.

---

66) 톱다리개미허리노린재의 주요 알 기생벌로는 노린재검정알벌[*Gryon japonicum* (Ashmead)]과 노린재깡충좀벌(*Ooencyrtus nezarae* Ishii)이 있다. 노린재검정알벌은 톱다리개미허리노린재와 시골가시허리노린재 등 4종을 기생하며 한 개의 기주에 한 개의 알을 산란하여 한 마리의 기생벌 유충이 발육을 완성하는 단포식기생자(solitary parasitoid)이다(Hirose *et al.* 1996). 노린재깡충좀벌은 톱다리개미허리노린재와 풀색노린재, 남쪽풀색노린재, 알락수염노린재, 가로줄노린재 등 14종을 기생하며 한 개의 기주에 여러 개의 알을 산란하여 복수의 기생벌 유충이 발육을 완성하는 다포식기생자(gregarious parasitoid)이다(Hirose *et al.* 1996; Mizutani *et al.* 1996; Zhang *et al.* 2005). 이들은 동소적 기주(sympatric host)를 자원으로 이용하기 때문에 경쟁적 배제(competitive exclusion)를 통한 한 종의 멸종(extinction)이 일어나야 하지만, 종간 경쟁을 최소화하고 상호 공존(coexistence)하는 기작으로 자원을 시간적으로 분할(temporal partitioning)하는 양상을 보여주고 있다(Mainali & Lim 2012). 노린재검정알벌과 노린재깡충좀벌의 종간 경쟁에 대해서는 Takasu *et al.* (1998)과 Alim & Lim (2011)이 연구를 하였다. 노린재깡충좀벌은 노린재검정알벌과 같이 기주알을 동시에 기생할 경우 임의적 중복기생

Jung *et al*. (2005)는 콩 생식생장 단계별 톱다리개미허리노린재의 섭식에 의한 피해를 조사하였다. 착협기에 톱다리개미허리노리재 성충을 섭식시켰을 때, 빈 꼬투리와 종자로 전혀 발육하지 못한 판형종자의 생성비율이 종실비대성기에서의 가해보다 높게 나타났으며, 종실비대성기에 섭식시켰을 때는 종자모양은 거의 정상적이나 종피에 피해흔적이 뚜렷한 종자수가 유의적으로 증가하였다. 따라서 콩의 착협기에 일어난 노린재에 의한 섭식 피해(**그림 7-2-5**)가 수확량에 직접적인 영향을 주게 된다.

그림 7-2-4. 톱다리개미허리노린재의 알에 산란하고 있는 노린재검정알벌.

등록된 약제로는 델타메트린 유제, 디노테퓨란 입상수화제, 람다사이할로트린 유제, 비펜트린 수화제 등이 있다(KCPA 2024). Bae *et al*. (2008)은 7종 약제에 대한 콩 노린재류의 평균 반수치사농도 조사 연구에서 공시약제에 대한 노린재류의 상대적 내성비가 1.0 미만으로 약제감수성이 매우 높아 콩 포장에서 약제살포에 의한 노린재류의 방제효과는 매우 높을 것이라고 했다. 하지만 톱다리개미허리노린재는 이동성이 강하여 약제를 이용한 방제효과가 떨어진다는 것이 일반적

자(facultative hyperparasitoid)로 작용하여 항상 노린재검정알벌을 배제시키는 것으로 보고되었다. 이는 노린재검정알벌의 경우 제1영충에서만 큰턱을 가지고 있는 반면에 노린재깡충좀벌은 모든 유충의 영기에서 다 발달된 큰턱을 가지고 있기 때문이다(Takasu & Hirose 1989). 하지만 실제 야외조건에서는 노린재깡충좀벌과 노린재검정알벌 모두 발견되며 특히 봄과 이른 여름에는 노린재검정알벌이 그리고 이후에는 노린재깡충좀벌이 우점하는 것을 Mainali & Lim (2012)이 보고 하였고, 이것은 동소적 기주를 자원으로 이용하기 때문에 종간 경쟁을 최소화하고 상호공존(coexistence)을 위해 자원을 시간적으로 분할하는 양상이라고 하였다(Mainali & Lim 2012). 다만, 두 기생벌 모두 다른 기주를 기생할 수 있는 것으로 보아 시간적으로 자원을 분할하는 것뿐만 아니라 특정 시기에는 기주 전환(host shift)을 통한 공간적 분할 양상 가능성도 있을 것이다. 특히 작물내 공간적 분포에서는 노린재깡충좀벌은 주로 잎에 발견되는 기주알에서 기생률이 높고 노린재검정알벌은 잎보다는 줄기나 콩깍지에서 발견되는 알에서 기생률이 높은 것으로 보아(Takasu *et al*. 1998), 공존을 위한 또 다른 진화적 적응의 결과로 보인다.

인 의견이다. 또한 최근에는 노린재가 살충제 분해 능력이 있는 공생균(*Burkholderia* spp.)을 취하여 살충제 저항성을 가지는 것으로 알려졌다(Kikuchi *et al*. 2012)

집합페로몬트랩을 이용해서 재배 초기 이동해 들어오는 성충을 포획할 수 있지만 방제용으로는 적합하지 않다(제4장 4.3. 후각과 관련된 방제 방법 참고). 톱다리개미허리노린재의 경우 집합페로몬은 수컷 성충이 분비하여 동종의 암수 성충과 약충을 유인하는 것으로 알려져 있다(Huh & Park 2006).

그림 7-2-5. 톱다리개미허리노린재에 의한 콩 꼬투리의 피해.

(2) 콩진딧물

soybean aphid, *Aphis glycines* Matsumura (Homoptera: Aphididae)

콩에서 채집되었거나 바이러스를 매개하는 진딧물은 모두 15종이 있으며(이 등 1994), 이 중 콩이 진기주인 콩진딧물(**그림 7-2-6**)과 일시기주인 싸리수염진딧물이 대표적이다. 싸리수염진딧물은 더듬이가 몸길이의 1.5배로 긴 특징이 있으며, 콩진딧물보다 늦은 9월 중에 최고 밀도를 보인다. 그 외 콩이 우연기주인 완두수염진딧물, 목화진딧물, 조팝나무진딧물, 감자수염진딧물 등이 있다. 진딧물류에 의한 가해 양상은 흡즙으로 인한 직접피해로서 작물의 영양부족이나 영양불균형을 유도한다. 또한 간접적으로는 콩모자이크 바이러스(soybean mosaic virus, SMV)와 같은 식물 바이러스를 매개하며, 배설물인 감로에 의한 그을음병을 유발한다. 또한 이들이 기주식물을 완전히 덮어서 기주식물의 발육이나 광합성을 억제한다.

진딧물류는 유성세대와 무성세대간의 **세대교번**을 한다. 콩진딧물의 방제를 위해서 미국에서는 피레스로이드계나 유기인계 살충제를 사용하며, 네오니코티노이드계는 종자에 처리할 때 사용한다(Ragsdale *et al*. 2011). 약제 외에 포식성 천적[무당벌레(**그림 7-2-7**), 풀잠자리]과 기생성 천적(약 310종의 진디벌이 알려져 있다)을 이용할 수 있다.

그림 7-2-6. 콩진딧물.

그림 7-2-7. 콩잎에서 발견되는 무당벌레의 유충(A)와 알 무더기(B).

콩의 바이러스병 방제를 위해서 저항성 품종의 사용이 가장 효과적인 방법이다(Ragsdale *et al*. 2011). 미국에서는 경제적 피해허용수준(ETL)이 콩진딧물 감수성 품종의 경우 R5 생식성장 단계까지 주당 250마리로 보고 되었다(Ragsdale *et al*. 2011).

콩진딧물은 전 세계적으로 분포하며 주로 콩을 비롯한 팥, 완두, 아카시아 등 콩과작물을 가해한다(Chang *et al*. 1994). 갈매나무(*Rhamnus davurica*, buckthorn)가 월동기주이다(Ragsdale *et al*. 2011). 최근에는 콩진딧물이 미국으로 침입하였는데, 2000년 위스콘신주에서 처음으로 발견된 후 미국 중북부의 10개주로 확산되었다(Ragsdale *et al*. 2011). 콩진딧물의 최적 발육 온도는 28°C이고 35°C의 고온에서는 생식력이 급감하는 것으로 보아 이것이 미국의 남부로는 확산되지 않는 이유라고 하였다(Ragsdale *et al*. 2011). 현재 미국에서 큰 경제적 피해를 주고 있으며, 최고 40%의 생산량 감소가 보고되었으며, 이외 콩진딧물 침입 전에 비해서 40배로 불어난 예찰비용과 130배로 증가한 살충제 사용에 따른 비용도 야기하였다(Ragsdale *et al*. 2011). 등록된 약제로는 아세타미프리드 수화제, 티아클로프리드 액상수화제, 플로니카미드 입상수화제 등이 있다(KCPA 2024).

(3) 거세미나방류

cutworm, *Agrotis* spp. (Lepidoptera: Noctuidae)

작물과 묘목의 지면에서 가까운 잎과 줄기 부분을 잘라서 섭식하는(잘린 부위를 땅속으로 끌고 들어가 가해하기도 한다)**(그림 7-2-8와 그림 7-2-9)**. 거세미나방류는 국내에서는 숯검은밤나방(*Agrotis tokionis*)**(그림 7-2-10)**, 검거세미나방(*A. ipisilon*), 거세미나방(*A. fucosa*)의 세 종이 주요 종이다. 이들 중 숯검은밤나방이 우점종으로 보고되었다(Kim & Kim 1981). 최근에는 거세미나방과 검거세미나방의 발생량이 증가하고 있다.

거세미나방류는 콩뿐만 아니라 고추, 감자, 옥수수, 무 등의 채소와 잔디, 어린묘목을 가해한다. 성충은 주로 식물의 잎에 산란하며, 부화한 유충은 1-2령까지는 잎을 섭식하다가 3-5령기에 땅속으로 들어가서 밤에

그림 7-2-8. 검거세미나방의 성충(A), 유충에 의한 강낭콩 피해(B), 알의 모습(C).

만 나와 식해한다(Kim *et al*. 2001a). 이는 주간에 활동하는 기생벌을 피하기 위한 전략 혹은 야간에 초식자 방어호르몬 분비가 적어지는 기주식물에 대한 적응으로 생각된다(Jander 2012). 특히 미국의 골프장에서는 퍼팅그린과 같은 짧게 깎아 놓은 잔디에 피해를 입히는데, 잔디의 잎과 줄기를 식해해서 함몰된 부분을 만들고 이는 골프공이 일정한 속도와 방향을 유지하는데 방해가 된다. 또한 이들 거세미나방 유충을 잡아 먹기 위한 새들이 유인되어 잔디를 들어 올리는 피해를 준다(Prater *et al*. 2006).

거세미나방을 방제하기 위해서는 토양 살충제를 사용하는 것이 효과적이며, 콩에서는 비펜트린 입제, 에토프로포스 입제, 카보설판 입제, 터부포스 입제 등이, 잔디에서는 에토펜프록스 수화제, 시금치와 고추에서는 에마멕틴벤조에이트 유제, 인독사카브 액상수화제 등이 등록되어 있다(KCPA 2024). 하지만 우리나라에서는 비닐 멀치를 이용한 작물 재배법이 보편화되어 거세미나방류의 피해가 크게 감소하였다(Kim *et al*. 2001a). 이는 지면에 비닐 멀치를 할 경우 거세미나방류 유충의 먹이탐색 활동이나 이동이 억제되기 때문이다(Kim *et al*. 2001a). 숫검은나방 방제용으로는 델타메트린 · 테부피림포스 입제, 검거세미나방은 카보설판 액상수화제, 클로란트라닐리프롤 입제 등이 등록되어 있다(KCPA 2024).

그림 7-2-9. 검거세미밤나방 유충.

그림 7-2-10. 숫검은밤나방 유충.

(4) 콩명나방

bean pod borer, *Maruca vitrata* (F.) (Lepidoptera: Crambidae)

콩명나방은 인도네시아와 말레이시아 지역이 원산지이며, 한국, 일본, 중국, 인도, 대만, 말레이시아, 호주, 아프리카 등 꽤 넓은 범위에 걸쳐 분포하고 있다(Jung *et al*. 2009, Dannon *et al*. 2010). 콩, 팥, 녹두, 동부를 비롯한 콩과 식물과 백합과, 아욱과, 미모사과 등의 일부 식물종을 섭식한다(Jung *et al*. 2009). 특히 열대 지방의 주요 작물인 동부의 가장 중요한 해충이기도 하다(Jung *et al*. 2009, Dannon *et al*. 2010). 유충이 꽃눈과 꽃, 줄기, 잎을 가해한다. 개화기 이후에는 꼬투리에서 더 많이 관찰된다(Jung *et al*. 2009). 온대 지방인 일본과 한국에서의 분포 및 생물적 특징에 대한 정보가 많이 알려져 있지 않으나, Jung *et al*. (2016)은 9월 하순부터 야외 조건에서 사육한 개체들이 우화 및 월동하지 못하는 것을 밝혀 콩명나방은 영하의 온도에 적응하는 능력이 없을 것이라고 하였다. 콩명나방의 방제에는 주로 살충제가 사용되고 있으나 서아프리카의 베닌에서는 대만에서 도입한 기생벌인 *Apanteles taragamae* Viereck을 이용한 생물적 방제를 시도하였다(Dannon *et al*. 2010).

(5) 팥나방

Matsumuraeses phaseoli (Matsumura) (Lepidoptera: Tortricidae)

팥나방은, 한국, 일본, 중국, 러시아(아무르) 등 주로 아시아권에 분포하는 것으로 보고되어 있으며, 콩, 팥, 녹두, 자주개자리(알파파), 전동싸리를 섭식하고 콩에서는 동속종인 어리팥나방과 같이 해충으로 알려져 있다(Jung *et al*. 2009). 어린 유충은 잎을 묶어 그 안에서 섭식하고 노숙 유충은 줄기 안으로 파고 들어간다(Jung *et al*. 2009). 팥나방을 포함한 팥을 가해하는 명나방류의 피해를 줄이기 위해서는 꽃이 핀 후 수확기 전까지 꽃과 꼬투리를 가해하는 나방류 애벌레들의 피해가 심하게 보일 경우 루페뉴론 유제나 에토펜프록스 유탁제, 클로르프루아주론 유제 등의 살충제를 농약 안전사용기준에 맞춰 살포하여야 한다(농촌진흥청 2011).

03 감자의 주요 해충

(1) 감자뿔나방

potato tuber moth, *Phthorimaea opercullela* Zeller (Lepidoptera: Gelechiidae)

감자뿔나방은 감자, 담배, 가지 등 가지과 작물을 가해하며, 전 세계적인 분포를 보인다(**그림 7-3-1과 그림 7-3-2**). 주로 (아)열대 지방에서 다발생한다. 1854년 호주 타스매니아 섬에서 최초로 발견되었으며, 한국에서는 1968년 경북 영덕에서 발견되었는데 일본에서 유입된 것으로 추정되었다. 남방계 해충의 일종인 감자뿔나방의 국내 서식지는 1980년대까지는 충청 이남지역에 국한되어 있었지만, 2009년 이후부터는 경기북부까지 서식지가 북상하고 있다. 야외에서는 번데기 또는 노숙 유충으로 월동하며 3-4월에 우화해서 6-7회 발생하며(일본의 경우), 4-6월 고온 건조한 조건에서 다발생 한다(Choe *et al*. 1980). 알에서 성충까지

그림 7-3-1. 감자뿔나방의 알(A), 유충(B), 성충의 모습(C).

발육에 26.8℃에서 21일 소요되며, 암컷은 평균 101개(최고 242개)를 산란하며 25.3℃에서 8.1일간 산다(Choe *et al.* 1980). 수확 시에 감자에 묻어 있는 나방의 알이나 유충이 잘 발견되지 않아 수확 후 저장 중에 문제가 되는 경우가 많다(Makee *et al.* 2007). 감자뿔나방 방제용 살충제로는 스피네토람 액상수화제, 인독사카브 분산성액제 등이 등록되어 있으나(KCAP 2024), 살충제들에 대한 저항성이 우려됨에 따라 대체 방제법으로 유전불임법(IST, inherited sterility technique)과 생물농약인 비티제를 함께 사용하는 기술이 개발되었다(Makee *et al.* 2007).

그림 7-3-2. 감자뿔나방의 유충에 의한 감자덩이줄기(A)와 감자잎의 피해(B).

(2) 큰이십팔점박이무당벌레(= 왕무당벌레붙이 = 왕됫박벌레)

Henosepilachna vigintioctomaculata Motschulsky
(Coleoptera: Coccinellidae)

큰이십팔점박이무당벌레는 초식성 무당벌레로 감자, 가지, 토마토, 구기자 등 가지과 식물을 가해하는 주요 해충으로 한국, 일본, 대만, 중국, 사할린, 시베리아 동부에 분포하며, 우리나라에서는 중부 이북 지역에 주로 분포한다(Kwon *et al.* 2010, Hori *et al.* 2011). 성충과 유충이 모두 잎을 가해하는데, 그물 모양의 규칙적인 식흔을 잎에 남겨 이빨자국처럼 보인다(Kwon *et al.* 2010)(**그림 7-3-3**). 피해가 심하면 엽맥만 남게 된다. 이들의 섭식을 촉진하는 물질로 토마토와 가지에서 공통적으로 발견되는 methyl linoleate와 methyl linolenate로 밝혀졌으며, 이들 두 물질은 당 성분과 섭식의 상승 효과를 낸다. 또한 큰이십팔점박이무당벌레는 가지과 식물에서 공통적으로 발견할 수 있는 alkaloids에 대해 다른 곤충들과 달리 섭식 저해 효과가 없어 식물의 섭식저해제에 대해 적응한 것으로 보인다(Hori *et al*. 2011).

큰이십팔점박이무당벌레와 유사한 종으로는 크기가 작은 이십팔점무당벌레[*H. vigintioctopunctata* (Fab.)]가 있다. 강릉지역에서는 연간 3회(5, 6, 7월의 각 하순) 발생하며, 알에서 성충까지는 25°C에서 25일이 소요되었다(Kwon *et al*. 2010). 큰이십팔점박이 무당벌레 방제용 살충제로는 델타메트린 유제, 플룩사메타마이드 유제, 브로플라닐라이드 액상수화제 등이 등록되어 있다(KCPA 2024).

그림 7-3-3. 큰이십팔점박이무당벌레에 의한 가지에서의 피해(A)와 성충의 모습(B).

(3) 복숭아혹진딧물

채소의 주요 해충편 참고

(4) 파밤나방

채소의 주요 해충편 참고

표 7-3-1. 식량작물의 주요 해충과 등록된 약제.

약제	제형	벼줄기굴파리	벼물바구미(육묘상)	벼멸구	애멸구	흰등멸구	끝동매미충	이화명나방	혹명나방	줄점팔랑나비	벼잎벌레	흑다리긴노린재	톱다리개미허리노린재	콩진딧물	숫검은밤나방	검거세미나방	거세미나방(잔디)	거세미나방	콩명나방	감자뿔나방	큰이십팔점박이무당벌레
에토프로포스	GR																	●			
클로란트라닐리프롤	WG							●													
델타메트린	EC												●				●				●
델타메트린·테부피림포스	GR														●						
디노테퓨란	SG			●																	
	WG							●					●								
람다사이할로트린	EC												●								
루페뉴론	EC																	●	●		
메톡시페노자이드	WP							●													
브로플라닐라이드	SC																				●
비펜트린	WP												●								
	GR																	●			
스피네토람	SC																			●	
아세타미프리드	WP													●							
아세페이트	WP					●		●	●												
에마멕틴벤조에이트	EC																		●		
에토펜프록스	WP																	●			
	EC			●																	
	EW					●		●	●										●		
인독사카브	DC																			●	
	SC								●												
카보설판	SC															●					
	GR	●	●		●			●			●										
카보퓨란	GR		●																		
클로란트라닐리프롤	WP									●											
	SC								●												
	GR	●	●			●										●					
클로르페나피르	SC																		●		
클로티아니딘	SC			●																	
테부페노자이드	WP							●													
티아클로프리드	SC													●							
페노뷰카브	EC			●	●	●	●				●	●									

페니트로티온	EC							■													
플로니카미드	WG				■									■							
플루벤디아마이드	EC									■											
플룩사메타마이드	EC																				■

DC, 분산성액제; EC, 유제; EW, 유탁제; GR, 입제; SC, 액상수화제; SG, 입상수용제(수용성입제); WG, 입상수화제(과립수화제); WP, 수화제(KCPA 2024).

04 채소의 주요 해충

(1) 거세미나방

콩의 주요 해충편 참고

(2) 배추좀나방

diamondback moth (DBM), *Plutella xylostella* (L.) (Lepidoptera: Plutellidae)

배추좀나방은 열대 지방에서 시베리아까지 광범위하게 분포하며 다수의 배추과(Brassicaceae = Cruciferae) 식물을 가해하는 세계적으로 중요한 해충이며(Kim *et al*. 2001b), 원산지로는 아직 명확하지 않지만 유럽 혹은 남아프리카, 중국 등으로 보고되고 있다. 배추좀나방은 장거리 이동성 곤충으로 최대 1,500km의 거리를 일일 평균 400-500km/h의 속도로 이동하는 것으로 알려져 있다(Sarfraz *et al*. 2005, Fu *et al*. 2014). 1993년 기준으로 전 세계의 연간 방제 비용이 약 10억 달러에 이른다고 추정되었으며(Sarfraz *et al*. 2005), 국내에서는 1986년부터 국부적인 발생을 보이기 시작하여 1990년 초 제주도에서 강원도 고랭지 채소단지까지 확산되어 채소 재배지에서 심한 피해를 주었다(Kim & Lee 1991). 1령충은 엽육 내로 침입해서 섭식하며, 2령충 이후부터는 잎 뒷면의 엽육을 섭식하여 군데군데 하얀 겉껍질만 남긴다(**그림 7-4-1**). 피해가 심하면 엽맥만 남기고 잎 전체를 섭식한다. 날개를 접었을 때 등면 중앙에 유황 백색의 다이아몬드 무늬가 뚜렷한 형태적 특징이

그림 7-4-1. 배추좀나방 유충(다채).

있으며, 번데기는 그물 모양의 고치 속에 있다. 연간 10-12회 발생하며, 휴면하지 않고 월동한다(Kim & Lee 1991). 산란수는 50-240여개로 여름보다는 봄과 가을에 그 수가 많으며(Kim & Lee 1991), 발육기간은 빠른 편으로 26°C에서 알에서 성충까지 13-18일이 소요된다.

배추좀나방은 DDT에 대한 저항성이 발견된 최초의 작물 해충으로, 1953년 인도네시아 자바에서 저항성 개체군이 발견되었다(Sarfraz *et al*. 2005). 그 후 유기인제, 카바메이트제, 피레스계, 곤충생장조절제, 비티제 등 광범위한 살충제에 대해 저항성을 발현하여 방제에 어려움을 주고 있다(Kim *et al*. 2001b). 야외에서 배추좀나방의 밀도를 억제하는 가장 중요한 두 가지 생물적 요인으로는 기주식물과 천적이다. 살충제의 사용은 앞서 언급한 살충제에 대한 저항성뿐만 아니라 이러한 천적의 밀도까지 줄여 해충의 격발현상을 초래하여 관리를 더 어렵게 할 수 있다. 따라서 천적을 이용한 생물적 방제법은 배추좀나방의 종합적해충관리에서 가장 중요하다고 할 수 있으며, 전세계적으로 약 135종의 기생벌이 배추좀나방의 여러 생활 단계를 공격하는 것으로 알려져 있다(Sarfraz *et al*. 2005). 최근에 Kim & Kim (2011)은 배추좀나방의 면역억제에 관여하는 인자들을 곤충병원성 선충의 공생 세균을 통해 연구하였다.

(3) 파밤나방

beet armyworm[67], *Spodoptera exigua* (Hübner)
(Lepidoptera: Noctuidae)

파밤나방은 열대, 아열대, 온대에 걸쳐 광범위하게 분포하며, 채소, 과수, 화훼류 등 40과 200여 종의 식물을 가해하는 것으로 알려져 있다(Kim *et al*. 2009a). 국내에서는 1926년 황해도 사리원 지역에서 사탕무우를 가해하는 해충으로 국내에서 최초로 기록된 후 발생 및 피해에 대한 보고가 거의 없었으나, 1986년 경남 진도에서 피해가 확인되고 1988년부터 전국적으로 확산되어 파(**그림 7-4-2**), 배추, 수박, 콩(**그림 7-4-3**) 등 42종의 식물을 가해하고 있다(Kim *et al*. 2007a). 성페로몬을 이용한 영남 지방에서의 조사에 따르면 경북의 동해안 중부지대를 제외하곤 3월 상순부터 11월 중순까지 발생하였다(Bae *et al*. 2007).

그림 7-4-2. 파밤나방에 의한 파에서의 피해(A), 유충(B), 번데기의 모습(C).

파에서는 유충이 파속으로 들어가서 가해를 하며 박과 채소에서는 주로 잎을 가해하

67) 한 작물을 집중적으로 가해하여 고사시킨 후 다른 작물로 옮겨다니는 현상이 군인들과 비슷하다 하여 'armyworm'이라함. *Spodoptera frugiperda*는 fall armyworm이라 불리며, 미국에서 벼의 유묘를 가해하는 주요 해충이다.

고, 장미에서는 잎과 꽃을 갉아 먹는다. 연간 4회 발생하며, 성충이 5월부터 나타난다. 남부지방의 경우 6월 상순부터 11월 하순까지 발생하며 발생 최성기는 9월 중순 경이다(Kang *et al*. 2008). 국내에서는 비래와 월동 가능성이 모두 받아들여지고 있으며, 하우스 내에서는 연중 발생한다. 암컷은 잎 표면에 좁고 길게 무더기로 1,000여개를 산란하며(각각의 알 무더기에는 20-30개의 알 포함), 3령 유충 이후에는 살충제 저항성이 높게 나타나 방제가 더욱 어려워진다(Kang *et al*. 2008). 유충은 어린 시기에는 황록색이며 측면에는 뚜렷한 흰 선이 있고 기문 주위에는 분홍색의 반달무늬가 있다. 영기가 진행됨에 따라 체색이 녹색 또는 갈색으로 된다.

그림 7-4-3. 파밤나방에 의한 콩에서의 피해와 유충의 모습.

다른 많은 나비목 곤충에서와 마찬가지로 노숙 유충에서 동종 포식 현상이 나타난다. 이것은 먹이의 부족과 관계없이 밀도의존적으로 나타나기도 하는데, 잠재적인 경쟁자를 제거하고, 발육률과 산란율을 높이는 효과가 있지만 병원균의 전파를 촉진시킬 수도 있다(Elvira *et al*. 2010). 국내에는 델타메트린 유제, 루페뉴론 유제, 사이클라닐리프롤 액제, 에마멕틴벤조에이트 유제, 에토펜프록스 유제, 인독사카브 액상수화제, 클로란트라닐리프롤 수화제, 클로르페나피르 액상수화제 등 다양한 살충제가 등록되어 있으나(KCPA 2024), 3령 이후부터는 약효가 크게 감소하기 때문에 알 ~2령까지의 집중적인 방제가 매우 중요하다. 이외 곤충병원성 핵다각체바이러스와 곤충병원성 선충 등이 생물적 방제제로 시도되고 있다. 최근에 Kim *et al*. (2009a)은 곤충생장조절제(메톡시페노자이드)이나 미생물(*Bacillus thuringiensis* var. *Kurstaki*)을 이용한 생물농약을 화학 살충제에 교호처리함으로서 살충제의 살포 횟수를 3회에서 1회로 감소시키고 파밤나방을 10% 더 방제할 수 있다고 보고하였다. 또한 최근에는 곤충병원성 핵다각체바이러스(미국에서는 Spod-X로 스페인에서는 Vir-ex의 상표로 판매되고 있다)를 유약호르몬 유사체(메소프린, 페녹시카브)와 함께 처리하여 5령 유충의 용화를 억제하고 6령 유충을 만들어 핵다각체바이러스의 증식을 도와 살충력을 더욱 증가시키는 기술이 보고되었다(Elvira *et al*. 2010). 대파재배 시 파밤나방 유충의 요방제 수준은 정식 5일째의 경우 20주당 1.8마리이며, 정식 20일째의 경우 20주당 4.6마리로 보고되었다(Kim *et al*. 2007a).

(4) 담배나방

oriental tobacco budworm, *Helicoverpa assulta* (Guenée) (Lepidoptera: Noctuidae)

담배나방은 가지과(Solanaceae) 작물 특히 고추와 담배의 주요해충으로(**그림 7-4-4**) 아시아, 아프리카, 호주, 남태평양 등지에 주로 분포하고 있다(Xia *et al*. 2009). 중국에서는 티베트를 제외한 모든 지역에서 발생하며 담배에서는 5-15%, 고추에서는 20-30%의 수확량 감소를 일으킨다고 보고 되었다(Xia *et al*. 2009). 유충이 잎, 과일, 꽃봉오리를 가해하며 고추에서는 과실에 직접적인 피해를 줄 뿐만 아니라 섭식부위에 식물병을 유발시켜 열매 떨어짐의 원인이 되고 있다. 땅속에서 번데기로 월동하며 6월부터 우화하여 연간 3회 발생한다(고추에서는 8월과 9월이 발생 최성기이다).

암컷 성충은 120-400개를 산란하며 알에서 성충까지 33-50일이 소요된다. 이를 방제하기 위해 다양한 화학 및 생물 약제가 사용되고 있지만, 유충의 섭식습성(고추의 경우 과실 내부 가해), 약제 저항성 발현 능력 및 성충의 이동 잠재력 등으로 효과적 해충 관리가 어려운 실정이다(Kim *et al*. 2008a). 최근에 중국에서는 펜발러레이트과 폭심, 메소밀에 저항성을 가지고 있는 담배나방 개체군이 보고 되었다(Xia *et al*. 2009). 고추 포장내 담배나방의 알은 넓은 공간에 임의로 분포되어 있고, 유충은 주로 피해 과실 속에 존재하여 육안으로 발견하기가 어렵기 때문에 성충의 발생 특성에 관한 정보를 기초로 방제 계획을 세우는 것이 더 합리적이다(Yang *et al*. 2004).

그림 7-4-4. 고추과실로 들어가고 있는 담배나방 유충.

방제 약제로는 델타메트린 유제, 람다사이할로트린 유제, 루페뉴론 유제, 에마멕틴벤조에이트 유제, 에토펜프록스 유제, 클로란트라닐리프롤 수화제 등이 등록되어 있다(KCPA 2024). Yang *et al*. (2004)는 고추에서 페로몬트랩으로 조사된 세대별 성충 발생시기에 관한 정보를 토대로 약제방제 시험을 수행한 결과, 각 세대별 성충 발생최성기(6월 하순, 7월 하순-8월 상순, 8월 하순-9월 상순)를 중심으로 연 5회에 걸쳐 살충제를 살포하면 유충에 의한 과실 피해를 효과적으로 줄일 수 있다고 하였다. Kim *et al*. (2008a)은 알기생벌인 쌀좀알벌(*Trichogramma evanescens* Westwood)과 곤충병원성 세균인 *Bacillus thuringiensis* subsp. *kurstaki*과 *Xenorhabdus nematophila* ANU101의 혼합 미생물제를 처리하여 화학농약인 펜발러레이트와 비슷한 수준으로 과실의 피해를 현저히 감소시키는 것을 보고하였다. 실내 접촉과 섭식독성 분석 모두에서 혼합 미생물제는 쌀좀알벌의 유충 발육과 성충 생존에 영향을 주지 않는 것으로 판명되었다.

(5) 담배거세미나방

the tropic armyworm, *Spodoptera litura* (Fabricius) (Lepidoptera: Noctuidae)

그림 7-4-5. 담배거세미나방의 유충(A)과 성충의 모습(B)

열대, 아열대, 온대에 걸쳐 광범위하게 분포하는 담배거세미나방은(**그림 7-4-5**) 콩과(Leguminosae), 배추과 작물 등 약 290여종을 가해하는 광식성 해충으로(Zhou *et al*. 2010), 우리나라에는 주로 남부지방의 시설재배 밀집지역에서 흔하게 발생하고 있다(Kim *et al*. 2009b). 파밤나방과 함께 농작물의 주요한 해충으로 인식되기 시작한 것은 1980년대 후반부터인데, 이는 농업의 백색혁명으로 그동안 크게 증가한 시설재배 면적의 증가와 밀접한 관련이 있는 것으로 추정하고 있다(Bae *et al*. 2007). 하지만 국내에서 아직 정확한 발생생태가 밝혀지지 않았다. 남부 지방에서는 연간 5세대를 경과한다(Choi *et al*. 2011).

성페로몬을 이용한 영남 지방에서의 조사에 따르면 발생기간은 3-4월에서 11월까지이며, 발생 최성기는 8-9월이었다(Bae *et al*. 2007). 파밤나방과 가해 양상이 비슷하며, 3령 이상의 유충은 약제에 대한 높은 내성을 가지고 있어 가장 대표적인 난방제 해충이다(Kim *et al*. 2008b). 노숙유충은 야행성으로 되는데, 낮에는 겉흙에 숨어 있다가 밤에 활동한다. 암컷 성충은 난괴로 1,800여개를 산란한다.

루페뉴론 유제, 에마멕틴벤조에이트 유제, 인독사카브 액상수화제, 플루페녹수론 분산성액제 등이 고시되어 있고(KCPA 2024), 알 기생벌, 핵다각체바이러스, 곤충병원성 곰팡이 **(그림 7-4-6)**, 곤충병원성 선충, 식물 추출물 등이 방제제로 연구되고 있다(Kim *et al*. 2008b). Kim *et al*. (2008b)은 시설 내 배추, 양배추 및 케일 포장에서 곤충병원성 선충 계통간 담배거세미나방에 대한 방제효과의 차이에 대한 연구를 하여 *S. carpocapsae* GSN1이 방제효과가 가장 높았고, 처리농도는 m^2당 100,000마리로 3회 처리 시에 가장 효과적이라고 보고 하였다. 또한 살충제를 사용하지 않는 다른 방법으로 10,000m^2 규모의 대형 토마토 유리온실 내에 500m^2 당 1개씩 성페로몬트랩을 설치하고, 온실 외각에는 20m^2 간격으로 성페로몬트랩을 설치하는 방법으로 방제할 수 있다고 보고되었다(이때, 단위면적 당 방제비용은 60원/m^2이었다)(Kim *et al*. 2009b).

그림 7-4-6. 곤충병원성 곰팡이에 감염된 나방 유충.

Zhou *et al*. (2010)은 아주까리(castor bean, *Ricinus communis* L.)나 토란[taro, *Colocasia esculenta* (L.)]이 담배에서보다 더 많은 담배거세미나방을 유인하는 것을 발견하여 이들을 유인작물로 이용하여 방제할 수 있다고 하였다. 유인작물은 천적에 영향을 주지 않거나 혹은 천적의 기능을 향상시키는 효과가 있어 생물적 방제제와 함께 사용할 수 있다.

(6) 들깨잎말이명나방

Pyrausta panopealis Walker (Lepidoptera: Pyralidae)

들깨는 식물분류학상 꿀풀과에 속하는 1년생 초본으로 종실뿐만 아니라 신선 잎채소로 이용되고 있다(Choi *et al*. 2007). 잎들깨가 주로 생산되는 지역은 밀양, 부산, 경산 등 영남권으로 약 600ha를 차지하여 전국 잎들깨 재배면적의 65%를 차지하고 있다(Choi *et al*. 2008). 들깨에서는 진딧물류[목화진딧물(*Aphis gossypii* Glover)와 들깨진딧물(*A phis egomae* Shinji)]와 들깨잎말이명나방이 가장 큰 피해를 주며, 무방제시 잎에서 최고 48.5%의 피해율을 보인다고 알려져 있다(Choi *et al*. 2006a, 2007).

그림 7-4-7. 들깨잎말이나방 유충.

들깨잎말이명나방 성충은 8월 상순과 9월 하순에 발생최성기를 보이며, 잎들깨에 산발적으로 산란하고 알에서 부화한 유충은 이동하지 않고 그 주에서 피해를 준다(Choi *et al*. 2007). 유충은 들깨신초 부위에서 거미줄을 치고 가해하는 양상을 보이며 심할 경우 대를 끊어 놓아 더 이상 수확을 할 수 없게 만든다**(그림 7-4-7)**(Choi *et al*. 2008). 시장가격에 대한 나방 방제비용의 비율로 계산된 경제적 손실시점은 4.0%이며, 이때의 경제적피해수준은 100주당 유충 5.1마리였다. 경제적피해수준의 80%에서 설정된 요방제 수준은 100주당 유충 4.1마리이다(Choi *et al*. 2008). 루페뉴론 유제, 에마멕틴벤조에이트 유제 등이 방제 약제로 등록되어 있다(KCPA 2024).

(7) 목화바둑명나방

cotton caterpillar, *Palpita indica* Saunder
(Lepidoptera: Pyralidae)

목화바둑명나방은 작은각시들명나방이라고도 하며 영어 일반명은 cotton caterpillar 혹은 pumpkin caterpillar, gherkin caterpillar라 불린다(Lee *et al*. 2007). 분포지역은 우리나라를 포함한 동북아시아와 열대아시아 지역이며 주로 수박, 참외, 멜론과 같은 박과작물을 가해한다(Lee *et al*. 2007). 유충이 주로 작물의 잎 뒷면을 갉아먹어 그물맥만 남기며, 발생이 많을 경우에는 과실의 겉껍질을 가해하여 상품성을 떨어뜨린다. 유충은 오이, 박, 수박의 순으로 선호하였으며, 참외, 동아, 멜론, 안동오이 등은 중간정도의 선호도, 수세미와 목화에서는 가장 낮은 선호도를 보이는 것으로 알려져 있다(Choi *et al*. 2003a).

시설 수박재배지에서 목화바둑명나방 유충 피해가 8월 중순에 처음 관찰되며, 유충은 9월 상순에 발생최성기를 나타낸다(Moon *et al*. 2008). 수박에서 목화바둑명나방은 상위엽과 하위엽보다는 중간부위의 잎에 알을 가장 많이 낳았고 잎자루와 줄기보다는 잎을, 그리고 잎에서는 앞면보다 뒷면을 산란 장소로 더 선호한다(Choi *et al*. 2003a).

방제 약제로는 루페뉴론 유제, 아바멕틴 유제, 인독사카브 입상수화제, 테부페노자이드 수화제 등이 등록되어 있다(KCPA 2024). 1998년에 처음으로 성페로몬이 분리 동정된 후 발생 예찰에 성페로몬이 사용되고 있다(Lee *et al*. 2007). 친환경 하우스 오이에서는 정식 후 유묘기에 잎을 갉아 먹거나 줄기 끝부분을 갉아먹어 부러뜨리는 증상이 나타나면 곤충병원성 선충을 7일 간격으로 3회 살포하거나, 페로몬트랩에 성충이 1마리라도 유인되면 유인된 날로부터 7일 이후에 7일 간격으로 3회 곤충병원성 선충을 살포하면 방제할 수 있다고 하였다(농촌진흥청 2011).

(8) 고자리파리

onion maggot, *Delia antiqua* (Meigen) (Diptera: Anthomyiidae)

고자리파리는 백합과(Liliaceae)의 채소(마늘, 양파, 파, 부추)와 화훼류를 가해하며, 마늘에서 가장 피해가 심하다(Choi *et al*. 1983). 미국 오하이오주에서는 양파의 가장 심각한 해충이다(Yildrim & Hoy 2003). 유충이 작물의 뿌리나 인경을 가해하여 아랫잎부터 노랗게 말라 죽게 한다. 구더기는 부패 세균을 매개한다. 대부분의 북반구에서는 동면을 하지만 우리나라와 일본에서는 번데기로 동면과 하면을 같이 하는 것으로 알려졌다(Park *et al*. 1990a).

연 3회 발생하며 월동세대는 4월 중순이 발생최성기였다. 1세대 번데기의 일부와 2세대 번데기의 대부분이 하면을 하는 것으로 보고되었다(Park *et al*. 1990a). 암컷 성충은 50-70여개를 산란한다.

국외에서는 파종 전에 테플루트린이나 IGR 계통의 사이로마진을 종자에 처리하거나 클로르피리포스로 침지시키는 방법이 가장 효과적이라고 하였으며, 곤충병원성 선충의 토양 처리도 고자리파리 밀도 억제에 효과가 있다고 보고 되었다(Yildrim & Hoy 2003, Ellis & Scatcherd 2007).

(9) 파굴파리

stone leek leafminer, *Liriomyza chinensis* (Kato)
(Diptera: Agromyzidae)

파굴파리는 한국, 일본, 말레지아, 싱가포르 등지에서 발견되며 1949년 Kato가 처음으로 보고 하였다. 국내에서는 1978년 부천에서 처음으로 파굴파리에 의한 피해가 확인되었으며, 파속(*Allium*) 작물인 대파(Welsh onion)와 쪽파(shallot)를 가해한다(Goh *et al*. 1992). 유충은 엽육에 갱도를 뚫고 위·아래로 섭식하여 잎을 고사시키거나 광합성을 저해하며, 암컷 성충은 잎의 외부에서 즙액 섭취 및 산란해를 유발한다(Choi *et al*. 2003b). 25°C에서 유충의 발육기간은 22.6일이며, 성충의 수명은 9일이었다. 암컷 성충은 일생 동안 평균 108개를 산란하며, 우화 후 5일째 산란수가 가장 많다(Tran & Takagi 2005a). 토양 깊이 5cm, 파의 측면 10cm 근처에서 용화 및 월동하고 5-6월에 우화한다(Choi *et al*. 2003b). 성충은 잔존된 파, 묘상, 옮겨심은 포장, 밭둑 등으로 이동하여 생존한다(Choi *et al*. 2003b).

일본에서 파굴파리 방제용으로 등록된 살충제 중에 사이로마진, 에마멕틴벤조에이트, 카르탑, 스피노사드가 가장 효과가 좋았으며, 티아메톡삼, 플루페녹수론, 클로티아니딘은 효과가 적거나 없다고 하였다(Tran & Takagi 2005b). 국내에서는 에마멕틴벤조에이트 유제, 스피노사드 액상수화 등이 등록되어 있다(KCPA 2024).

(10) 아메리카잎굴파리

serpentine leafminer, *Liriomyza trifolii* (Burgess)
(Diptera: Agromyzidae)

그림 7-4-8. 아메리카잎굴파리의 성충의 모습(A)과 유충에 의한 잎에 나타나는 피해(B).

아메리카잎굴파리는 남미가 원산지로 70년대 이후 전 세계적으로 확산되었으며(Lei *et al*. 2009), 국내에서는 1994년 1월 26일 광주시 송정동 소재의 거베라 하우스에서 처음으로 발견되었으며(Han *et al*. 1996), 일본에서는 이보다 앞서 1990년에 시주오카와 아이치현에서 처음으로 발견되었다(Hondo *et al*. 2006). 아메리카잎굴파리의 기주 식물은 400여종으로 다식성이며 노지보다는 대부분 시설재배 작물에서 피해가 크다(Park *et al*. 2001a). 하지만 최근에는 여러나라에서 노지 작물인 목화에서 큰 피해를 주고 있다(Lei *et al*. 2009). 부화한 유충이 잎에 굴을 파면서 가해하며 성충은 산란관을 이용해 잎에 상처를 낸 후 즙액을 먹는다(**그림 7-4-8**). 암컷 성충은 국화에서 300-400개를 산란하며, 발육기간은 알에서 성충까지 12일로 짧다. 번데기로 월동하지만 온실에서는 연중 발생한다. 또한 국화에서는 반점 세균병을 매개하는 것으로 알려져 있다.

아메리카잎굴파리는 급격한 밀도 증가와 거베라와 같은 화훼작물에서 광범위한 살충제 사용으로 살충제 저항성이 쉽게 발달하여 방제가 어렵다. 사이클라닐리프롤 액제, 아바멕틴 유제, 에마멕틴벤조에이트 유제와 같은 화학 살충제(KCPA, 2024) 외에 사용할 수 있는 방제법으로는 저항성 품종의 이용이나 노란색끈끈이트랩, 잎굴파리고치벌이나 굴파리좀벌[*Diglyphus isaea* (Walker)]과 같은 천적이용법 등이 있다(Park *et al*. 2001a). 특히 굴파리좀벌은 암컷 한 마리가 일생 동안 기생 혹은 기주섭식(Host feeding)으로 잎굴파리 유충 282-1,234마리를 치사시켜, 잎굴파리의 기생벌 가운데 그 효과가 뛰어날 것으로 여겨지며, Kim *et al*. (2007b)은 봄 작형(3-7월)에 4월 하순부터 아메리카잎굴파리 유충 밀도가 주당 1마리일 때부터 굴파리좀벌을 m^2 당 0.5-1.7마리씩 6회(총 5.8 마리) 방사하여, 조사 시작기인 5월 17일에 비해 조사 종료기인 7월 6일의 아메리카잎굴파리 방제가가 97.6%에 달하는 것을 보고하였다. 하지만 여름 작형(6-10월)과 가을 작형(7-12월)에서는 외부에서 유입되는 다른 천적류와 기온과 같은 환경 조건의 변화에 따라 봄 작형과 같은 굴파리좀벌에 의한 단독 효과는 볼 수 없다고 하였다. 굴파리좀벌은 20-25℃에서 가장 효과적이며 고온에서의 적응력이 떨어져 더운 여름철 하우스내에서의 사용은 피해야 하며, 굴파리푸른좀벌[*Neochrysocharis formosa* (Westwood)]은 굴파리좀벌에 비해 고온 적응성이 좋다고 하였다(Hondo *et al*. 2006).

최근에는 단고추의 성숙한 잎에서 아메리카잎굴파리의 산란회피 효과가 있는 것으로 밝혀졌는데, 이는 식물의 유도된 저항성의 하나로 카페오일푸트레신 성분과 관련이 있는 것으로 밝혀졌으며, 다른 식물에서와 마찬가지로 자스몬산을 처리하면 카페오일푸트레신 축적을 통한 저항성이 유도되어, 앞으로 새로운 살충제로 개발될 수 있을 것으로 보인다(Tebayashi *et al*. 2007).

(11) 작은뿌리파리

fungus gnat, *Bradysia agrestis* Sasakawa (Diptera: Sciaridae)

작은뿌리파리는 채소 및 화훼류 작물에서 전 생육기간 동안 발생하는 해충으로 수박, 오이 등의 유묘를 생산하는 공정식 묘장이나 착색단고추, 토마토 등을 재배하는 양액 재배지에서 발생한다**(그림 7-4-9)**(Jeon *et al*. 2004).

성충은 유기물이 풍부한 상토에 산란하고 부화한 유충은 뿌리를 가해하여 줄기와 잎이 시들게 된다. 착색단 고추의 암면재배시 피해증상이 역병이나 청고병(풋마름병, *Pseudomonas solanacearum*에 의한 병)의 시들음 증상과 비슷하고 줄기가 갈색으로 변하는 병해 증상을 보이기 때문에 다른 피해 요인으로 오인할 수 있다(Jeon *et al*. 2004). 또한 유충은 섭식으로, 성충은 이동으로 *Pythium* spp.와 같은 식물병을 매개한다(Kim *et al*. 2004a).

이끼류나 지제부의 상토, 뿌리 속에 숨어 있는 유충을 발생초기에 알아낼 수 있는 방법으로 끈끈이트랩 등을 이용할 수 있으며, 유충이 감자 절편을 선호하므로 이를 이용한다(Jeon *et al*. 2004). Kim *et al*. (2004a)은 곤충병원성 선충인 *Steinernema carpocapsae*을 생물적 방제원으로 평가하였으며, 2령 유충의 경우 23-35%의 치사율을 보이고 유의한 밀도 감소 효과가 있다고 하였다. Kim *et al*. (2016)은 수경재배 딸기에서 총채가시응애[=아큐레이퍼응애, *Gaeolaelaps (=Hypoaspis) aculeifer*]를 m^2당 60.6 마리를 3-4회 방사하여 무처리구에 비해 작은뿌리파리의 밀도를 효과적으로 억제하였고, 작물의 피해도 7-10%를 줄일 수 있다고 하였다. 등록 약제로는 루페뉴론 유제, 아세타미프리드 수화제, 터부포스 입제 등이 있다(KCPA 2024).

그림 7-4-9. 작은뿌리파리의 유충(A), 성충(B), 오이에서 나타나는 피해(C).

(12) 호박과실파리류

Bactrocera spp. (Diptera: Tephritidae)

우리나라 과실파리류는 45속 85종이 보고되어 있으며, 이 중 박과작물을 가해하는 과실파리로는 호박과실파리[*Bactrocera* (*Paradacus*) *depressa* (Shiraki)]와 호박꽃과실파리[*Bactrocera* (Zeugodacus) *scutellatus* (Hendel)] 두 종이 있다(Kim & Jeon 2008).

호박과실파리는 한국, 일본, 중국에 분포하며, 제주와 남부해안 지역에 자생하는 노랑하늘타리가 자연기주이다(Kim & Ahn 2020). 미국에서는 검역해충으로 지정되어 있기 때문에 미국으로 박과류 수출시 지정관리하고 있다(농촌진흥청 2011). 호박과실파리의 일본에서 확인된 기주로는 호박, 참외, 수박, 오이, 수세미 등 박과류 과실과 토마토 등이다. 국내에서는 1974년 전남 광양 백양산에서 처음 발견되었으며, 1990년 전남 곡성에서 수박에 피해가 나타나 문제시 되었다. 연간 1회 발생하며, 주로 호박의 꽃에 산란하여 피해를 입히는 호박꽃과실파리와는 달리 호박과실파리는 성충이 어린 과실의 겉껍질을 뚫고 과실 속에 산란을 한다(Kim & Jeon 2008). 다수의 유충의 식해로 과실이 성숙하기 전에 떨어져 부패하거나 호박과실의 상품성을 낮추고 저장력을 떨어뜨린다. 외부로부터 자극을 받을 경우 유충의 톡톡 튀는 행동이 매우 특이적이며, 유충기간은 약 1개월이고 3령이 되면 과실에서 탈출하여 땅속에서 용화 및 월동을 한다.

효과적인 방제를 위해서는 피해를 입은 과실이나 잔재물을 즉각 밀봉해 폐기해야 하며, 5월중 토양소독(카두사포스, 카보설판 입제)을 통해 월동 번데기의 밀도를 낮추어야 한다(농촌진흥청 2011, 전 등 2014). 또한 성충에 의해 산란 피해가 발생하는 6-8월 사이에 주기적인 발생 예찰과 방제를 집중해야 한다(농촌진흥청 2011).

(13) 버섯혹파리

gall midge, *Mycophila speyeri* Barnes (Diptera: Cecidomyiidae)

버섯혹파리는 국내에서는 2003년 처음 보고되었으며, 일본에서는 1984년 미야자키현의 느타리버섯(oyster mushroom) 공장에서 발견되었다(Yukawa 1996, Kim *et al*. 2004b). 버섯 균사(mycelium)와 배지의 영양분을 흡즙하고 자실체의 갓과 대에도 침입하여 피해를 유발한다. 유생생식을 하며 유충은 오렌지색을 띤다. 발육중인 유충의 체내에서 배(embryo)가 만들어져 혈림프로 방출된 후 유충으로 자라게 된다. 어미 유충은 계속 자라게 되며 딸 유충은 어미 유충의 지방체와 다른 기관을 흡수한다. 어미 유충이 죽게 되면 25-30마리의 딸 유충이 나와서 계속 발육을 한다(White & Czajkowska 2000). 이러한 생식 방법 때문에 개체군 성장 속도가 매우 빠르며 방제하기가 더욱 힘들다.

트리아진계 살충제과 디밀린수화제(IGR 계통), 마일즈응애(*Hypoaspis miles*)와 같은 천적응애류, *Heterorhabditis*류와 같은 곤충병원성 선충을 방제에 이용할 수 있다(Kim *et al*. 2004b). 이외에도 버섯에 피해를 주는 파리류로는 긴수염버섯파리, 버섯벼룩파리, 털파리붙이, 버섯혹파리 등이 있다.

(14) 온실가루이

greenhouse whitefly, *Trialeurodes vaporariorum* (Westwood) (Hemiptera: Aleyrodidae)

온실가루이는 전 세계적으로 분포하며, 국내에서는 채소와 화훼류 등에 속하는 27과 39종의 식물을 가해하는 것으로 알려져 있다. 온실가루이는 국내에선 1977년 최초 발견되었으나 이후 큰 문제가 되지 않았다가 1983년 수원에서 재발견된 후 전국적으로 확산되어 큰 피해를 주고 있다(Park *et al*. 1998).

성충, 약충 모두 잎 뒷면에서 구침으로 흡즙하며(**그림 7-4-10**) 작물에 시들음, 퇴색, 낙엽, 고사 등의 증상을 유발한다. 오이의 황화병을 매개하며 배설물(감로)은 그을음병을 유발한다(**그림 7-4-10**). 온실에서는 1년 10세대 이상 발생한다. 암컷 성충은 150-300개를 산란하며, 알에서 성충까지는 3-4주가 소요된다. 유충도 번데기와 같이 피막 속에 있다.

온실가루이의 방제는 주로 델타메트린 유제, 아세타미프리드 액제, 에마멕틴벤조에이트 유제, 에토펜프록스 유제, 이미다클로프리드 수화제, 플로니카미드 입상수화제, 피메트로진 수화제와 같은 살충제에 의존하고 있으나(KCPA 2024) 저항성 발달이 문제가 되고, 또한 왁스를 분비하여 외부를 보호하므로 화학적 방제가 어렵다. 피레스로이드계와 유기인계 살충제에 대한 저항성은 1970년대와 1980년대에 이미 보고되었으며, 최근에는 네오니코티노이드계인 이미다클로프리드에 대한 저항성을 가지고 있는 것으로 영국에서 보고되었다(Gorman *et al*. 2007).

온실가루이의 경우 생물적 방제가 그동안 비교적 성공적으로 시행되었으며, 대표적인 방제인자는 기생벌인 온실가루이좀벌[*Encarsia formosa* (Gahan)]이다. Park *et al*. (1998)은 온실가루이좀벌과 키틴합성 저해제나 유약호르몬 유사체와

그림 7-4-10. 온실가루이의 성충이 토마토 잎 뒷면에 무리지어 있는 모습(A)과 토마토 잎(B)과 과실에 나타나는 그을음병(C).

같은 곤충생장조절제와 함께 사용하여 그 효과를 증대 시킬 수 있다고 하였다. 하지만 온실가루이좀벌과 같은 천적을 이용한 생물적 방제의 효과가 작물의 종류, 환경 조건 등에 의해 영향을 많이 받기 때문에 그 효과가 항상 일정하지 않다는 점에 유의해야 한다(Berndt & Meyhöfer 2008).

온실가루이의 성충은 특히 노란색에 유인이 잘 되는데, 성충의 밀도 조사나 혹은 방제를 위해서 노란색끈끈이트랩이 일반적으로 널리 사용되고 있다. Lee *et al*. (2009b)은 온실가루이가 가지에 유인이 잘 되어 포인세티아 하우스에서 유인작물로 사용할 수 있지만, 오히려 유인작물인 가지에서 온실가루이의 발육이나 성장이 향상되어 주의가 필요하다고 하였다. 유럽에서는 장시간 인공조명으로 하우스에서의 장미 생산량과 품질을 향상시키고 있으며, 24시간 인공조명으로는 장미의 흰가루병까지 억제하는 효과가 있는데, 이 것은 분생포자의 생성과 싹트기가 억제되기 때문이라고 하였다(Johansen 2009). 또한 24시간 인공조명은 온실가루이의 성장도 억제하는 것으로 보고되었다(Johansen 2009).

온실가루이와 관련 흥미로운 사실은 중국의 북부 지방에서 2000년 이후 온실가루이에 의한 피해가 점차적으로 감소하는 대신 1990년 후반에 침입한 담배가루이에 의한 피해가 늘고 있다는 점이다. 이에 대해 Zhang *et al*. (2011)은 담배가루이가 토마토 하우스에서 온실가루이에 비해 발육, 생존력, 산란수 등에서 우수해서 개체군밀도가 2.3배 더 많아지는 것을 발견하고, 같은 밀도에서 출발한다면 짧게는 4세대 만에 담배가루이가 온실가루이를 대체할 수 있다고 하였다. 이러한 현상은 국내에서도 확인되었는데, 논산, 부여, 익산 소재 3곳의 시설 토마토에서 조사한 결과 논산과 부여 2개 지역에서 담배가루이의 발생이 더 높았다고 하였다(Seo *et al*. 2020a).

(15) 담배가루이

sweetpotato whitefly, *Bemisia tabaci* (Gennadius)
(Hemiptera: Aleyrodidae)

담배가루이는 전 세계적으로 분포하며 약 600여 종의 식물에 발생하는 주요 흡즙성 해충이다(Lee *et al.* 2005). 100여 종의 바이러스병도 매개하며 [토마토에서는 토마토황화잎말림병 tomato yellow leaf curl virus (TYLCV)를 매개한다(Matsuura & Hoshino 2008)(**그림 7-4-11**)], 배설물에 의해서 그을음병도 유도된다. 세계 침입생물종 데이터베이스(www.issg.org/database)는 가장 심각한 피해를 주는 100대 침입 생물종에 담배가루이를 포함시켰다.

그림 7-4-11. 담배가루이의 번데기(A), 성충(B), 토마토 황화잎말림 바이러스병의 모습(C).

담배가루이는 적어도 형태적으로 구분하기 어려운 11개의 생태형 그룹으로 이루어져 있다. 이들은 선호하는 기주의 종류, 분산 정도, begomovirus의 전파 정도, 살충제 저항성 발달 정도, 생리적 변화를 유발하는 정도의 특징들을 유전자 그룹간 서로 공유하고 있거나 그룹내변이로 나타난다(De Barro *et al.* 2011). De Barro *et al.* (2011)은 지금까지 알려진 유전자 정보를 바탕으로 담배가루이 그룹이 3.5%의 분리한계(divergence limit)에서 생식적 격리가 거의 대부분 가능한 24개의 종으로 분류할 것을 제안하였다. 국내에서는 넓은 기주범위, 높은 번식률, 고도의 농약 저항성을 보이는 담배가루이 B 계통이 1998년 충북 진천의 장미 온실과 경기 고양 및 서울 내곡동의 포인세티아 온실에서 최초로 발생하였으며, 2005년에는 충남 부여 등지에서 조사된 담배가루이 중 Q 계통이 발견되었다(Lee *et al.* 2005). 2005년 4월에는 남부 지방의 하우스 고추와 토마토에서 대발생하였고, 2007년에는 성주 참외 재배지에서 대발생하였다.

담배가루이에 의한 직접적인 피해는 백화현상(chlorotic spotting), 검은색 혹은 갈색 반점 형성, 황화현상, 조기낙엽, 시들음, 작물의 성장지연, 생산량과 품질의 감소와 같이 국부적으로 나타나는 경우와 토마토의 불규칙적인 숙성, 호박의 은색잎(silverleaf), 상추 줄기의 백화, 유채속(*Brassica* spp.) 식물의 흰줄무늬와 같은 식물체 전체 또는 생리적으로 나타나는 것으로 구분할 수 있다(Xue *et al.* 2010).

방제 약제로는 델타메트린 유제, 사이안트라닐리프롤 액상수화제, 아세타미프리드 수화제, 에마멕틴벤조에이트 유제, 이미다클로프리드 수화제, 피리다벤 수화제 등이 등록되어 있다(KCPA 2024). 네오니코티노이드계인 이미다클로프리드가 가장 일반적으로 많이 사용되었지만 약제 저항성이 발달하여 다른 계통의 약제 사용이 필요하다(Byrne *et al.* 2010). 미국의 목화 재배지에서는 IGR계통인 뷰프로페진이나 피리프록시펜을 담배가루이 발생 초기에 사용하여 지난 12년간 성공적으로 관리하였으며, 이는 선택성이 우수하기 때문에 천적 보존을 통한 생물적 방제와 함께 적용이 가능하다고 하였다(Naranjo & Ellsworth 2009). 스페인에서는 하우스 오이에서 지중해이리응애(*Amblyseius swirskii*)를 m^2당 75마리를 방사하여 담배가루이뿐만 아니라 꽃노랑총채벌레까지 성공적으로 방제하였다고 하였다(Calvo *et al.* 2011). 또한 Chung *et al.* (2013)은 방충망 설치로 온실내 담배가루이에 의한 토마토황화잎말림병을 예방할 수 있다고 하였다.

(16) 복숭아혹진딧물

green peach aphid, *Myzus persicae* (Sulzer)
(Hemiptera: Aphididae)

복숭아혹진딧물은 전 세계적으로 분포하며 과수, 채소, 화훼류 등 66과 300여종의 식물을 가해하는 것으로 알려져 있다(Kim *et al.* 2005a) **(그림 7-4-12)**. 성충, 약충이 어린 싹이나 잎 뒷면에서 흡즙을 하며 감로로 인한 그을음병을 유발한다. 피해엽은 위축되고, 신초의 경우 신장이 억제된다. 작물의 생육이 정지되며, 심하면 식물이 고사한다. 또한 복숭아혹진딧물은 100여 종의 식물 바이러스를 매개하며(Shim *et al*. 1977), 탈피각 및 배설물은 미관을 해친다. 추운 지방에서는 알로 과수의 겨울눈이나 겉껍질 속에서 월동하며, 따뜻한 지방에서는 무시충 암컷으로 월동한다. 연간 9-23세대가 발생하며 세대교번을 한다(**그림 7-4-13**). 체색에 따라 녹색계통(복숭아나무)과 적색계통(여름기주에서)으로 나뉜다. 성충 암컷은 평균 50마리(최대 118)의 새끼를 낳는다. 알에서 성충까지 발육기간은 11일이다(Shim *et al*. 1977).

그림 7-4-12. 복숭아혹진딧물(루꼴라).

복숭아혹진딧물의 방제법 중 화학 살충제의 경우 이미 유기인계 살충제에 대해 저항성을 가지고 있어, 이미다클로프리드나 티아메톡삼과 같

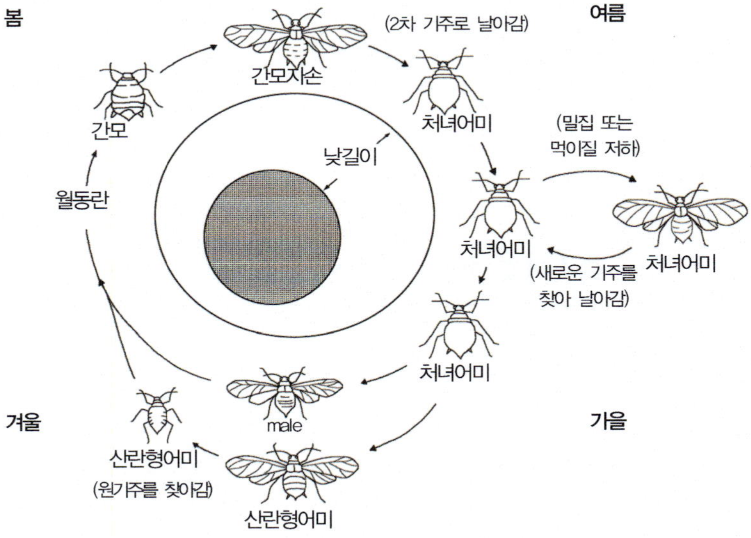

그림 7-4-13. 진딧물의 세대교번(Chapman, 1998).

은 네오니코티노이드계 살충제들이 널리 사용되어 왔으나, 최근에는 이미다클로프리드에 대해서도 영국, 그리스, 미국, 일본 등에서는 저항성이 보고 되었다(Srigiriraju *et al*. 2010). 또한 기준보다 적은 농도로 이미다클로프리드를 살포할 경우 복숭아혹진딧물의 산란수가 증가하는 현상이 발견되었는데[68], 이것은 이미다클로프리드가 진딧물의 유약호르몬 (juvenile hormone) III의 농도를 높이기 때문인 것으로 보고되었다(Yu *et al*. 2010). 이와 같이 살충제가 해충에게 유리하게 작용하는 것은 해충의 격발 현상의 원인이 된다.

그림 7-4-14. 진딧물 천적인 풀잠자리의 알.

살충제 외에는 진딧물의 초기 밀도가 낮을 경우에 천적유지식물(banker plant)에 기장테두리진딧물 또는 보리두갈래진딧물을 접종한 후 콜레마니진디벌을 방사하여 생물적 방제 및 예방을 할 수 있다(Kim & Kim 2003). 이외 혹파리류(Choi *et al*. 2001b)와 무당벌레, 풀잠자리(**그림 7-4-14**) 등의 포식 천적을 사용할 수 있다. 특히 배추는 복숭아혹진딧물에 의해 피해를 받게 되면 화학물질을 분비해서 무당벌레를 유인하게 되는데, 풀잠자리와 같은 다른 천적류는 유인되지 않는 것으로 보아 종 특이적인 반응을 보이는 것으로 밝혀졌다(Yoon *et al*. 2010). 개미류는 진딧물이 감로나 먹이원으로 매우 중요하여 다른 천적으로부터 보호를 해주기 때문에(Powell & Silverman 2010), 천적의 사용 전에 개미 개체군의 유무를 먼저 확인하는 것이 좋다.

한 가지 흥미로운 점은 복숭아혹진딧물은 담배에서 담배가루이와 같이 발생하지 않는 것이 중국에서 발견되었는데, 그 이유는 담배가루이가 작물에 국부적으로 혹은 식물 전체적으로 복숭아혹진딧물에 대한 방어물질을 분비하게끔 해서 복숭아혹진딧물의 생존율이 9.3배로 떨어지기 때

68) 이것을 호르메시스(hormesis)라 한다. 호르메시스는 그리스어로 '자극한다' 혹은 '촉진한다'는 뜻이다.

문이라고 하였다(Xue *et al*. 2010). 이것은 작물의 유도된 저항성 기작의 예라고 할 수 있다.

Jeon *et al*. (2008)은 복숭아혹진딧물의 경우 [보통 경제적피해수준(EIL)의 80% 선에서 요방제밀도 수준을 설정하고 있기 때문에] 어린 봄배추 정식초기 복숭아혹진딧물 요방제밀도는 진딧물의 누적발생일수(cumulative aphid days, CAD) 값이 20이 될 때라고 제시 하였다. 이것은 어린 배추에서 복숭아혹진딧물 5마리가 4일 동안 흡즙하게 되면 경제적 피해가 발생한다는 것을 의미한다.

(17) 목화진딧물

cotton aphid, *Aphis gossypii* Glover (Hemiptera: Aphididae)

목화진딧물은 1854년 콜롬비아와 미국의 사우스캐롤라이나에서 처음 발견되었으며, 기주범위가 넓어 90과(Family) 이상의 식물에서 발견된다(Powell & Silverman 2010). 목화나 오이가 재배되는 지방에는 전 세계 어디에나 분포하고 있다(Shim *et al*. 1979)(**그림 7-4-15**). 성충과 약충이 어린 싹이나 잎 뒷면에 무리지어 흡즙하며 60여종의 바이러스를 매개한다. 피해를 받은 잎은 오글오글하게 말리며 생육이 지연된다. 전개엽의 황화현상과 함께 감로로 인한 그을음병을 유발하여 작물의 광합성을 저해하고 상품가치를 떨어뜨린다. 복숭아혹진딧물에 비해 크기가 작고, 뿔관은 검은색이며, 체색변이가 심하다. 무궁화, 석류, 부용나무 등의 겨울눈이나 겉껍질에서 알로 월동한다. 연간 6-22 세대가 발생하며 온실에서는 연중 발생한다. 잎들깨 시설하우스에서는 4월 초순에 발생하여 5월 하순에 최성기를 보였다(Choi *et al*. 2006a). 암컷 성충은 평균 70마리(최대 117마리)의 새끼를 낳는다(Shim *et al*. 1979). 알에서 성충까지의 발육기간은 8일이다(Shim *et al*. 1979). 2013-2016년 제주지역 시설딸기에서는 점박이응애와 꽃노랑총채벌레와 함께 발생과 피해가 가장 큰 해충으로 보고되었다(Yang *et al*. 2016).

목화진딧물 역시 복숭아혹진딧물과 같이 유기인계와 카바메이트계 살충제뿐만 아니라 아세타미프리드나 클로티아니딘, 티아메톡삼과 같은 네오니코티노이드계 살충제에 대해서도 저항성이 최근에 보고 되었다(Herron & Wilson 2011). 시설하우스에서는 해충들이 다발생하고 방제가 어려워 많은 양의 살충제를 사용하는 경우가 많아 살충제 저항성 해충의 출현 가능성이 높고 농업인 대한 중독을 일으킬 수 있다. 이러한 부작용을 최소화하기 위해 Kang *et al*. (2014)은 무인 연무방제기(dry fog sprayer)를 이용해서 복숭아혹진딧물과 목화진딧물의 밀도를 관행방제구와 유사한 방제 효과를 얻을 수 있었다(방제가 61.0~94.1%). 친환경 하우스 오이에서는 정식 후 목화진딧물 발생초기(10마리 내외/50엽당)에 천적유지식물을 심고, 이후 목화진딧물 밀도가 상승할 때 콜레마니진디벌 번데기를 2주일 내외의 간격으로 3회 방사하면 효과적이다(농촌진흥청 2011)(**그림 7-4-16**).

그림 7-4-15. 목화진딧물이 오이(A)와 단호박에서 발생한 모습(B).

그림 7-4-16. 목화진딧물 머미.

(18) 싸리수염진딧물

foxglove aphid or glasshouse potato aphid, *Aulacorthum solani* (Kaltenbach)

싸리수염진딧물은 아마도 유럽이 기원으로 전 세계에 걸쳐 분포하는 중요한 농업해충이다(Takada *et al.* 2006). 다식성으로 기주 식물은 가지, 상추, 콩, 감자, 고추, 팥, 오이, 녹두, 결구상추, 멜론, 수박, 아욱, 참외, 호박, 황기 등을 포함 25과 96종이 있으며, 40여종의 바이러스를 매개한다(Lee *et al.* 2008a)**(그림 7-4-17)**. 유럽에서는 고추의 중요한 해충으로 알려져 있으며, 한국과 일본에서는 콩의 해충이다(Jandricic *et al.* 2010). 싸리수염진딧물의 침샘 분비물이 고추 작물에 황화현상 및 낙엽, 과일의 변색, 기형과를 유발하는 치명적인 독소로 작용한다(Sanchez *et al.* 2007). 일본에서는 2000년대 초에 미야기현과 야마가타현의 콩 재배지에서 대발생한 예가 있다(Takada *et al.* 2006).

그림 7-4-17. 콩잎을 흡즙하는 싸리수염진딧물.

더듬이가 몸길이의 1.5-1.8배로 길다. 싸리나무, 참소루쟁이, 레드클로버 등에서 알로 월동하고 4월 중하순에 부화하여 간모가 되며, 2~3세대 경과 후 5월 하순~6월 상순에 유시충이 나타나 점차 여름 기주로 이동한다(Lee *et al.* 2008a). 여름기주로 이동 후 10여 세대를 경과하고 10월 하순에 겨울 기주로 다시 이동하여 알을 낳는다(Lee *et al.* 2008a). 하지만 따뜻한 지역이나 온실, 시설재배지에서 무시충으로 단위 생식하며 월동하는 것도 있는 것으로 보고되었다(Lee *et al.* 2008a). 발육기간은 22.5℃에서 6.6일이 소요되며(Lee *et al.* 2008a), 25℃에서 가장 짧다고 보고되었다(Jandricic *et al.* 2010). 방제 약제로는 디노테퓨란 입상수화제, 스피로테트라맷 액상수화제, 이미다클로프리드 액상수화제, 티아클로프리드 액상수화제, 플로니카미드 입상수화제 등이 등록되어 있다(KCPA 2024).

(19) 꽃노랑총채벌레

western flower thrips, *Frankliniella occidentalis* (Pergande) (Thysanoptera: Thripidae)

그림 7-4-18. 꽃노랑총채벌레의 암컷 성충(A)과 단호박에서 발생한 모습(B).

꽃노랑총채벌레는 채소, 화훼류 등 광범위한 기주를 가지고 있으며, 1980년 이전엔 미국 서부의 지역 종이었으나 이후 전 세계로 확산된 해충이다. 한국에서는 1993년 9월 제주도 감귤에서 처음 발견되었다. 유충, 성충 모두 잎, 줄기, 꽃잎 등을 흡즙해서 피해를 준다. 성충은 주로 꽃을 선호하여 꽃의 조기 낙화, 기형과실을 유발하여 과채류에서 피해가 크다**(그림 7-4-18과 그림 7-4-19)**. 피해 받은 잎은 은색으로 되고 검은 반점이 붙어 있다. 꽃노랑총채벌레는 토마토 반점위조바이러스(tomato spotted wilt virus, TSWV)와 같은 토스포바이러스(tospovirus)를 매개하여 북미와 유럽에서 큰 피해를 주었으며, 최근에 국내에서도 확산되고 있어 방제 및 예방이 필요한 실정이다(김과 최 2014)**(표 7-4-19와 그림 7-4-20)**. 고추에서는 과실 끝부분에 부착된 꽃잎 밑에서 총채벌레가 가해함에 따라 이 부위에 검은색의 가해 흔적이 남게 되며, 고추가 붉게 변해감에 따라 피해부위가 백색으로 되어 상품가치가 하락하게 된다(Moon *et al*. 2006). 또한 기형과의 발생이 많아지게 되며 과실 꼭지 부분이 총채벌레가 가해함에 따라 거칠게 된다고 보고되었다(Moon *et al*. 2006). 총채벌레에 의한 고추의 피해과율은 전북 임실지역에서는 8월 상순에 2

0.8%로 가장 높았으며, 꽃당 발생밀도는 7월 중순에 가장 높았다(Moon *et al*. 2006).

알, 1영충, 2영충, 전용(prepupa), 용(pupa), 성충의 6단계로 생활사가 구분되는데, 유충은 주로 잎 뒷면이나 땅 속에서 용화한다[69]. 다른 곤충과 달리 전용 기간이 있는데, 전용은 용과 같이 섭식하지 않고 날개가 될 부위가 밖으로 노출되어 있지만 전용 단계에서 날개가 될 부위가 더 짧은 것이 특징이다. 암컷 성충은 20-170여개를 산란한다. 피망에서는 피해과율 5%를 유발하는 꽃노랑총채벌레 밀도 수준은 수확 2주 전 끈끈이트랩에 일주일간 채집된 개체수가 4.8마리, 꽃에서는 0.9마리 수준이었고, 가지에서는 수확 2주 전에 일주일간 끈끈이트랩에서의 성충 유살수가 10마리가 되는 수준이었다(Park *et al*. 2009b).

꽃노랑총채벌레는 많은 종류의 살충제에 대해 저항성을 발달시킬 수 있는 것으로 알려졌다. 따라서 저항성 발달을 최소화시키는 방향으로 살충제가 사용되어야 하며, 호주에서는 두 가지 다른 그룹의 약제를 각각 3회씩 연속적으로 3-6일 간격으로 사용하는 것을 추천하고 있다(Kay & Herron 2010). 호주의 고추에서는 스피노사드와 피프로닐, 메타미도포스 등이 유충 및 성충에 효과적이다고 하였다(Kay & Herron 2010). 이외 국내에서는 스피네토람 액상수화제, 아바멕틴 유제, 아세타미프리드 수화제, 에마멕틴벤조이이트 유제, 클로르페나피르 액상수화제, 플룩사메타마이드 유탁제 등이 등록되어 있다(KCPA 2024).

Kim *et al*. (2009c)는 꽃노랑총채벌레의 초기 밀도가 엽당 18.3마리에 이르는 1,600m^2 규모의 오이 포장에서 지중해이리응애(*Amblyseius swirskii*)를 오이 한 주 당 25마리 정도 1회 방사한 결과, 경제적 피해 없이 꽃노랑총채벌레를 생물적으로 방제하는데 성공한 바 있다. 지중해이리응애는 담배가루이 방제에도 사용되는데, 스페인의 하우스 오이에서 m^{2}당 75마리의 지중해이리응애를 방사하여 담배가루이와 총채벌레를 동시에 효과적으로 방제할 수 있다고

69) 이러한 생태적 특성을 이용해 식물 지제부에 끈끈이트랩을 설치하여 방제하는 물리적 방제법도 시도되고 있다.

하였다(Calvo *et al*. 2011).

호주의 딸기 하우스에서는 비교적 종합적해충관리에 교효성 있게 사용될 수 있는 살충제인 스피노사드를 먼저 살포한 후 포식성 응애인 오이이리응애(*Neoseiulus cucumeris*)와 마일즈응애(*Hypoaspis miles*)를 함께 처리하여 총채벌레의 밀도를 유의성 있게 억제할 수 있다고 하였다(Rahman *et al*. 2011). 꽃노랑총채벌레의 생물적 방제인자로 애꽃노린재도 또한 널리 사용되고 있는데, 애꽃노린재가 포식을 통해 총채벌레의 밀도를 억제하는 것 이외에도 토마토의 식물조직에 산란하는 행동 자체가 식물의 방어물질인 자스몬산을 분비하게 하여 총채벌레에 의한 섭식을 억제시키는 효과도 있다는 흥미로운 연구 결과도 보고되었다(De Puysseleyr *et al*. 2011). 또한 최근에는 초저농도산소처리법(ULO treatment)으로 저장 상추의 품질을 저하시키지 않고 총채벌레를 방제할 수 있다고 하였다(Liu 2011; 4장 해충의 방제법 참고).

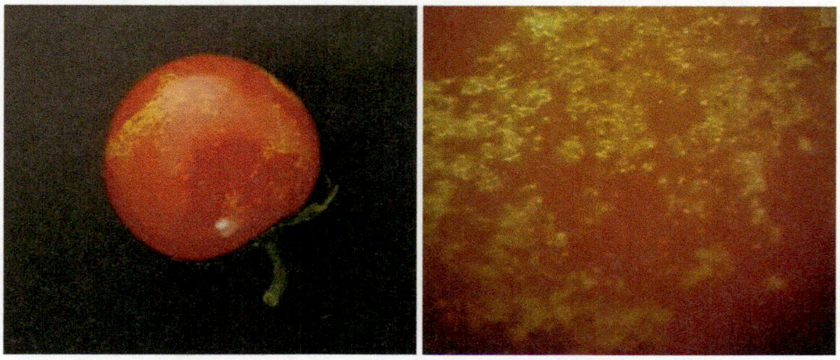

그림 7-4-19. 꽃노랑총채벌레에 의한 방울토마토 과실의 피해.

표 7-4-1. 총채벌레와 매개 바이러스

Vector species	Tospovirus species transmitted
Franklinella bispinosa	TSWV
F. fusca	INSV, TSWV
F. intonsa(대만총채벌레)	TSWV(토마토반점위조바이러스)
F. occidentalis(꽃노랑총채벌레)	CSNV, GRSV, INSV, TCSV, TSWV
F. schultzei "dark form"	CNSV, TSWV, GRSV, TCSV
F. schultzei "light form"	TSWV, TCSV
Thrips palmi(오이총재벌레)	GBNV, TSWV
T. setosus	TSWV
T. tabaci	IYSV, TSWV

(*CSNV = chrysanthemum stem necrosis virus; GBNV = groundnut but necrosis virus; GRSV = groundnut ringspot virus; INSV = impatiens necrotic spot virus; IYSV = iris yellow spot virus; TCSV = tomato chlorotic spot virus; TSWV = tomato spotted wilt virus.)

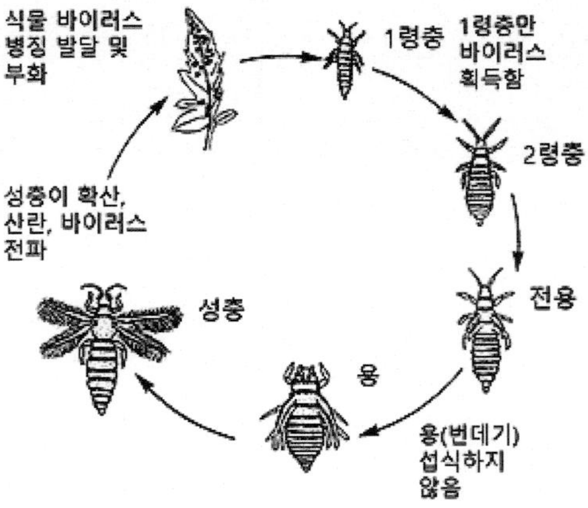

그림 7-4-20. 총채벌레에 의한 바이러스 매개 과정.

(20) 대만총채벌레

garden thrips, Frankliniella intonsa (Trybom) (Thysanoptera: Thripidae)

대만총채벌레는 아시아, 유럽, 미주 지역 등 널리 분포하고 있으며, 매우 다양한 식물에 서식한다(Wang *et al*. 2010). 대만총채벌레도 꽃노랑총채벌레와 같이 꽃에 많이 발생한다(**그림 7-4-21와 그림 7-4-22**). 성충은 흑색이나 암갈색을 띄고 있다. 딸기하우스에서는 3월 하우스 개방과 더불어 외부의 잡초에서 유입되어 수확 말기에 많은 피해를 준다(Seo *et al*. 2006). 고추에서도 피해를 주며, 2002-2004년 사이 전북지역의 고추에서는 꽃노랑총채벌레보다 대만총채벌레의 밀도가 더 높아 우점종이었다(Moon *et al*. 2006). 2009년 이후에는 일본 오키나와 섬의 하우스 피망에서 밀도가 높아져 피해를 주기 시작했으며 확산이 우려된다고 하였다(Kijima *et al*. 2011).

그림 7-4-21. 꽃노랑총채벌레(왼쪽)와 대만총채벌레(오른쪽)암컷 성충의 모습 비교.

그림 7-4-22. 참외 꽃에 침입한 대만총채벌레.

대만총채벌레 적용 약제로는 스피네토람 입상수화제, 아세타미프리드 입상수화제, 에마멕틴벤조에이트 유제, 클로르페나피르 액상수화제 등이 알려져 있으며(KCPA 2024), 현재까지는 침입종인 꽃노랑총채벌레에 비해서는 살충제 감수성이 높은 것으로 알려졌다(Cho *et al.* 2018, Bhuyain & Lim 2020).

Nagai & Hikawa (2010)는 토마토에서 대만총채벌레 방제를 위해 California poppy와 페튜니아를 유인작물로 재배하면 효과가 있다고 하였다. 이는 꽃노랑총채벌레와 대만총채벌레와 같은 꽃총채벌레류가 작물의 꽃을 선호하는 현상을 이용한 것으로 꽃노랑총채벌레의 경우 분화용 국화재배 온실에서는 개화된 국화를 심어서 방제할 수 있다고 하였다(Buitenhuis & Shipp 2006).

최근 연구에 의하면 일부 지역에서 토착종인 대만총채벌레의 밀도가 침입종인 꽃노랑총채벌레에 비해 상대적으로 높은 것이 보고되었는데(Bhuyain & Lim 2019), 이러한 현상은 대만총채벌레의 생물적 저항성(biotic resistance)의 기작으로 나타나는 것일 수 있으며, 두 종간의 경쟁력과 환경 적응성에서 차이가 있기 때문이라고 하였다(Bhuyain & Lim 2019, Bhuyain & Lim 2020). 하지만 대만총채벌레가 아직까지는 살충제에 대한 감수성이 높다고 알려져 있어서(Bhuyain & Lim 2020) 살충제 사용이 빈번한 곳에서는 그러한 비대칭성이 영향을 받을 수 있을 것이다.

(21) 파총채벌레

onion thrips, *Thrips tabaci* Lindeman (Thysanoptera: Thripidae)

파총채벌레는 전 세계적으로 분포하며, 양파와 파, 배추의 주요 해충으로 알려져 있다(Morishita 2008). 성충과 유충 모두 식물의 줄기, 꽃, 잎 등에서 서식한다. 다만 꽃노랑총채벌레와는 달리 주로 잎에서 발견되며 꽃노랑총채벌레보다 크기가 작다. 국내에서는(수원과 아산) 대파와 쪽파 모두에서 가장 우점하는 해충으로 보고되었다(Goh *et al*. 1992). 일본에서는 귤과 감에서도 발생하였는데, 감에서는 파총채벌레에 의해 과실 표면이 청동색으로 되며, 밀도가 높으면 조기 열매 떨어짐을 유발하는 것으로 보고되었다(Morishita 2008).

파총채벌레는 델타메트린과 다이아지논과 같은 유기인계 살충제에 대한 저항성이 이미 보고 되었다(Martin *et al*. 2003). 국내에서는 아바멕틴 유제, 아세타미프리드 수화제, 에마멕틴벤조에이트 유제, 클로르페나피르 유제 등이 등록되어 있다(KCPA 2024). 일본에서는 투명한 폴리비닐클로라이드 필름으로 바닥덮기하여 토양의 온도를 최대 44°C까지 올릴 수 있으며, 이는 파총채벌레의 우화를 감소시킨다고 하였다(Shibao *et al*. 2010). Larentzaki *et al*. (2008)은 소수성 카올린 용액을 살포하면 파총채벌레의 밀도를 억제 할 수 있다고 하였는데, 이는 카올린 입자가 식물체 표면에서 가루막을 형성하여 총채벌레의 산란율과 부화율을 떨어드리며, 또한 발육을 지연시켜 사망률을 증가시키기 때문이다.

(22) 오이총채벌레

melon thrips, *Thrips palmi* Karny (Thysanoptera: Thripidae)

오이총채벌레는 원래 1925년 인도네시아 수마트라에서 최초로 보고되었다. 1977년 필리핀의 Luzon와 Laguna 지방에서 대발생하여 수박 생산량을 80%이상 감소시키기 전까지는 별로 관심을 두지 않았던 종이었다(Cannon *et al*. 2007a). 현재는 유럽을 제외한 전 세계로 분포범위가 넓어졌으며, 영국에서는 2000년 Sussex 지방에 침입해서 정착 및 대발생한 오이총채벌레를 초기 완전구제 프로그램(살충제, 트랩, 훈증제 등을 이용해서)으로 7개월 후에 방제에 성공하였으며, 이듬해인 2001년에 완전구제를 선포한 예가 있다(Cannon *et al*. 2007b).

국내에서는 1993년 제주의 하우스 고추에서 처음 발견되었고, 1994년에는 863ha의 제주 감자 재배지에서 대발생하여 감자 생산을 불가능하게 하였다. 이후 한반도 전역으로 확산되었으며 주로 하우스 오이와 수박의 주요 해충이 되었다(Lee *et al*. 2001).

오이총채벌레는 다수의 살충제에 저항성을 이미 발달하였으며, 감수성인 살충제라 하더라도 가지의 꽃받침과 같이 살충제가 잘 닿지 않는 부위에 주로 서식하기 때문에 살충제만으로는 방제가 어렵다(Cannon *et al*. 2007a). 지금까지의 기록으로는 메티오카브, 살충성 비누액, 아바멕틴, 이미다클로프리드, 클로르페나피르, 스피노사드 등이 효과적이었다(Cannon *et al*. 2007a). 국내에는 스피노사드 입상수화제, 아바멕틴 유제, 아세타미프리드 수화제, 에마멕틴벤조에이트 유제, 클로르페나피르 유제 등이 등록되어 있다(KCAP 2024).

일본에서는 애꽃노린재류인 *Orius sauteri*와 *Orius strigicollis*가 생물적 방제원으로 등록되어 있으며, 꽃노린재류인 *Wollastoniella rotunda*도 효과적이었다고 하였다. 특히 *W. rotunda*는 오이총채벌레나 차응애(*Tetranychus kanzawai*)에 의해 피해를 받은 가지가 발산하는 화학물질에 잘 유인이 되는 것으로 알려졌다(Uefune *et al.* 2010). 그 외 방제법으로는 은색의 폴리에틸렌 필름으로 바닥덮기하거나 끈끈이판을 이용하는 것 등이 있다(Cannon *et al.* 2007a).

(23) 땅강아지

African mole cricket, *Gryllotalpa africana* Palisot de Beauvois (Orthoptera: Gryllotalpidae)

땅강아지는 보리, 감자, 양파, 당근 등의 채소와 소나무, 참나무 등의 묘목, 인삼 등을 가해하는 해충이다. 약충과 성충이 흙속에서 이동하면서 뿌리를 갉아 먹고 땅을 들뜨게 해서 말라 죽게 한다. 야간에는 어린 묘목이나 새순을 잘라 먹기도 한다. 땅속 10-20cm에 흙집을 만들고 서식한다. 흙속에서 월동한 약충은 주로 9-10월에 우화하고 그 중 일부 약충은 월동하여 8월경에 우화하므로, 연간 1회 혹은 2년 1회 발생한다(Kim 1995). 암컷 성충은 평균 1.2개의 산란실에 평균 36개의 알을 낳는 것으로 조사되었다(Kim 1995). 수컷이 소리를 낸다.

방제 약제로는 이미다클로프리드 분산성액제, 터부포스 입제 등이 있으며(KCPA 2024), 곤충병원성 선충을 생물적 방제원으로 사용할 수 있다. Graaf *et al.* (2004)는 땅강아지(*G. africana*)는 아프리카에서만 분포하는 종이라고 하였으며, 미국, 아시아, 호주 등에서 보고된 이 종의 동정에 대한 의문을 제시하였다.

(24) 점박이응애

two-spotted spider mite, *Tetranychus urticae Koch* (Acari: Tetranychidae)

점박이응애는 채소, 화훼, 과수, 잡초 등 다양한 기주 식물에 서식하며 전 세계적으로 분포하는 중요한 농업해충이다(Ahn *et al*. 2004)(**그림 7-4-23**). 전 세계적으로 2차 세계대전 이후 DDT의 과다사용으로 새롭게 등장한 해충이다. 주로 잎 뒷면에서 흡즙하기 때문에 피해 증상이 잘 나타나지 않으며, 신초 부위에 집단 가해하여 잎의 전개를 막고, 생육 지연, 신초부위 고사 등을 유발한다. 또한 밀도가 올라가면 탈피각, 거미줄 등으로 미관을 해친다. 온대 지방에서는 연간 10-11회 발생하며, 가을이 되면 암컷은 먹이를 섭취하지 않고, 체색이 오렌지색이나 붉은색[70]으로 바뀌어 월동형이 되는데, 이러한 월동형 암컷은 기주식물로부터 지면으로 집단적인 이동을 하여 나무껍질, 낙엽 등의 은신처에서 월동한다(Lim *et al*. 2008). 사과에서는 4-5월에 1세대가 주로 잡초에서 증식한 후 과수원의 제초제 사용이나 섭식으로 인해 잡초가 없어지면 사과나무로 이동한다(Kim & Lee 2005). 밀도가 높아지면 거미줄을 치고 바람을 이용해서 이동하며, 알-성충까지(**그림 7-4-24**) 10일이 소요되며, 1,600여개를 산란한다.

그림 7-4-23. 점박이응애에 의한 오이(A)와 장미(B)에서의 피해 증상.

70) 카르테노이드를 체내에 축적하기 때문에 붉은색을 띄며 UV-B에 의한 피해를 줄이기 위한 것이다(Suzuki *et al*. 2009).

방제 약제로는 밀베멕틴 유제, 사이에노피라펜 액상수화제, 아바멕틴 유제, 아조사이클로틴 수화제, 에마멕틴벤조에이트 유제, 클로르페나피르 액상수화제 등이 있다(KCPA 2024). 하지만 산란수가 많고 단위생식, 짧은 세대 기간 등의 특징으로 인해 점박이응애는 지금까지 알려져 있는 해충 종에서 저항성이 보고된 살충제와 살비제의 수가 가장 많은 종이기 때문에 약제 사용시에 저항성 관리에 유의해야 한다(Van Leeuwen *et al*. 2010).

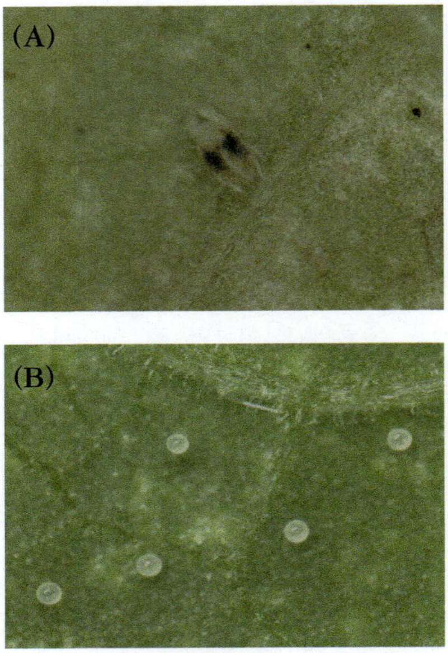

그림 7-4-24. 점박이응애 성충(A)과 알(B)의 모습.

Park *et al*. (2008)은 점박이응애의 친환경적인 방제방법으로 식용유와 계란 노른자를 재료로 한 난황유[71]를 이용하여 점박이응애 성충에 대한 살비효과를 검정하였다. 난황유를 점박이응애에 살포하였을 때 식용유의 처리농도가 높을수록 그리고 처리량이 많을수록 살비력이 더 높았다. 점박이응애의 알을 난황유에 침지 처리했을 경우 살란율은 95%였고 점박이응애가 발생한 장미재배 온실에 0.3%의 해바라기유로 제조한 난황유를 3회 살포 후 69-94%의 높은 방제효과를 확인하였다. Lim *et al*. (2008)은 시설재배 가지에서는 5%의 수량감소를 일으키는 요방제 수준이 주당 1.8마리(초기접종 밀도)로 추정하였고 현실적으로 정식 직후에 방제를 한 후 밀도가 급격히 증가하는 6월 하순 경(엽당 6.1마리

---

71) 난황유(cooking oil & yolk mixture, COY)는 식용유를 계란 노른자로 유화시킨 것으로 농가에서 쉽게 제조해서 사용할 수 있으며, 오이, 상추, 장미 등 각종 작물에 발생하는 흰가루병에 대해 90% 이상의 탁월한 방제효과가 있는 것으로 알려져 있다. 단 재배환경에 따라 방제 효과의 변이가 크고 딸기에서는 5°C 이하나 35°C 이상에서 잎에 반점이 생기는 약해가 발생할 수 있어 유의해야 한다.

가 되는)에 다시 방제를 할 것을 제안했다. 최근에 Ullah & Lim (2015)는 실험실의 포트 실험에서 곤충병원성 곰팡이인 *Beauveria bassiana* GHA를 1×10^8 conidia/ml 농도로 5일 간격으로 2회 살포했을 경우 점박이응애를 성공적으로 방제할 수 있다고 하였다. 또한 식물 추출물로서는 경기도농업기술원이 개발한 커스터드 애플시드 오일과 계피 추출물 혼합물이 방제에 이용되고 있다.

칠레이리응애(*Phytoseiulus persimilis*), 사막이리응애(*Neoseiulus californicus*)와 같은 포식천적을 이용할 수 있으며, 또한 이들 천적과 독성이 적은 약제를 함께 사용할 수도 있다(Ahn *et al*. 2004).

(25) 차응애

Kanzawa spider mite, *Tetranychus kanzawai* Kishida (Acari: Tetranychidae)

차응애는 점박이응애와 기주 및 분포, 가해 양상, 생활사가 비슷하고 특히 녹차나 복분자에서 주요 해충이다(Lim *et al*. 2010). 점박이응애는 몸통 좌우 1쌍의 검은 무늬가 있지만, 차응애는 적갈색이고 불규칙한 검은 무늬가 있다. 전북 익산지역의 복분자 재배지에서는 5월 하순부터 발생하기 시작하여 6-7월에 밀도가 높았다(Lim *et al*. 2010). 방제약제로 사이플루메토펜 액상수화제, 아바멕틴 유제, 에마멕틴벤조에이트 유제, 클로르페나피르 유제 등이 등록되어 있으며(KCPA 2024), 칠레이리응애를 이용한 생물적 방제도 시도되었다(Kim *et al*. 1999, Lim *et al*. 2010).

(26) 차먼지응애

broad mite, *Polyphagotarsonemus latus* (Banks) (Acari: Tarsonemidae)

먼지응애류(tarsonemid)는 주로 각종 식물의 생장점 부위에 기생하여 생육을 저해하거나 화훼류에 기생하여 꽃의 상품가치를 떨어뜨리는 농업상 중요한 해충군이다(Cho *et al*. 1993). 그러나 먼지응애류는 다른 응애류에 비해 몸의 크기가 극히 작아(0.2mm 정도) 육안으로 응애의 존재를 인식하기가 어렵고 농가에서는 작물에서의 피해증상은 나타나지만 해충의 가해를 목격하기가 어려워 바이러스병이나 생리적 장애로 오인하는 경우가 많다(Cho *et al*. 1993) **(그림 7-4-26)**. 차먼지응애의 기주는 노지 및 온실의 쌍자엽식물로 다양하며, 세계적으로 널리 분포하고 있다. 국내에서는 1965년 과수에서 처음 발견된 이후 오이, 딸기 등 채소류와 거베라, 아프리카봉선화(뉴기니아임파티엔스) 등 화훼작물에서 피해가 전국적으로 나타나고 있다(Cho *et al*. 1996).

그림 7-4-25. 차먼지응애의 확대 사진

그림 7-4-26. 차먼지응애에 의한 아이비(A), 파프리카(B), 고추(C), 오이에서의 피해 증상(D

생장점 부근의 어린잎에 많이 발생하며, 피해를 받은 잎은 위쪽 또는 아래쪽으로 말리고 갈색의 광택을 띠며 위축된다(Na *et al*. 2009). 이것은 바이러스병의 증상과 유사한데 농가에서는 플라스틱병으로 알려져 있다. 피해 받은 꽃은 위축되거나 기형이 되며, 꽃잎이 변색되고 시든다 **(그림 7-4-26)**. 피해 과실은 표면이 코르크화 되어 상품성이 없게 된다(Cho *et al*. 1996). 연간 수회 발생하며, 고사된 잎이나 줄기의 틈에서 성충으로 집단을 이루어 월동한다. 잎 뒷면에 50-60여개를 산란하며, 알에서 성충까지 발육기간이 여름에는 1주일 소요된다.

방제 약제로 사이에노피라펜 액상수화제, 아바멕틴 유제, 에마멕틴 벤조에이트 유제, 클로르페나피르 액상수화제 등이 등록되어 있다(KCPA 2024). Seo *et al*. (2020b)은 시설잎들깨에서 6% 피레스럼(pyrethrum) 1,000배액와 밀베멕틴(milbemectin EC 2%) 1,000배액을 함께 차먼지응애의 발생이 예측되는 초기에 처리하여 밀도를 낮게 유지할 수 있다고 하였다. Na *et al*. (2009)은 고추 포트에서 오리이리응애를 차먼지응애 대비 1:40으로 접종했을 때 밀도억제효과가 95%이상으로 효과적이었다고 보고 하였다.

(27) 씨크라멘먼지응애

tarsonemid, strawberry, or cyclamen mite,
Phytonemus(=Tarsonemus) pallidus ssp. fragariae
(Zimmerman) (Acari: Tarsonemidae)

씨크라멘먼지응애는 온실에서 재배되는 작물에 주로 기생하며, 1950년대 미국에서는 딸기에서 대발생한 사례가 있다. 일본에서는 1970년대 씨크라멘에서 대발생하여 문제가 되었다(Cho *et al*. 1993). 딸기의 경우 어린잎의 윗면에서 섭식하며, 처음에는 부분적으로 피해가 나타나나 곧 온도가 올라감에 따라 급속히 확산된다. 딸기에서는 덧꽃부리(crown)에서 성충으로 월동한다. 수컷은 전체의 5% 이내이고 주로 단위생식으로 번식한다. 주로 주름지고 털이 많은 어린잎에 서식하는 씨크라멘먼지응애에 대한 아바멕틴과 테부펜피라드와 같은 살비제의 살충력이 떨어지는데, 이것은 대부분의 살비제가 침투성이 없기 때문이며, 규소(silicone)와 같은 계면활성제를 첨가하면 아바멕틴과 에토사졸, 테부펜피라드의 살충 효과를 높일 수 있다고 하였다(Fountain *et al*. 2010).

(28) 마늘혹응애

wheat curl mite, *Aceria tulipae* (Keifer) (Acari : Eriophyidae)

뿌리응애와 더불어 마늘에서 세계적으로 중요한 해충이며(Na *et al*. 1998a) 마늘뿐만 아니라 밀, 옥수수, 양파, 튤립 및 기타 벼과 잡초류까지 다양한 식물에서 서식한다. 피해를 받은 부위는 표면의 광택이 없어지고 거칠어진다. 피해 초기에는 마늘 표면에 줄무늬가 생긴다. 저장용 마늘에서는 인편 전체가 갈변하고 쭈그러진다. 또한 바이러스병(garlic mosaic virus, wheat streak mosaic virus 등)을 매개한다. 방제법으로는 저장 마늘에 메틸브로마이드 처리가 권장되며, 인화수소(aluminium phosphide)로 72시간 동안 훈증하면 된다고 하였다(Na *et al*. 1998a). 또한 마늘을 2시간 물에 침지 후 사이톨 K(0.1%)와 디코폴(0.4%) 혼합액 또는 사이톨 K(0.1%)와 클로로벤질레이트(0.4%) 혼합액에 10분간 침지처리하는 방법도 있으며, 뿌리응애와 복합적인 방제를 위해서는 중성세제(2%)와 황(0.4%) 혼합액이나 중성세제(4%)와 광유(2%) 혼합액에 24시간 침지하면 된다고 보고되었다(Na *et al*. 1998a).

(29) 뿌리응애

Rhizoglyphus spp. (Astigmata : Acaridae)

우리나라에서 보고된 뿌리응애는 *Rhizoglyphus echinophus* Fumouze & Robin 혹은 *Rhizoglyphus robini* Claparède로 표기되고 있으나 아직 정확한 분류동정과 분포지역 등에 대한 보고가 되지 않았다. 뿌리응애는 현재까지 마늘, 부추, 백합 등에서 발견되었다(Na *et al*. 1998, Díaz *et al*. 2000, Kim & Lee 2008). 혹응애류와 더불어 크기가 매우 작아 육안으로 식별하기가 매우 곤란하며 방제가 적절히 이루어지지 못하는 경우가 많다(Na *et al*. 1998a). 피해를 입은 마늘은 부패하며 수확 후에도 계속 피해를 준다. 산란수는 평균 148개이며 파종기인 10월 상순부터 밀도가 증가하여 월동 후 수확기인 5-6월에 최고 밀도를 보인다. 화학적 방제법으로는 디메토에이트 유제 등을 토양에 관주 처리하거나(Na *et al*. 1998b), 터부포스 입제, 비펜트린 입제 등을 파종(정식)기에 토양 처리한다(KCPA 2024).

(30) 벼룩잎벌레

striped flea beetle, *Phyllotreta striolata* (Fabricius) (Coleoptera: Chrysomelidae)

그림 7-4-27. 벼룩잎벌레(배추).

벼룩잎벌레는 딱정벌레목 잎벌레과에 속하는 해충으로 전 세계적으로 분포한다. 성충은 배추과 채소의 잎을 갉아 먹어 구멍(shot-hole)을 만들거나 유묘의 줄기를 자르기도 한다(**그림 7-4-27**). 특히 유묘에서의 피해는 작물의 발육을 지연시키고 생산량을 현저히 감소시킨다. 성충은 토양속의 줄기에 산란하며, 부화한 유충은 뿌리나 잔뿌리의 표면을 가해하지만, 뿌리 속으로 굴을 파고 들어가지는 않는다. 유충은 토양에서 번데기가 되며 성충으로 월동하고 연 3-5회 발생한다. 중국의 남부 지방에서는 연중 내내 7-8회 발생한다(Xu *et al*. 2011).

방제 약제로는 다이아지논 입제, 비펜트린 입제, 에토펜프록스 수화제, 에토프로포스 입제, 터부포스 입제 등이 등록되어 있다(KCPA 2024). 캐놀라(canola)의 경우 침투성인 네오니코티노이계 티아메톡삼이나 클로티아니딘을 종자에 처리하여 벼룩잎벌레의 유묘에 발생하는 것을 막을 수 있다고 하였다(Dosdall & Stevenson 2005). 또한 곤충병원성 선충인 *Heterorhabditis indica*이 벼룩잎벌레 유충의 생물적 방제원으로 제시되었다(Xu *et al*. 2011). 봄배추 시설 재배지에서는 생육초기에 피해가 크게 나타나므로 정식 직후 적절한 방제수단이 투입되어야 한다. 시설 배추를 봄에 재배시 경제적피해수준(EIL)은 배추 생장 초기에 10주당 2.1마리로 조사되었다(Lee *et al*. 2014).

(31) 마늘줄기선충

stem and bulb nematode, *Ditylenchus dipsaci* Kuhn (Nematoda : Anguinidae)

마늘줄기선충은 마늘, 양파, 수선화, 감자, 옥수수 등 450여 종의 광범위한 식물에 기생할 수 있다. 우리나라에선 1963년 처음 발견되었으며, 괴경이나 알뿌리를 가해하여 썩게 한다. 재배기간뿐만 아니라 수확 후 저장 중에도 계속 가해한다. 암컷 성충이 평균 207-498개를 산란하며, 세대기간은 15°C에서 19-23일 소요된다(Han & Cho 1980). Nematode wool을 형성하여 건조한 조건에서도 20년 이상 생존할 수 있다. 포스티아제이트 입제나 플루오피람 입제 등을 파종 전에 토양 혼화처리해서 방제할 수 있다(KCPA 2024). 그 외 방제법은 제3장 '식물해충의 종류 및 특징'의 '선형동물(Nematoda) 해충'편에도 기술되어 있다.

(32) 뿌리혹선충

root-knot nematode, *Meloidogyne* spp.
(Nematoda: Heteroderidae)

뿌리혹선충은 1855년 영국의 M. J. Berkeley에 의해 오이 뿌리에서 처음 발견되었다. 기주 범위가 매우 넓으며 기주 식물의 뿌리 내에서 서식한다. 선충의 섭식에 의해 거대세포체(giant cell)가 만들어져 뿌리혹을 형성시킨다. 뿌리로의 침입은 15-20°C에서, 활동은 20°C에서, 혹 형성은 25-30°C에서 가장 잘 이루어진다(당근뿌리혹선충의 경우). 우리나라에는 당근뿌리혹선충(*M. hapla*), 자바니카뿌리혹선충(*M. javanica*), 땅콩뿌리혹선충(*M. arenaria*) 등이 알려졌다. 이 등(2016)은 2013-2015년 전국 과채류 시설재배지 2,074곳 중 42%에서 검출되었다고 하였다. 작물별로는 딸기(46%), 수막(45%), 오이(44%), 참외(42%), 고추(41%), 토마토(40%) 등에서 높았다. 방제법으로는 돌려짓기, 휴경, 포장위생, 매리골드 이용 등 재배적 방법이 중요하다. 화학 살선충제로 다조맷 입제, 아바멕틴 입제, 에토프로포스 입제, 카두사포스 입제, 터부포스 입제, 포스티아제이트 입제 등을 사용할 수 있다(KCPA 2024).

그 외 채소에서의 선충류 해충으로는 딸기의 싹눈과 생장점 부근에 기생하여, 눈과 잎의 발육을 지연시켜 찌그러진 잎의 덩어리를 형성시키는 딸기잎선충이 있다.

(33) 달팽이류

제3장 '식물해충의 종류 및 특징'의 '연체동물(Mollusca) 해충'편 참고.

표 7-4-2. 채소의 주요 해충과 등록된 약제.

		배추좀나방	파밤나방	담배나방	담배거세미나방	들깨잎말이명나방	목화바둑명나방	고자리파리	파굴파리	아메리카잎굴파리	작은뿌리파리	호박과실파리	온실가루이	담배가루이	복숭아혹진딧물	목화진딧물
다조멧	GR															
노발루론	SC	■	■													
다이아지논	GR															
델타메트린	EC	■	■	■					■				■	■	■	
디노테퓨란	SG															
디메토에이트	EC															
디플루벤주론	WG											■				
람다사이할로트린	EC	■		■												
루페뉴론	EC	■	■	■	■	■	■				■					
메타플루미존	EC		■													
메트알데하이드	GR															
밀베멕틴	EC															
비티쿠르스타키	WP	■														
비펜트린	EC														■	■
	GR							■								
사이안트라닐리프롤	DC								■							
	SC													■		
	EC															
사이에노피라펜	SC															
사이클라닐리프롤	SL		■							■						
사이퍼메트린	EC	■														
사이플루메토펜	SC															
스피네토람	SC															
스피노사드	WG	■														
스피로테트라맷	SC														■	■
아바멕틴	EC						■			■						
	GR															
아세타미프리드	WP										■			■		■
	SL												■			
	WG														■	
아조사이클로틴	WP															
에마멕틴벤조에이트	EC	■	■	■	■	■			■	■			■	■		

에토펜프록스	WP															
	EC	■	■	■									■			
	GR							■								
이미다클로프리드	DC															
	WP												■	■	■	■
	SC															
인독사카브	SC		■		■											
	WG						■									
카두사포스	GR															
카보설판	GR							■								
클로란트라닐리프롤	WP	■	■	■												
클로르페나피르	SC		■													
	EC															
클로르플루아주론	EC	■														
터부포스	GR							■			■					
테부페노자이드	WP						■									
티아메톡삼	WG														■	
티아클로프리드	SC															
페니트로티온	EC															
포스티아제이트	SL															
플로니카미드	WG												■		■	■
플룩사메타마이드	EW															
피리다벤	WP													■		
피메트로진	WP												■			
	WG														■	■

		싸리수염진딧물	꽃노랑총채벌레	대만총채벌레	파총채벌레	오이총채벌레	땅강아지	점박이응애	차응애	차먼지응애	뿌리응애	마늘혹응애	벼룩잎벌레	마늘줄기선충	뿌리혹선충	달팽이
다조멧	GR														■	
노발루론	SC															
다이아지논	GR												■			
델타메트린	EC															
디노테퓨란	SG	■														
디메토에이트	EC										■					
디플루벤주론	WG															
람다사이할로트린	EC															
루페뉴론	EC															
메타플루미존	EC															
메트알데하이드	GR															■
밀베멕틴	EC							■								
비티쿠르스타키	WP															
비펜트린	EC															
	GR										■		■			
사이안트라닐리프롤	DC															
	SC															
	EC			■												
사이에노피라펜	SC							■		■						
사이클라닐리프롤	SL															
사이퍼메트린	EC															
사이플루메토펜	SC								■							
스피네토람	SC		■													
스피노사드	WG					■										
스피로테트라맷	SC	■														
아바멕틴	EC		■		■	■		■	■	■	■					
	GR														■	
아세타미프리드	WP		■	■	■	■										
	SL															
	WG															
아조사이클로틴	WP							■								
에마멕틴벤조에이트	EC		■	■	■	■		■	■	■		■				
에토펜프록스	WP												■			
	EC															

	GR												■		■	
이미다클로프리드	DC						■									
	WP															
	SC	■														
인독사카브	SC															
	WG															
카두사포스	GR														■	
카보설판	GR															
클로란트라닐리프롤	WP															
클로르페나피르	SC		■					■		■						
	EC				■	■			■							
클로르플루아주론	EC															
터부포스	GR						■				■		■		■	
테부페노자이드	WP															
티아메톡삼	WG															
티아클로프리드	SC	■														
페니트로티온	EC											■				
포스티아제이트	SL													■	■	
플로니카미드	WG	■														
플룩사메타마이드	EW		■													
피리다벤	WP															
피메트로진	WP															
	WG															

DC, 분산성액제; EC, 유제; EW, 유탁제; GR, 입제; SC, 액상수화제; SG, 입상수용제(수용성입제); SL, 액제; WG, 입상수화제(과립수화제); WP, 수화제(KCPA 2024).

05 과수의 주요 해충

우리나라에서는 1906년 서울의 뚝섬에 원예모범장이 설립된 후 개량된 과수 품종을 들여와 근대적인 과수 재배가 시작되었다. 1960년대에는 과수가 농가소득 작물로 권장되어 재배면적과 생산량이 크게 늘었다. 2015년 현재 사과의 재배면적이 31,620ha로 가장 많고 다음으로 감(27,034ha), 감귤(21,265ha), 복숭아(16,704ha), 포도(15,397ha), 배(12,664ha)의 순이다. 경북 지방이 사과, 포도, 복숭아 재배면적이 전국에서 가장 넓다. 과수 해충의 종류로는 나비목, 딱정벌레목, 노린재목, 응애류 등이 있으며 사과나무에만 306종의 해충이 기록되어 있다.

단감의 해충으로 남부 지방(순천, 진주, 창원, 김해, 울산, 울주)에서 5목 20과 32속 33종으로 조사되었다. 그 중 애무늬고리장님노린재와 식나무깍지벌레, 애모무늬잎말이나방이 비교적 넓은 지역에서 발생하고 있었고, 담배거세미나방, 차잎말이나방 등도 발생하였다(Jung *et al*. 2014). 1996년부터 1998년까지 제주도 감귤원에 발생하여 피해를 주는 해충으로는 곤충류 69종과 그 밖의 해충 5종이 조사되었는데, 그 중 귤응애와 귤굴나방, 조팝나무진딧물, 목화진딧물, 꽃노랑총채벌레 등이 주요 우점종이었다(Kim *et al*. 2000a).

역사상 문제가 되었던 과수 해충으로는 1912-1913년에 침입한 포도뿌리혹벌레(Kim *et al*. 2002), 1920년대의 사과면충, 1958년에 침입한 낙엽과수의 공통 해충인 미국흰불나방, 1960년대 중국에서 침입한 밤나무혹벌, 그리고 근래에는 점박이응애의 밀도가 높아져 큰 피해를 주고 있다. 이외 봉지를 씌운 과일에서 문제가 되는 가루깍지벌레, 과수 재배면적 확대를 위해서 산지에 조성된 과수원에서 문제가 되는 흡수나방과 노린재류, 최근에 침입한 꽃매미와 미국선녀벌레, 갈색날개매미충 등이 있다. 현재 과수의 수입금지해충으로는 과실파리류, 코드링나방, 감귤뿌리썩이선충 등이 있다.

(1) 복숭아심식나방

peach fruit moth, *Carposina sasakii* Matsumura
(Lepidoptera: Carposinidae)

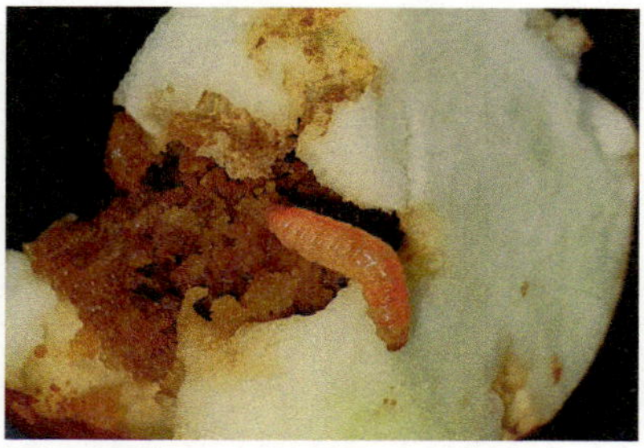
그림 7-5-1. 복숭아심식나방 유충.

복숭아심식나방은 사과나무, 복숭아나무, 살구나무, 대추나무 등을 가해한다. 한국, 일본, 중국 등에 분포하며 유충이 과실을 먹어 들어간다고 해서 **심식해충**이라 한다(**그림 7-5-1**). 1997년에는 캐나다로 수출한 배에서 복숭아순나방과 함께 발견되어 일시적으로 수출이 중단된 경우가 있으며(Lee *et al*. 2000a), 대만이나 미국으로 수출시 검역대상 해충이다. 이와 같이 과일의 중요한 수출입 검역 대상 해충이어서 최근에 일본에서는 자기공명영상(magnetic resonance imaging, MRI) 기술을 이용한 복숭아심식나방의 감염을 감지할 수 있는 기술이 개발되었다(Haishi *et al*. 2011).

연간 1-3회 발생하며, 다 자란 유충이 땅속에서 실을 분비하여 고치를 만들어서 월동한다. 월동한 유충이 봄(5월 경)에 번데기가 되며, 번데기에서 우화한 성충이 봄철 어린 과실의 꼭지나 표면에 산란한다. 1화기 성충은 복숭아 등 생육이 빠른 과일에 주로 산란하고 2화기 성충은 사과에 주로 산란한다(Lee *et al*. 1984).

방제법으로 페로몬을 이용해서 유인트랩이나 교미교란제로 사용할 수 있으며, 델타메트린 유제, 루페뉴론 유제, 사이클라닐리프롤 액제, 에마멕틴벤조에이트 유제 등의 농약이 등록되어 있다(KCPA 2024). 수확 후에는 CATTS (controlled atmosphere temperature treatment system)로 소독하는 기술(15% CO_2와 46°C 상태에서 1시간 경과 후 100% 소독 가능)이 개발되었다(Son *et al*. 2010).

(2) 복숭아순나방

oriental fruit moth, *Grapholita molesta* (Busck) (Lepidoptera: Tortricidae)

그림 7-5-2. 복숭아순나방이 자두에 침투한 모습.

복숭아순나방은 사과나무, 복숭아나무, 배나무, 모과나무, 매실나무 등을 가해한다(Lee *et al*. 2000a). 전 세계적으로 분포하고 있으며, 1913년 일본에서 북미로 유입되었다. 유충이 신초를 섭식하여 신초꺾임 현상을 초래하며, 어린 과실도 먹어 들어간다. 사과나무, 복숭아나무, 배나무, 모과나무에서는 신초와 과실을 모두 가해한다(Yang *et al*. 2001). 다만, 어린 과실 중에서는 자두가 1령충의 침입률, 노숙 유충의 탈과율, 유충 생존율, 산란수 등에서 가장 좋은 수치를 보여 복숭아나 사과보다 더 적합한 먹이원이라고 하였다(Sarker & Lim 2019)(**그림 7-5-2**). 일본에서는 배심식나방이라고 부르고 있으며 배에서 중요한 해충이다(Yang *et al*. 2001). 과일껍질 바로 아래의 과육을 섭식하며 복숭아심식나방에 비해 얕게 들어가며 밖으로 배설물을 배출한다는 점이 다르다. 연간 4-5회 발생하며, 3월부터 우화하기 시작하여 1, 2세대 유충이 신초를 가해하고 3, 4세대 유충은 과실을 가해한다. 노숙 유충이 배나무의 주간과 주지와 같이 지표면과 가까운 곳에서 월동을 한다(Yang *et al*. 2001).

현재 루페뉴론 유제, 에마멕틴벤조이에트 유제, 에토펜프록스 유제, 인독사카브 입상수화제, 클로란트라닐리프롤 입상수화제, 클로르페나피르 액상수화제 등이 등록되어 있다(KCPA 2024). 방제를 위해서는 약제를 연간 5-9회 살포하여야 하며, 합성페로몬을 이용한 교미교란 방제기술로 방제할 수 있다(Jung *et al*. 2008a). 최근 Kim *et al*. (2010b)은 교미교란제가 암컷의 이입을 억제하지 못하는 단점을 해결하고자 먹이트랩과 함께 교미교란제를 테두리 처리하는 기술을 개발하였다.

최근에 복숭아순나방과 유사한 종인 복숭아순나방붙이(*G. dimorpha* Komai)가 새로 확인이 되었다. 복숭아순나방과 구별할 수 있는 특징으로는 복숭아순나방 성충은 뒷날개를 펼쳤을때 뒷 날개의 외연이 완만하고 뒷날개의 중앙에서 하단부 가장자리까지 회황색의 패턴이 없는 것 등이다(Choi *et al*. 2009). 과실 피해는 복숭아순나방과 매우 흡사하여 구분이 곤란하지만, 복숭아순나방이 신초와 과실을 가해하는 반면, 복숭아순나방붙이는 신초를 가해하지 않고, 과실만 가해하는 특징이 있다(Choi *et al*. 2009). 또한 복숭아순나방은 다 자란 유충이 과실이나 신초를 떠나 고치를 지을 장소를 찾아 이동하지만, 복숭아순나방붙이는 피해과실 표면 아래에서 주로 고치를 짓는다(Choi *et al*. 2009).

(3) 복숭아명나방

yellow peach moth, *Dichocrocis punctiferalis* Guenee (Lepidoptera: Pyralidae)

복숭아명나방은 한국, 일본, 중국, 인도 등과 오세아니아 지역에서 분포하는 종으로 기주는 밤나무, 복숭아, 사과, 감, 살구를 포함하여 17과 44종이 있다. 과수의 열매와 밤나무 종실에 많은 피해를 주며, 밤종실의 피해율은 20-30%에 달하며 연간 400-600억원의 손실을 유발한다(Lee 2009). 조생종인 단택 품종에서 26.1%로 피해율이 가장 높고 중생종과 만생종인 축파, 은기 품종은 피해율이 각각 19.3과 21.1%이었다(Lee 2011). 연도별 피해율의 패턴이 3년 반복주기를 보였으며, 1998년 34.5%로 피해가 가장 심하였다(Lee 2011). 밤에서는 델타메트린 유제, 람다사이할로트린 유제, 페니트로티온 유제 등이 등록되어 있으며(KCPA 2024), 밤바구미와 함께 월스톱(아자디락틴+살라닌+림니노이드)으로 좀 더 친환경적으로 방제할 수 있다고 하였다(Lee 2009).

(4) 은무늬굴나방

apple leafminer, *Lyonetia prunifoliella* (Hübner)
(Lepidoptera: Lyonetiidae)

은무늬굴나방은 1990년대 중반부터 사과원의 주요해충으로 등장하였으며, 사과 외에도 모과, 서양자두, 벚나무, 자작나무 등을 가해한다. 암컷 성충이 어린잎 뒷면의 조직 속에 한 개씩 산란하며, 유충은 굴을 파면서 가해한다. 밀도가 높아지면 2, 3영충은 밀도가 낮은 다른 잎으로 이동한다. 잎 뒷면에 실을 토해 하얀 고치를 만들고 그 속에서 번데기가 된다. 성충의 여름형은 흰색이며 가을형은 짙은 무늬를 띈다. 2-5주에 1세대가 경과하며, 일본에서는 연간 5~6세대가 나타난다고 하였다(Sekita 2002). Park *et al.* (2002)은 은무늬굴나방의 성페로몬이 10,14-dimethyloctadec-1-ene (10me14me-1-ene-18Hy)와 5,9-dimethyloctadecane (5me9me-18Hy), 5,9-dimethylheptadecane (5me9me-17Hy)의 3가지 성분으로 이루어져 있다는 것을 보고하였다. M9 왜성대목을 사용한 저수고 밀식 재배 사과원에서 발생 밀도가 높아 M9 왜성대목 사용 농가의 증가가 최근의 은무늬굴나방의 다발생과 관련이 큰 것으로 생각하고 있다(Choi *et al.* 2004a). 방제 약제로 디플루벤주론 입상수화제, 아세타미프리드 수화제, 이미다클로프리드 수화제 등이 등록되어 있다(KCPA 2024).

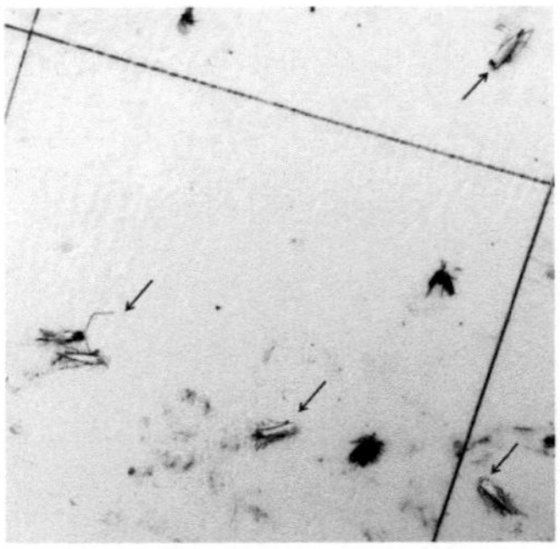

그림 7-5-3. 페로몬 트랩에 포획된 은무늬굴나방.

(5) 사과굴나방

apple leafminer, *Phyllonorycter ringoniella* (Matsumura) (Lepidoptera: Gracillariidae)

사과굴나방은 사과, 배, 복숭아, 자두나무를 가해하는 해충으로 한국, 일본, 중국에 주로 분포한다(Du 2013). 유충이 엽육 속을 먹어 들어가며, 피해를 받은 잎은 뒷면으로 오그라드는 특징이 있으며 심하면 낙엽이 된다. 1970-1980년대 대발생한 사례가 있으나 최근에는 큰 피해가 없다. 중국에서는 1990년대 전역으로 확산되었으며, 심할 때는 피해 지역이 80%에 이르기도 하였다(Du 2013). 일본에선 연간 4회 발생하며(Sekita 2002), 피해를 입은 낙엽 속에서 번데기로 월동한다. 11월 까지 용화하지 못한 것은 월동 중에 사망하는데, 이것이 후기 피해가 심한 경우라도 다음해 발생하는 초기 피해가 적어지는 요인이다. Jung & Boo (1997)가 (*E, Z*)-4,10-tetradecadienyl acetate가 성페로몬의 주성분임을 보고하였다. 최근 중국에서도 이것이 확인되었다(Du 2013). 방제 약제는 델타메트린 유제, 루페뉴론 유제, 클로르페나피르 액상수화제 등이다(KCPA 2024).

(6) 애모무늬잎말이나방

summer fruit tortrix moth, *Adoxophyes orana* (Fisher von Rösslerstamm) (Lepidoptera: Torticidae)

사과, 배, 복숭아, 단감, 차나무 등 30속 이상의 식물을 가해하는 애모무늬잎말이나방은 동북아시아와 유럽에 분포하며 우리나라에서는 중서부 지역에 국부적으로 분포한다(Choi *et al*. 2004b, Milonas & Savopoulou-Soultani 2006, Yang *et al*. 2009a, Jung *et al*. 2014). 유충이 잎과 과실을 가해하는데 봉지를 씌운 과실에도 큰 피해를 준다. 주로 저온지대에 발생하고(발육최적온도가 25°C), 연간 3회 발생한다. 적용 약제는 델타메트린 유제, 루페뉴론 유제, 인독사카브 액상수화제,

클로란트라닐리프롤 입상수화제 등이다(KCPA 2024). 효과적 방제를 위해서는 알에서 부화한 유충이 잎을 말거나 봉지 속으로 들어가기 전에 살충제를 살포하여야 한다. 유사종으로는 우리나라 거의 모든 지역에 분포하고 있는 사과애모무늬잎말이나방(*A. paraorana*)과 남부지역에 주로 발생하는 차애모무늬잎말이나방(*A. honmai*) 등이 있다(Yang *et al*. 2009a,b).

(7) 사과무늬잎말이나방

Archips breviplicanus (Walsingham) (Lepidoptera: Tortricidae)

사과, 배, 양벚나무 등에서 발견되며, 유충이 나무의 눈과 잎을 철하고 내부에서 가해하거나 과일의 표면을 갉아 먹기도 한다. 연간 2-3회 발생하며, 중령 유충으로 조피나 고엽에서 월동한다. 주로 잎 뒷면에 난괴로 100여개를 산란한다.

경북 사과원에 발생하는 잎말이나방으로는 애모무늬잎말이나방, 사과무늬잎말이나방, 매실애기잎말이나방(*Rhopobota unipunctana*), 사과잎말이나방(*Choristoneura longicellana*), 복숭아잎말이나방(*Acleris fimbriana*), 감나무잎말이나방(*Ptycholoma lecheana circumclusna*), 한국잎말이나방(*Archips subrufanus*) 등 총 7종이 조사되었다(Choi *et al*. 2004b). 이중 애모무늬잎말이나방이 매년 단연 우점종이었으며, 사과무늬잎말이나방과 매실애기잎말이나방은 특정 해에만 1-2 농가에서 발생하였다. 현재 람다사이할로트린 유제만이 등록되어 있다(KCPA 2024).

(8) 미국선녀벌레

citrus flatid planthopper *Metcalfa pruinosa* (Say) (Homoptera: Flatidae)

미국선녀벌레는 북미가 원산지로 1979년에 이탈리아로 침입 후 유럽전역으로 확산되어 오스트리아를 비롯한 유럽의 15개 국가에서 발견되었다(Strauss 2010). 한국에서는 2009년에 발견되었다(Kim *et al*. 2011). 일화성이며 수목, 관목 등을 가해하는 다식성(polyphagous) 해충이다. 암컷 성충이 초가을에 기주식물의 수피 속에 산란한다. 알로서 월동한 후 이듬해 봄에 부화한다. 부화한 약충은 자유낙하나 바람에 의해 지상부로 이동한 후 주변 기주식물을 섭식하면서 확산하는 특성이 있다. 약충의 흡즙으로 포도나무에서는 당도와 산도에 영향을 주어 포도의 질을 떨어뜨리며, 월동처인 야산과 인접한 인삼의 경우 뿌리 비대기인 7~8월에 양분이 탈취됨에 따라 생산량이 낮아지게 된다. 또한 약충은 왁스와 감로를 분비하는데 이것은 과실에 그을음병을 유발하여 치명적인 손실을 입힌다(Strauss 2010). 이탈리아는 미국에서 천적인 집게벌류인 *Neodryinus typhlocybae*를 도입해서 방제를 시도하였다. 국내 분포하는 다른 선녀벌레과 곤충으로는 선녀벌레(*Geisha distinctissima*)와 봉화선녀벌레(*Mimophantia maritima*) 2종이 있으며 여수와 홍도 등 주로 남부 지방에 분포하고 있다(Kim *et al*. 2011). 미국선녀벌레 방제용 살충제로는 델타메트린 유제, 설폭사플로르 입상수화제, 아세타미프리드 수화제 등 다수의 농약이 등록되어 있다

그림 7-5-4. 미국선녀벌레 약충(A)과 성충(B).

(KCPA 2024). 한편 살충제의 사용이 제한되는 경우 데리스 추출물과 시트로넬라 오일, 계피 추출물을 혼합하여 친환경 방제에 이용되었다(Lee *et al*. 2019).

(9) 꽃매미

spotted lanternfly, *Lycorma delicatula* (*White*) (Hemiptera: Fulgoridae)

꽃매미는 중국 남부 및 동남아시아에 분포하며, 가죽나무, 참죽나무, 소태나무, 미국 담쟁이덩굴, 머루, 포도나무 등 목본 38종과 초본 3종 등 41종이 기주식물로 알려져 있다(Lee *et al*. 2009c). 우리나라는 중국에서 가죽나무의 도입과 함께 유입된 것으로 추정하고 있다. 2006년부터 밀도가 증가하기 시작하여, 2007년에는 서울, 경기, 충북에 발생하였고, 2008년에는 충남, 전북, 경북 등지로 확대 발생하였다(Park *et al*. 2009c). 전남지역에서 꽃매미 알의 부화시기는 5월 22일로 예측된 바 있는데(Choi *et al*. 2012), 동절기 기온상승과 생태적 적응 등의 원인으로 부화시기가 점차 빨라지고 있다. 부화한 1령 약충은 검은색 바탕에 흰 반점으로 덮여 있으며, 4령 약충 이후에는 붉은색 등에 검은 반점을 띄고 있다(Park *et al*. 2009c). 성충은 연간 1회 발생하며 앞날개는 옅은 갈색이나 뒷 날개는 붉은색을 띄며 7-10개의 검은 반점이 있다(Park *et al*. 2009c). 꽃매미는 많은 개체들이 무리를

그림 7-5-5. 꽃매미의 약충(A)과 산란 중인 성충(B).

지어 생활하기 때문에 사람들에게 혐오감을 줄 뿐만 아니라, 식물을 흡즙하고 배설물을 배출하여 광합성을 저해하거나 그을음병을 생기게 하고, 심할 경우 고사시킨다(Lee *et al*. 2009c). 포도원에서 피해가 심하며 배설물은 그을음병을 유발하고 흡즙에 의해 줄기는 고사한다.

Lee *et al*. (2009c)가 꽃매미의 식물에 대한 선호도를 조사한 결과, 가죽나무와 포도나무를 가장 선호하였으며, 사과나무, 배나무, 무궁화나무, 소나무와 복숭아나무는 선호하지 않는 것으로 나타났다. 꽃매미 약충과 성충 모두 가죽나무와 포도나무에서 가장 오래 생존하였고, 다른 식물에서는 생존기간이 짧았다. 적용 약제로는 델타메트린 유제, 아세타미프리드 수화제, 에마멕틴벤조에이트 유제, 이미다클로프리드 수화제 등이 등록되어 있으며(KCPA 2024), 델타메트린유제와 클로치아니딘 액상수화제가 처리 2시간 후 2-3령 약충에서 100% 살충력을 보여 가장 약효가 빨랐다(Park *et al*. 2009c). Shin *et al*. (2010)은 알과 1~2령 약충에 대하여 26약제의 약제감수성을 조사한 결과 클로르피리포스는 알에 대하여 100%의 높은 부화 억제율을 나타내었으며 약충은 모든 약제에서 100% 살충효과가 있었다. 또한, 약충 방제에 효과적인 친환경자재는 제충국 추출물, 고삼 추출물, 데리스 추출물이었고, 성충은 제충국 추출물, 고삼 추출물이었다. 황토색, 파랑색, 노란색의 끈끈이트랩 중에서 황토색끈끈이트랩에서 꽃매미 약충과 성충의 유인포살 효과가 우수하였다(Choi *et al*. 2012).

(10) 조팝나무진딧물

spirea aphid, *Aphis spiraecola* Patch (Homoptera: Aphididae)

조팝나무, 사과나무, 귤나무 등 과수와 화훼류의 잎 뒷면과 어린 순에 무리지어 흡즙하여 생육을 저해한다**(그림 7-19)**. 피해 받은 잎은 가로로 말린다**(그림 7-20)**. 연간 10세대가 발생하며, 알로서 조팝나무[72] 등의

72) 조팝나무는 '조밥나무'라고도 하는데 이는 꽃이 핀 모양이 튀긴 좁쌀을 붙인 것처럼 보

눈에서 월동한다. 월동한 유시충은 5월부터 사과나무, 배나무, 귤나무로 이동한다. 방제 약제로 아세타미프리드 수화제, 이미다클로프리드 입상수화제, 클로티아니딘 수화제, 티아클로프리드 액상수화제, 플로니카미드 입상수화제 등이 등록되어 있다(KCPA 2024). 미국에서는 무당벌레(*Harmonia axyridis*)가 조팝나무진딧물의 밀도를 요방제수준 이하로 유지시킬 수 있는 효과적인 천적이라고 하였으며(**그림 7-19**), 진딧물이 과원으로 이동하는 초기에 성충 무당벌레 개체군이 있으면 방제가 가능하다고 하였다(Brown 2011).

그림 7-5-6. 조팝나무 진딧물에 의해 피해를 받아 사과잎이 가로로 말린 모습(A)과 천적인 무당벌레 유충의 모습(B).

(11) 가루깍지벌레

Comstock mealybug, *Pseudococcus comstocki* (Kuwana)
(Hemiptera: Pseudococcidae)

작물을 가해하는 깍지벌레에는 깍지벌레류(armored scales, Diaspididae), 밀깍지벌레류(soft scales, Coccidae), 가루깍지벌레류(mealybugs, Pseudococcidae)의 세가지로 나눌 수 있다. 깍지벌레류의 암컷 성충은 왁스 및 분비물, 약충의 탈피각 등으로 구성된 껍질 밑에 숨어 있으며, 체절이 명확하지 않고 눈, 다리, 촉각과 같은 부속지가 없거나 흔적만 남아 있다. 반면 가루깍지벌레류는 몸이 왁스와 같은 분비물로 덮

이기 때문이다. 어린순은 나물로 먹으며, 꽃이 다닥다닥 달린 가지를 꽃꽂이 재료로 쓰기도 한다. 꿀벌들이 즐겨 찾는 밀원 식물이기도 하다(윤 2004)

여 있으며, 암컷의 경우 체절이 뚜렷하며, 잘 발달된 다리를 가지고 있다. 사과, 배, 포도나무 등 다수의 수목을 가해하는 가루깍지벌레는 잎, 가지, 과실을 흡즙하고 그 배설물이 그을음병을 유발한다(과실의 봉지의 밑이 흑색으로 되는 이유이기도 하다)(Park & Hong 1992).

가루깍지벌레는 연간 3회 발생하며, 알덩어리로 나무껍질 사이에서 월동한다. 제 2회 발생 약충부터 봉지 속에 침투하여 과실 표면을 흡즙하여 번식한다. 2령 약충 이후에는 다리가 없어져 이동을 하지 않는다. 왁스물질을 분비하여 천적으로부터 자신을 보호하고 건조한 조건에서도 견딜 수 있게 해 준다. 암컷은 날개가 없으나 수컷은 날개가 있고 매우 작다. 실내실험 결과에 따르면 발육하한온도(lower-developmental threshold)는 10.8°C이며, 전체 발육 열상수(thermal constant)는 346 DD이고, 산란수는 24°C에서 498개로 가장 높았다(Sawamura & Narai 2008). 가루깍지벌레류 방제를 위해서 유기인계, 곤충생장조절제, 피레스로이드계, 코니도와 같은 네오니코티노이계의 살충제들을 사용할 수 있고, 특히 뷰프로페진 성분이 포함된 살충제의 경우 방제효과를 기대할 수 있다. 하지만, 1)가루깍지벌레가 주로 작물 줄기의 틈새와 기부와 같은 은신처에 서식하며, 2)몸이 왁스물질로 뒤덮여 있는 점, 3)살충제가 가루깍지벌레의 천적에 부정적인 영향을 주어 생물적 방제를 교란하는 점 때문에 살충제에 의한 효과적인 방제가 어렵다.

(12) 온실가루깍지벌레

Japanese mealybug *Pseudococcus kraunhiae* (Kuwana) (Homoptera: Pseudococcidae)

국내에선 Paik (1972)이 처음 보고하였다. Park & Hong (1992)은 1990년부터 1991년까지 전남 나주 지방의 배 재배단지에서 배를 가해하는 가루깍지벌레류의 종류, 가해 양상 및 개체군 밀도 변동에 관한 연구에서 온실가루깍지벌레, 가루깍지벌레, 버들가루깍지벌레의 3종을 보고하였으며, 그 중 온실가루깍지벌레가 80.6%로 우점종이었다. 배와 감나무에서 연간 3회 발생한다. 2령 유충으로 주간, 조피 등에서 월동한 후 4월에 눈으로 이동하여 신초를 가해한다. 6월에 산란 및 부화를 하는데, 실내실험 결과에 따르면 발육하한온도(lower developmental threshold)는 12.2°C이며, 전체 발육의 열상수(thermal constant)는 331 DD이고, 산란수는 24°C에서 526개로 가장 높았다(Sawamura & Narai 2008). 과일 봉지 내에서 가해하여 피해가 심하다. 단감에서는 수출검역대상해충이며, 경남 지방의 단감에서는 이 외에도 식나무깍지벌레가 주요 해충이다.

(13) 감나무주머니깍지벌레

Asiacornococcus kaki (Kuwana) (Hemiptera: Eriococcidae)

감나무주머니깍지벌레는 한국과 중국에 분포하며 기주식물로는 감나무, 무화과나무, 대추나무, 벚나무, 고욤나무 등이다(Kwon & Park 2002). 감에서 주요한 해충이며, 과실, 잎, 가지, 줄기 등을 가해하며, 밀도가 높아지면 과실 전체로 이동 분산하여 표면을 가해한다(Kwon & Park 2002). 과실에는 검은 반점을 생성시켜 상품의 가치를 떨어뜨리며, 잎에서도 노란색 반점을 만든다(문 & 이 2012). 성충의 몸은 적갈색이지만, 몸을 덮은 주머니는 흰색이며 전체 길이는 약 2.5mm이고 넓이는 약 2.0mm의 타원형이다(문 & 이 2012). 수컷 성충의 주머니는 암컷보다 매우 작고 흰색을 띠며 긴 타원형이다(문 & 이 2012). 연간 3회 발생하고 암컷 성충의 주머니 속에서 주로 알 또는 약충 상태로 월동한다(Kwon & Park 2002). 부화 약충은 6월 하순-7월 상순, 8월 중하순, 9월 중하순에 나타난다(Kwon & Park 2002). 적용 약제로는 뷰프로페진 입상수화제, 스피로테트라맷 액상수화제, 아바멕틴 · 아세타미프리드 입상수화제 등을 부화 초기부터 수확 21일 전까지 3회 살포한다(문 & 이 2012, KCPA 2024).

(14) 꼬마배나무이

pear psylla, *Psylla pyricola* Foerster = *Cacopsylla pyricola* Foerster (Homoptera: Psyllidae)

그림 7-5-7. 꼬마배나무이 성충.

꼬마배나무이는 북미지역에서 문제 해충인 배나무이(*Psylla pyrisuga*)와 함께 우리나라 배의 주요 나무이류 해충이다(Kim *et al*. 2000b). 여름형과 겨울형 성충의 형태가 매우 다른 것이 특징이다. 여름형은 연한 녹색이나 녹갈색이며, 2.0mm의 크기로 다른 나무이류와 구분이 힘들며, 겨울형은 흑갈색이나 흑색이며, 2.5mm로 길다. 앞 날개의 중앙 윗부위에 엷은 흑색반점이 있어 다른 종과 구분된다. 약충 및 성충이 배나무의 어린 잎, 꽃봉오리, 과실 등을 흡즙하고 감로를 분비하여 그을음병을 유발한다(Kim *et al*. 2000b). 그을음병은 잎의 광합성을 저해하며, 과실의 경우 상품가치의 하락과 과실의 저장력 저하를 유발한다. 북미와 유럽의 서양배에서는 마이코플라즈마병을 매개하여 치명적인 피해를 주는 해충이다(An *et al*. 1996). 배나무에서는 성충태로 나무의 거친 껍질 밑에서 월동한 후 2월 중순경부터 활동을 시작한다(Kim *et al*. 2000b). 겨울형과 여름형 성충의 산란수는 각각 486개와 387개였다(An *et al*. 1996). 25°C에서 알에서 5령 약충까지의 발육기간은 23일이 소요된다(Kim *et al*. 2000b).

꼬마배나무이는 2월 1일부터 6°C 이상인 일수가 12일째 이상이면 배나무로 이동하므로, 16-21일째에 이동한 월동성충에 대해 기계유제로 방제해야 한다(농촌진흥청 2011). 기계유제는 꼬마배나무이의 체표면에 피막을 형성하여 질식시켜 죽이며, 꽃눈 등 가지와 줄기에 산란하는 것을 방지한다(농촌진흥청 2011). 그 외 아바멕틴 유제, 아세타미프리드 입상수화제, 플로니카미드 입상수화제 등을 사용할 수 있다(KCPA 2024). 최근에는 암컷이 분비하는 성페로몬의 주성분(13-methylheptacosane)이 밝혀져 향후 예찰과 종합관리에 이용될 것으로 기대된다(Guédot *et al*. 2009).

미국 캘리포니아주 알바니에서 Daugherty *et al*. (2007)가 수행한 배나무의 비료주기가 애꽃노린재(*Anthocoris nemoralis*)의 꼬마배나무이 포식에 미치는 영향에 대한 연구에서 비료주기가 애꽃노린재의 포식에 영향을 주지 않았지만 애꽃노린재가 있는 나무에서는 꼬마배나무이의 밀도가 낮게 유지되는 것을 발견하였다.

(15) 사과면충

woolly aphid, *Eriosoma lanigerum* Hausmann (Hemiptera: Aphididae)

북미가 원산지로 1842년에 처음 기록되었다. 국내에서는 1904-1905년에 미국을 통해 유입되었다가 1934년 일본에서 도입한 사과면충좀벌[*Aphelinus mali* (Hymenoptera: Aphelinidae)]을 방사하여 방제하였다. 하지만 2001년부터 경북 의성에서 다시 발생하였는데[73], M9 왜성대목과 종합적해충관리으로 인한 약제 사용의 변화가 재발생 요인으로 추정된다(Kim *et al*. 2009d).

사과의 뿌리와 줄기에 집단으로 기생하며, 흡수 부위에 벌레혹을 형성한다. 신초에는 벌레혹과 낙엽을 유발한다. 벌레혹은 사과면충의 섭식 장소로 사용되며 균류의 침입지점이 되기도 한다. 연간 10회 발생하며 100-2,000개를 산란한다.

과거에는 페니트로티온 및 디클로르보스 성분의 살충제가 살충력이 높고 천적에 비교적 저독성인 것으로 알려져 있었으나(Kim *et al*. 2009d), 현재는 잔류독성 등의 이유로 모두 사용되지 않고 있다. 스피로테트라맷 액상수화제, 플로니카미드 입상수화제 등이 방제용으로 등록되어 있다(KCPA 2024). 호주 사과원에서는 주요 해충인 코드링나방 방제를 위해 교미교란제와 곤충생장조절제만을 사용한 과원에서 사과면

73) 약 70년이 지난 2002년에 수원에서 조사한 결과 최대 70% 기생율이 기록됨(Kim *et al*. 2009d)

충의 밀도가 매우 낮은 것을 발견하였는데, 그 이유는 사과면충 방제를 위해 살충제를 사용하지 않아 천적의 밀도가 높아졌기 때문이라고 하였다. 특히 기생벌, 무당벌레, 풀잠자리류보다도 집게벌레(European earwig, *Forficula auricularia* L.)가 가장 주요한 밀도억제 인자였다고 하였다(Nicholas *et al*. 2005).

(16) 포도뿌리혹벌레

grape phylloxera, *Daktulosphaira vitifoliae* (Fitch) (Homoptera: Phylloxeridae)

미국 로키산맥 중부지역에서 유래한 것으로 추정되며, 1873년 미국 캘리포니아에서 최초로 발견되었다. 19세기 중반에 유럽으로 전파되었으며 광범위한 지역에 걸쳐 유럽의 포도나무종인 *Vitis vinifera* L.의 뿌리를 가해하여 나무를 죽게하여 중요한 해충이 되었다.[74] 한국에서는 1912-1913년 부산에서 처음으로 발견되었으며, 1960년대 전국적으로 발생하였다(Kim *et al*. 2002), 1998년에는 천안에서 다시 대발생하였다. 포도뿌리혹벌레는 포도나무의 잎과 뿌리를 가해하여 잎과 뿌리에 혹을 만든다. 뿌리의 목질화된(lignified) 부분에 생긴 혹(tuberosities)은 관다발계(vascular system)를 차단하여 뿌리에 물리적인 틈새를 만들게 되고, 토양내 각종 병원균이 이 틈새를 통해 침입하여 나무를 죽이게 된다(Forneck & Huber 2009). 포도뿌리혹벌레는 진딧물과 유사하게 단위생식과 유성생식이 모두 가능하며 세대교번을 한다(Forneck & Huber 2009). 포도뿌리혹벌레의 일반적인 방제법은 저항성 계통인 미국의 Vitis속 대목을 사용하는 것이다. 하지만 1980년대 후반에 미국 캘리포니아에서 포도뿌리혹벌레가 1~6천만달러의 생산량 감소를 초래한 바 있다. 이것은 그때까지 널리 사용한 저항성 대목(Ganzin 1 = AXR #1)에 대한 생태형이 출현하였기 때문이었다(Benheim *et al*. 2012).

74) 1868년 프랑스에서 처음 발견된 후 20세기가 되기까지 백만헥터의 포도과원이 사라지게 하였다.

카보설판 입제 등을 방제에 이용할 수 있다(KCPA 2024).

(17) 톱다리개미허리노린재

제7장 2.1 노린재류 참고

(18) 썩덩나무노린재

brown marmorated stink bug, *Halyomorpha halys* (Stål)
(Hemiptera: Pentatomidae)

썩덩나무노린재는 기주범위가 매우 넓으며 과수(사과, 배, 복숭아), 채소, 콩과 같은 다수의 농작물을 가해하며, 야생 기주로는 벚나무(*Prunus* sp.), 오동나무(*Paulownia* sp.), 가죽나무(*Ailanthus altissima*), 포도나무(*Vitis* sp.), 호두나무(*Juglans* sp.), 박태기나무(*Cercis canadensis*), 개오동(*Catalpa* sp.) 등을 선호하는 것으로 알려져 있다(Bakken *et al*. 2015). 한국과 일본의 단감 과수원에서는 갈색날개노린재와 함께 가장 중요한 노린재류 해충이다(Park *et al*. 2010b). 1996년에는 미국 펜실바니아주로 침입하여 가옥내에서 집단으로 월동하여 혐오감을 유발할 뿐만 아니라 과수 및 콩에서 경제적 피해를 주었으며, 특히 2010년 미국 대서양 연안지역의 과수원에서 400억원의 피해를 유발하였다(Nielsen & Hamilton 2009). 약충과 성충 모두 과실을 흡즙한다. 감귤에서는 과실 착색전 흡즙이 심한 열매 떨어짐을 유발하는 것으로 알려져 있으며(Kim *et al*. 2015), 썩덩나무노린재는 담배장님노린재와 함께 오동나무 빗자루병원균을 매개하는 것으로도 알려져 있다(Kang *et al*. 2003). 델타메트린 유제, 람다사이할로트린 유제, 에토펜프록스 유탁제 등이 방제 약제로 등록되어 있다(KCPA 2024).

(19) 갈색여치

Ussur brown katydid, *Paratlanticus ussuriensis*
(Orthoptera: Tettigoniidae)

그림 7-5-8. 갈색여치.

메뚜기목 여치과의 곤충으로 중국과 러시아경계의 우수리강에서 최초로 발견되었다. 한국과 중국의 활엽수가 많은 지역에 분포하며, 원래 산림 곤충이었으나 2006-2007년 충북 영동지역과 수원에서 대발생한 후 옥천, 청원, 보은 등 인근 지역으로 확산되었다(Bang *et al*. 2009). 다행히 이후 영동지역과 인근 과수농가의 피해는 크게 감소하였으나(Moon *et al*. 2009), 전국의 86시군으로 확산되었고, 평창군, 문경시, 영동군, 옥천군, 보은군, 무주군, 순창군, 구례군의 8개 시군은 잠재적으로 대발생이 가능한 정도로 밀도가 높아졌다(10m^2 당 5 개체이상)고 하였다(Jung *et al*. 2011).

대발생의 원인으로는 기온상승과 천적감소(Moon *et al*. 2009) 혹은 갈색여치의 주요 먹이원인 참나무(*Quercus* spp.)의 분포지역 확대와 관련이 있다고 하였다(Jung *et al*. 2011). 3월부터 부화유충이 나타나기 시작하며 4-5령 약충에 의해 5월 중에 피해가 가장 심하다(Moon *et al*. 2009). 성충은 6-7월에 출현하고, 7-9월에 산란하며, 산란된 알은 이듬해 봄에 부화한다(Bang *et al*. 2009). 산간 지역의 복숭아나무, 포도나무, 자두나무 등의 잎과 줄기, 열매 등을 갉아 먹는다. 실내 사육시 25°C에서의 암컷 성충의 산란 수는 87.1개였으며, 수명은 35.7일이었다(Moon *et al*. 2009). 페니트로티온 수화제 외 2종이 적용 약제로 등록되어 있다(KCPA 2024).

(20) 밤바구미

chestnut weevil, *Curculio sikkimensis* (Heller)
(Coleoptera: Curculionidae)

밤은 우리나라의 중요한 기호식품 혹은 대용 식량자원으로 현재 충남, 전남, 경남을 중심으로 약 60,000ha 정도 대규모 단지화가 되어 있다(Lee 2009). 밤의 해충으로는 217종이 알려져 있으며(Kim *et al*. 2008c), 이 중 밤바구미류는 5속 28종이 있고, 복숭아명나방(*Dichocrocis punctiferalis*), 밤애기잎말이나방(*Cydia kurokoi*)과 함께 밤나무의 주요 3대 종실 해충이다(Kim & Kim 1984, Kim *et al*. 2008c). 밤바구미는 이외에도 참나무과의 갈참나무, 종가시나무, 참나무류, 호두나무과의 피칸 등도 가해하는 것으로 알려져 있다(Kim & Kim 1984). 밤바구미의 암컷 성충의 경우 체장은 7.8mm이고 체중은 0.343g으로 수컷 성충보다 크다(Kim *et al*. 2010c). 밤송이의 자모 밀도가 높은 품종에서 피해가 적고(Lee 2009), 밤알의 외피와 속껍질 사이에 산란한다. 연간 1회 발생하며, 9월이 성충의 우화 최성기이다(Kim *et al*. 2008c). 유충이 10월경에 탈출하여 토양에서 월동하며, 토양의 16-25cm 깊이에서 가장 많이 분포한다(Kim & Kim 1984).

적용 약제로는 비펜트린 유제, 티아클로프리드 액상수화제 등이다(KCPA 2024). 산림청과 재배농가에서는 매년 2회 정기적으로 살충제의 헬기를 이용한 항공 방제에 의존하고 있지만(Lee 2009), 선충과 세균, 곰팡이(*Beauveria bassiana* strain HF338과 *Metarhizium anisoliae* strain HF292) 등이 생물적 방제원으로 사용가능하다고 보고되었다(Ihara *et al*. 2009). 또한 수확 후에는 훈증제인 메틸브로마이드로 소독하는 것이 경제적으로도 효과적이었으나, 메틸브로마이드가 대기 중 오존을 감소시키는 물질로 알려지고 나서는 일본에서는 메틸아이오다이드, 온수, 고압에서의 이산화탄소, 전자파 처리 등을 대신 사용하고 있다(Ihara *et al*. 2009).

(21) 감관총채벌레

Japanese gall-forming thrips, *Ponticulothrips diospyrosi* Haga et Okajima (Thysanoptera: Phlaeothripidae)

감관총채벌레는 일본의 오카야마 지방에서 1975년 처음 보고된 해충으로 우리나라에서는 2000년 6월에 경남 창원의 단감 과원에서 최초로 피해가 확인되었다(Park *et al*. 2009d). Park *et al*. (2009d)은 2008-2009년 동안 6개도 11개 시 · 군의 143개 감 과원에서 조사한 결과 경북(의성, 구미, 상주, 문경)에서의 감관총채벌레에 의한 피해과원율은 73.3%로서 경남이나 충북 영동지역에 비하여 높았다. 피해주율은 경북 구미 지역이 23.5%로 가장 높았으며 진주와 산청지역에서는 0.2%와 1.6%로 낮았다. 감관총채벌레의 피해는 산과의 거리가 가까운 과원에서 많았고, 산과 가까운 과원에서는 과원의 가장자리 부분에서 심하였으며, 수관 내에서는 중부와 하부의 피해엽률이 높았다.

감관총채벌레는 성충이나 약충이 잎을 가해하면 가장자리에서부터 세로로 말리며, 과실의 경우 자갈색의 작은 반점이 띠 모양으로 생겨 감의 상품성을 저하시킨다(Park *et al*. 2009d). 성충태로 감나무나 과수원 주변의 소나무, 삼나무, 떡갈나무 등의 껍질 틈새에서 성충으로 월동하며, 월동세대 성충은 4월 하순부터 5월 하순 사이에 월동처에서 감나무로 이동하여 감의 새잎에 산란한다(Huh *et al*. 2006). 연간 1세대가 발생하지만 일부 2세대 성충이 7월 이후에 나오기도 한다(Huh *et al*. 2006). 적용 약제로는 아세타미프리드 수화제, 클로르페나피르 액상수화제 등이 등록되어 있다(KCPA 2024). Chung *et al*. (2010)은 티아메톡삼을 총채벌레가 이동해 오는 5-6엽기와 이동 후 9일 후에 각각 한번씩 살포하고 감꽃이 질 무렵에 세번째로 처리하여 상품화 과실의 비율을 99%이상으로 만들 수 있어 감관총채벌레의 피해를 최소화 할 수 있다고 하였다.

(22) 밤나무혹벌

Asian chestnut gall wasp, *Dryocosmus kuriphilus* (Yasumatsu) (Hymenoptera: Cynipidae)

밤나무혹벌은 중국이 원산지로 1941년 일본으로 우연히 전파되었으며, 25년 동안 일본전역으로 확산되었다(Gibbs 2011). 국내에서는 1958년 충북 제천에서 처음 발견되었으며(일본에서 밤나무 묘목과 함께 유입된 것으로 추정), 1960년대 후반기에 그 피해가 전국적으로 확대되었었다(Kim 1998, Kim *et al*. 2005b). 미국으로는 1974년, 네팔에는 1999년, 이태리에는 2002년, 스위스에는 2009년에 전파되었다(Gibbs 2011). 1975년에는 일본에서 도입한 내충성 품종(축파, 단택, 은기, 유마 등)에서도 충영이 관찰되었다. 2003년에는 남부 지방(광양, 하동, 진주, 산청 등)으로 확산되었다. 연간 1회 발생하며 밤나무 새순이나 엽병, 엽맥에 벌레혹(충영)을 형성하여 피해를 주기 때문에 농약에 의한 방제 효과는 미약하다. 벌레혹 형성은 나무의 성장을 저해하며 밤의 생산량을 감소시키고 수세를 약화시킨다(Gibbs 2011).

국내에서는 남색긴꼬리좀벌(*Torymus geranii*)이 우점하는 기생천적이다(Kim *et al*. 2005b). 일본에서는 내충성 품종에서 다시 발생이 증가하자 밤색긴꼬리좀벌(*Torymus sinensis*)을 중국에서 도입하여 생물적 방제에 성공하였다(도입 전에는 40%의 충영률이 천적 도입 후 1992년에 3%로 감소하였다) (Van Driesche *et al*. 2008). 이탈리아에서도 일본에서 도입한 밤색긴꼬리좀벌을 Cuneo지역에 방사한 1년 후 전체 64,000 충영에서 204마리만의 기생벌을 발견하여 성공적으로 정착함을 보고하였다(Quacchia *et al*. 2008). 하지만 두 가지 문제점이 제시되었는데, 밤색긴꼬리좀벌이 비표적 생물에 대한 공격을 할 수 있다는 점과 일본에서처럼 토착 기생벌과 잡종을 생성할 가능성이 있다는 점이었다. 화학적 방제제로는 티아클로프리드 액상수화제 1종이 등록되어 있다(KCPA 2024).

(23) 점박이응애

채소의 주요 해충편 참고

(24) 사과응애

European red mite, *Panonychus ulmi* (Koch)
(Acari: Tetranychidae)

사과응애는 사과나무, 배나무, 복숭아나무 등 약 100여종의 수목을 가해하며 전 세계적으로 분포하며, 특히 유럽과 미국에서는 과수의 중요한 해충이다(Kramer & Nauen 2011). 우리나라 과수에서는 외국에서와 마찬가지로 해방 후 DDT 등 고독성 농약의 사용과 더불어 주요 해충으로 등장하였다. 1970년까지는 사과응애가 수원시 소재 사과원에서는 우점종이었으나 1980년 이후에는 점박이응애로 우점종이 바뀌었는데, 이는 사과원에서의 고독성 살충제와 제초제의 사용과 관련이 있다고 하였다(Kim & Lee 2005).

잎의 앞과 뒷면에서 흡즙하며 피해를 받은 잎은 황갈색으로 변색 된다(점박이응애에 의한 피해의 경우 흰색 반점이 생긴다). 연간 7-8회 발생하며, 알로서 가지의 분지점이나 겨울눈 기부에서 월동한다. 경북 지방의 경우 사과응애는 사과잎이 전개되는 4-5월에 부화하여, 5-7월까지 우점하였으며, 점박이응애는 6월 중순부터 밀도가 급격히 증가하여 7월 이후 사과나무에서 우점하였다(Park *et al*. 1990b).

방제제로 다수의 약제(비펜트린 수화제, 아바멕틴 유제, 아조사이클로틴 수화제)가 등록되어 있으나(KCAP 2024), 그 중 많은 살충제 및 살비제에 대한 저항성이 이미 보고되었다. Kramer & Nauen (2011)은 작용기작이 acetyl-CoA carboxylase를 저해하는 것인 스피로디클로펜을 이미 저항성이 보고된 다른 약제를 대체해서 사용할 수 있다고 하였다.

(25) 귤응애

citrus red mite, *Panonychus citri* (McGregor)
(Acari: Tetranychidae)

귤응애는 감귤(citrus)이 재배되는 곳이면 어디에서나 발견되는 세계적으로 분포하고 있는 해충이다. 우리나라 감귤의 주요 해충으로 귤굴나방을 비롯하여 30여종이 있으나 그 중 귤응애가 가장 중요한 해충 중의 하나이다(Kim *et al*. 1978). 귤응애는 잎과 과실로부터 세포액이나 엽록소를 흡즙해서 피해를 주며, 밀도가 높을 경우에는 조기 낙엽을 유발한다. 기온에 따라 연간 8-13세대가 발생한다(Kim *et al*. 1978). 25°C에서 알에서 성충까지 11일이 소요되고 성충의 수명은 6.3일이다(Choi & Kim 1998). 잎당 3마리의 밀도에서 낙엽율은 20.6%이었다(Choi & Kim 1998). 흥미롭게도 귤응애는 다른 잎응애류와는 달리 잎의 윗부분에서 서식하는데, 이는 귤응애가 자외선에 내성이 있기 때문이다(Fukaya *et al*. 2013)

다른 응애류와 마찬가지로 방제를 위해 살충제와 살비제 사용에 의존한 결과 많은 약제에 대해 저항성을 가지게 되었다. 최근에 많이 사용되는 spirocyclic tetronic acid계열의 약제인 스피로디클로펜과 스피로메시펜 등이 저항성 귤응애 방제에 이용될 수 있으나, 중국의 핑허(Pinghe)현에서는 스피로디클로펜에 대한 저항성이 있는 귤응애 개체군이 이미 보고되었다(Hu *et al*. 2010). 터키에서는 하우스에서 재배되는 발렌시아오렌지의 유묘에서 귤응애 천적인 *Typhlodromus athiasae*의 방사비율을 1:10으로 했을 경우 성공적으로 방제할 수 있다고 보고되었다(Kasap 2011).

(26) 귤굴나방

citrus leafminer, *Phyllocnistis citrella* Stainton
(Lepidoptera: Gracillariidae)

그림 7-5-9. 귤굴나방에 의한 피해.

귤굴나방은 동남아시아가 원산지로 감귤을 포함하는 운향과(Rutaceae) 식물의 잎을 가해하는 해충이다. 특히 1990년 이후에는 유럽, 북미, 남미 등으로 확산되었으며, 어린 잎에 산란 및 섭식으로 인한 피해뿐만 아니라 감귤궤양병(citrus canker, *Xanthomonas citri* subsp. *citri*; **그림 4-2**)의 유도로 세계적으로 중요한 해충이 되었다. 잎의 조직 내에서 가해하는 귤굴나방의 생물적 특성과 살충제에 대한 저항성 발달로 방제가 어렵다. 최근에는 성페로몬을 이용한 교미교란 기술이 개발되어 시도되고 있지만 아직까지는 외래 침입한 귤굴나방의 경우 도입 천적을 이용한 생물적 방제가 가장 경제적이고 환경 친화적인 것으로 알려져 있다. *Ageniaspis citricola* (Encyrtidae)와 *Citrostichus phyllocnistoides* (Eulophidae)는 각각 미국과 스페인에 도입되어 성공적으로 정착 및 귤굴나방 방제에 성공한 기생벌 들이다. 특히 미국에서는 1993년 플로리다주에서 처음 발견된 후 발생 면적이 약 27만ha 이상으로 급속히 확산되었으나, 1994년에 *A. citricola*를 호주에서 도입하여 귤굴나방을 성공적으로 방제하였는데, 연간 150억원의 비용 절감 효과가 있는 것으로 조사되었다. 국내에서는 1970년부터 피해가 보고되었으며, 귤응애, 진딧물류 등와 더불어 감귤류의 중요한 해충이다(Kim *et al*. 2000a). 특히 시설재배 만감류(한라봉 등)에서는 과실 성장 및 결과지 형성을 위하여 신초의 발생이 중요하기 때문에 경제적 중요도가 아주 높다. 하지만, 아직 효과적인 천적이 없기 때문에 주기적인 화학적 방제에 의존하고 있는 실정이다. 현재 델타메트린 유제, 아세타미프리드 수화제, 클로르페나피르 액상수화제 등이 등록되어 있다(KCPA 2024). Song & Kang (2006)은 성페로몬인 (Z,Z)-7, 11-hexadecadienal을 이용한 유인력 평가시험에서 오전 2-6시에 가장 많이 포획된다고 하였다.

(27) 포도녹응애

grape rust mite, *Calepitrimerus vitis* (Nalepa)
(Acari: Eriophyidae)

포도녹응애는 유럽, 브라질, 호주, 미국에서 포도의 중요한 해충이며 *Vitis*속 식물이 필수적인 기주이다(obligatory pest)(Cho *et al*. 2013, Lee *et al*. 2018). 포도에서 이른 봄에 잎과 가지가 뒤틀리고 성장이 억제되는 RSGS 증상(Restricted Spring Growth Syndrome)과 이로 인해 여름에 잎이 갈변하고 가지에 상처가 생기는 SSS 증상(Short Shoot Syndrome)을 유발하기 때문에 경제적 피해를 주고 있다(Cho *et al*. 2013). 또한 다른 녹응애류와 같이 많은 국가에서 검역 대상 해충으로 관리되고 있다(Cho *et al*. 2013). 포도녹응애는 150-180㎛의 크기로 매우 작아서 육안으로 구분이 힘들며 국내에서는 2011년 경기도 화성의 온실에서 재배 중인 포도에서 처음 발견되었으며, 2011-2012년 조사에서 충북, 충남, 전북, 경북의 주요 포도재배원에서도 발견되었다(Cho *et al*. 2013). 봄철 월동형(deutogyne)이 깨어 나오는 시기와 가을철 월동형이 월동 부위(눈 속이나 나무껍질 밑)로 이동하는 시기인 9월 중순이 방제 적기이다(Lee *et al*. 2018).

표 7-5-1. 과수의 주요 해충과 등록된 약제.

		복숭아심식나방	복숭아순나방	복숭아명나방	은무늬굴나방	사과굴나방	애모무늬잎말이나방	사과무늬잎말이나방	미국선녀벌레	꽃매미	조팝나무진딧물	가루깍지벌레	온실가루깍지벌레
기계유	EC												
다조멧	GR												
델타메트린	EC	■		■		■	■		■	■			
디플루벤주론	WG				■								
람다사이할로트린	EC							■					
루페뉴론	EC	■	■	■		■	■						
뷰프로페진	SC											■	
비펜트린	WP												
	EC												
사이클라닐리프롤	SL	■											
설폭사플로르	WG								■			■	
스피로테트라맷	SC												
아바멕틴	EC												
아세타미프리드	WP				■				■	■	■	■	
	WG												
아조사이클로틴	WP												
에마멕틴벤조에이트	EC	■	■	■						■			
에토펜프록스	EC		■										
	EW												
에토프로포스	GR												
인독사카브	SC						■						
	WG		■										
이미다클로프리드	WP				■					■			
	WG										■		
카보설판	GR												
클로란트라닐리프롤	WG		■				■						
클로르페나피르	SC		■			■							
클로티아니딘	WP										■		
티아클로프리드	SC										■		
페니트로티온	WP												
포스티아제이트	SL												
플로니카미드	WG										■		
플루아지남	WP												

		꼬마배나무이	사과면충	포도뿌리혹벌레	썩덩나무노린재	갈색여치	밤바구미	감관총채벌레	밤나무혹벌	사과응애	귤응애	귤굴나방	뿌리썩이선충
기계유	EC	■											
다조멧	GR												■
델타메트린	EC				■							■	
디플루벤주론	WG												
람다사이할로트린	EC				■								
루페뉴론	EC												
뷰프로페진	SC												
비펜트린	WP									■			
	EC						■						
사이클라닐리프롤	SL												
설폭사플로르	WG												
스피로테트라맷	SC		■										
아바멕틴	EC	■								■	■		
아세타미프리드	WP							■				■	
	WG	■											
아조사이클로틴	WP									■			
에마멕틴벤조에이트	EC												
에토펜프록스	EC												
	EW				■								
에토프로포스	GR												■
인독사카브	SC												
	WG												
이미다클로프리드	WP												
	WG												
카보설판	GR			■									
클로란트라닐리프롤	WG												
클로르페나피르	SC							■				■	
클로티아니딘	WP												
티아클로프리드	SC						■		■				
페니트로티온	WP					■							
포스티아제이트	SL												■
플로니카미드	WG	■	■										
플루아지남	WP										■		

DC, 분산성액제; EC, 유제; EW, 유탁제; GR, 입제; SC, 액상수화제; SG, 입상수용제(수용성입제); SL, 액제; WG, 입상수화제(과립수화제); WP, 수화제(KCPA 2024).

06 화훼류의 주요 해충

우리나라 화훼작물의 시설에서의 재배면적 및 생산액이 2005년까지 꾸준히 증가하여 생산액의 경우 2005년에 1조원까지 되었으나 2015년에는 5,831ha 6.3천억원, 2022년에는 4,229ha에 5.7천억으로 감소추세에 있다(2022 화훼재배현황, 농림축산식품부). 화훼작물의 주요 생산지로는 절화류의 경우 부산, 김해, 경기 고양이고 분화류는 경기 고양, 광주, 성남 등이다. 또한 관상수는 전북 지방에서 그리고 제주도와 강원도는 난지와 고랭지라는 지리적 이점을 이용한 계절적 절화류를 주로 생산하고 있다(정순경 1996). 우리나라에서 가장 대표적인 화훼작물은 장미와 국화이며, 2022년의 재배면적이 각각 226ha와 297ha이었으며, 생산액은 각각 618억원과 393억원으로 전체 화훼류의 10.9%와 7.0%를 각각 차지하였다(2022 화훼재배현황, 농림축산식품부). 경남지역의 화훼작물에 나타나는 해충으로는 거베라에서 아메리카잎굴파리, 점박이응애, 담배거세미나방 등 8과 8속 10종, 글라디올러스에서 명주달팽이, 민달팽이 등 6과 7속 8종, 국화에서 민달팽이, 꽃노랑총채벌레 등 10과 13속 14종으로 조사되었다(Shin *et al*. 2001).

(1) 꽃노랑총채벌레

채소의 주요 해충편(p. 211) 참고

(2) 파총채벌레

채소의 주요 해충편(p. 216) 참고

(3) 파밤나방

채소의 주요 해충편(p. 188) 참고

(4) 담배거세미나방

채소의 주요 해충편(p. 192) 참고

(5) 복숭아혹진딧물

채소의 주요 해충편(p. 205) 참고

(6) 목화진딧물

채소의 주요 해충편(p. 208) 참고

(7) 온실가루이

채소의 주요 해충편(p. 201) 참고

(8) 고자리파리

채소의 주요 해충편(p. 195) 참고

(9) 아메리카잎굴파리

채소의 주요 해충편(p. 197) 참고

(10) 점박이응애

채소의 주요 해충편(p. 219) 참고

(11) 차먼지응애

채소의 주요 해충편(p. 222) 참고

(12) 달팽이류

연체동물 해충편(p. 44) 참고

(13) 뿌리썩이선충

root-lesion nematode *Pratylenchus* spp. (Nematoda: Pratylenchidae)

뿌리썩이선충류의 기주범위는 넓고 특히 국화, 거베라 등 숙근 화훼류에 피해가 심각하다(Han *et al*. 2006). 전 세계적으로 분포하며 63종이 보고되어 있고 국내에는 11종이 보고되었다(Lee *et al*. 2008b). 2005년 국내의 주요 국화재배지의 86%에서 발생이 확인되었으며(Han *et al*. 2006), 2003년 구미 원예수출공사의 스프레이국화에서 사과뿌리썩이선충(*Pratylenchus vulnus*)이 발생하여 큰 피해를 유발하였다(Lee *et al*. 2008b). 뿌리썩이선충류는 이동성인 내부기생충으로 작물의 뿌리 조직을 뚫고 들어가 세포를 흡즙하여 파괴한다. 밀도가 높으면 뿌리 조직의 괴사를 유발하고 지상에는 왜화현상이나 황화현상으로 나타난다(Han *et al*. 2006, Lee *et al*. 2008b). 또한 뿌리썩이선충은 토양병원균과 복합적으로 감염되어 밀도가 높은 포장은 생육 후기에 시들음 증상의 발생 원인이 되기도 한다(Lee *et al*. 2008b). 검역법상 금지급으로는 바나나뿌리썩선충이 있다. 적용 약제로는 다조멧 입제, 에토프로포스 입제, 포스티아제이트 입제 등이 있다(KCPA 2024).

07 산림의 주요 해충

산림은 영년생 식물이 중심인 매우 다양한 생태계로 구성되어 있으며, 목재 및 부산물 공급과 같은 경제적 가치 제공과 휴양소, 오염 정화, 산소 공급, 야생 동식물의 서식처 제공 등의 공익적 기능을 한다. 산림의 주요 해충을 분류학적으로 구분하면 다음과 같다. 1)나비목은 산림해충 중 가장 많은 종류가 포함되는 군으로 대부분이 식엽성(食葉性) 해충이나 구과(毬果)를 가해하는 잎말이나방과 명나방류, 형성층을 가해하는 박쥐나방과 유리나방 등 가해 형태도 다양하다. 식엽성 해충으로는 솔나방, 미국흰불나방, 짚시나방, 텐트나방 등이 있으며 구과해충으로는 백송애기잎말이나방, 솔알락명나방 등이 있다. 2)딱정벌레목은 식엽성 해충인 잎벌레와 풍뎅이류, 천공성 해충인 나무좀과 바구미, 하늘소류가 있다. 이 목에 속하는 주요해충으로는 오리나무잎벌레, 소나무좀, 밤바구미, 소나무노랑점바구미, 포플러하늘소 등이 있다. 3)파리목은 식엽성 해충인 굴파리류와 충영을 형성하는 혹파리류가 있으며, 세계적으로 크게 문제가 되는 해충은 없으나 우리 나라의 경우 산림의 가장 중요한 해충으로 인식되고 있는 솔잎혹파리가 여기에 속한다. 4)벌목에는 잣나무넓적잎벌, 솔노랑잎벌, 솔잎벌 등 식엽성 해충인 잎벌류가 대표적이며 기타 밤나무 눈에 충영을 만드는 밤나무혹벌이 있다. 5)노린재목의 대표적인 해충으로는 솔껍질깍지벌레가 있다. 6)응애류에는 잎응애류와 혹응애류가 있으며 대표적인 해충은 잣나무잎응애이다. 7)선충류에는 최근에 큰 피해를 주고 있는 소나무재선충이 대표적이다.

시기별 산림의 주요 해충 발생 양상은 다음과 같다. 1970년대 중반까지는 솔나방, 솔잎혹파리, 미국흰불나방, 오리나무잎벌레 4종과 잣나무털녹병을 포함한 산림의 5대 병해충이 크게 문제시 되었다. 1980년대 이후에는 솔나방에 의한 피해는 급격히 감소하였지만 솔잎혹파리가 지속적으로 확산되었으며, 솔껍질깍지벌레, 잣나무넓적잎벌, 황철나무알락하늘소 등도 발생하였다. 또한 1988년에는 소나무재선충이 최초로 발견되었다. 2000년대 이후에는 소나무재선충 피해가 전국적으로 확산되었으며, 솔잎혹파리는 지속적으로 발생하였다. 특히 2002년에는 광릉긴나무좀에 의한 참나무시들음병이 최초로 확인되었다. 최근 5년간(2013~2017년) 국립나무병원으로 진단 의뢰된 수목 피해를 분석해보면, 전체 3,073건 중에서 소나무와 관련된 진단 의뢰 건수가 40.7%, 느티나무가 5.9%, 벚나무가 5.1%, 단풍나무가 4.2%를 차지하였으며, 피해의 원인으로는 해충이 31.2%, 병해가 13.9%이었다. 해충별로는 깍지벌레류, 진딧물류, 나무좀류, 나방류 순으로 진단 의뢰 건수가 많았다(Lee *et al*. 2018).

(1) 솔잎혹파리

pine needle gall midge, *Thecodiplosis japonensis* Uchida & Inoue (Diptera: Cecidomyiidae)

그림 7-7-1. 솔잎혹파리에 감염된 솔잎 부위에서 발견되는 월동중인 유충(A)과 감염목(B).

소나무는 우리나라 전체 산림 면적의 23.5%를 차지하고 있으며 산림으로서의 가치뿐만 아니라 문화적으로도 중요한 위치를 차지하고 있다. 소나무의 대표적인 해충으로는 솔잎혹파리와 솔껍질깍지벌레가 오랜 기간 동안 피해를 주고 있다(Kim *et al*. 2009e). 솔잎혹파리는 유충이 소나무 신초의 밑부분에서 흡즙해서 잎의 밑부분에 혹을 형성시켜 피해를 주는 해충이다. 피해 잎은 성장이 정지되고 말라 죽게 된다. 2-3년간 연속적으로 가해를 받으면 나무 전체가 말라 죽는다. 1924년 서울과 목포에서 처음 발견된 후, 현재 전국적으로 확산되었다. 연간 1회 발생하며, 유충으로 땅속내지 혹에서 월동한 후 이듬해 봄에 번데기가 된다. 성충은 5-6월에 나타나기 시작하며 부화된 유충은 잎의 기부로 내려와 흡즙한다. 1개의 혹 속에 5-6마리의 유충이 서식한다.

솔잎혹파리 방제에는 4월 하순에서 5월 하순 사이 유충과 번데기 기간에 카보퓨란 입제와 같은 살충제를 토양에 처리하거나 아세타미프리드 액제, 이미다클로프리드 분산성액제, 티아메톡삼 분산성액제와 같은 침투성 살충제를 6월 중순 경에 수간주사하는 방법을 사용한다(KCPA 2024). Lee *et al*. (2000b)은 님(neem) 추출물 또는 님 추출물을 포스파미돈과 혼합해서 수간주입해서 사용할 경우 솔잎혹파리와 솔껍질깍지벌레의 예방효과가 있다고 하였다. 또한 Park *et al*. (2001b)은 기생벌들에 의한 솔잎혹파리의 밀도 조절 능력이 피해가 많은 발생초기에는 미약하지만 솔잎혹파리의 밀도가 낮은 피해 회복 지역에서는 높은 밀도 조절 능력을 가지고 있는 것으로 보고하여, 살충제 중심의 방제 방법보다는 이러한 천적을 고려한 방제법의 실행이 필요한 것으로 보인다.

(2) 솔껍질깍지벌레

black pine bast scale, *Matsucoccus thunbergianae* Miller & Park (Homoptera : Matsucoccidae)

솔껍질깍지벌레는 *Pinus balbouriana*외 27종의 식물에 서식하는 것으로 알려져 있다. 우리나라에서는 주로 곰솔(*Pinus thunbergii*)만을 집중적으로 가해하며, 1963년 전남 고흥군 비봉산에서 피해가 최초로 보고된 후에 1980년대 초에는 남서해안 지방을 중심으로 대발생한 이후 산림을 황폐화시키고 있다(Kim & Oh 1992). 2010년 조사에 의하면 솔껍질깍지벌레의 분포는 남해안 전역과 동해안의 포항, 서해안의 충남 보령지역까지 분포하지만 제주도에서는 분포가 확인되지 않았다. 시군 단위에서는 전남 해남군의 솔껍질깍지벌레 평균밀도가 1.7마리/0.8cm^{2}로 가장 높았으며 읍면동 단위에서는 해남군 송지면이 6.4마리/0.8cm^{2}로 가장 높았다(Lim *et al*. 2010). 7-22년생 소나무에서 가장 피해가 심하며(Kim & Oh 1992, Kim *et al*. 1995), 피해를 받은 나무는 하부 가지부터 고사하여 상층부로 피해가 진전된다. 피해가 가장 뚜렷하게 나타나는 시기는 3-5월로 적갈색을 띠면서 고사한다(Kim & Oh 1992). 대부분 1년 1세대의 생활사를 가지는데 성별에 따라 상이한 생활사를 가져 암컷은 하면한 2령 약충에서 우화하여 성충이 되며, 수컷은 2령 약충에서 3령 및 번데기 단계를 거쳐 성충이 된다(Kim & Oh 1992). 솔껍질깍지벌레 수컷은 비행이 가능하지만 암컷이나 다른 충태에서는 자발적 비행이 불가능하여 자발적 이동에 의한 수관 또는 임내 이동은 어렵다(Park *et al*. 1994). 그러나 솔껍질깍지벌레의 피해는 선단지로부터 매년 5km의 속도로 이루어지고 있는데(Park 1991), 이러한 확산은 주로 바람에 의한 부화약충의 전파로 이루어지고, 일부가 난낭시기에 바람에 의해 자연 확산되나(Park 1991), 경우에 따라서는 조경수나 가로수로 식재할 목적으로 솔껍질깍지벌레 피해목을 굴취하여 다른 지역에 이동, 옮겨심기하는 인위적 확산도 발생하고 있다(Chung *et al*. 2000). 암컷이 분비하는 성페로몬을 이용해서 신규 발생지를 조사하며, 성페로몬을 이용한 교미교란기술이 시도되었다(Park *et al*. 1994). 적용 약제로는 아세타미프리드 액제, 에마멕틴벤조에이트 유제, 이미다클로프리드 분산성액제 등이 있다(KCAP 2024).

(3) 솔나방

pine moth, *Dendrolimus spectabilis* (Butler)
(Lepidoptera: Lasiocampidae)

솔나방은 주로 소나무를 가해하며 주요 기주는 곰솔과 잣나무, 리기다소나무, 낙엽송, 히말라야시다 등이다. 유충(= 송충)이 솔잎을 식해하여 소나무를 고사시킨다. 연간 1회 발생하며, 유충으로 월동한 후 7월에 고치를 만든다. 8월부터 우화하여 솔잎사이에 무더기로 산란한다. 방제 약제로는 비티쿠르스타키 수화제, 아바멕틴 유제, 페니트로티온 유제 등이 있으며(KCPA 2024), 10월경 수간에 잠복소를 설치한 후 다음해 4월 이전에 제거 및 소각하여 방제할 수 있다(강 등 2008).

(4) 솔수염하늘소

Japanese pine sawyer, *Monochamus alternatus* Hope (Coleoptera: Cerambycidae)

소나무재선충을 옮겨주는 매개충은 *Monochamus*속에 속하는 하늘소류로 우리나라 남부 지방에서는 솔수염하늘소가 소나무 가해 시에, 중부 지방에서는 북방수염하늘소가 잣나무와 소나무 가해 시에 매개하는 것으로 알려져 있다(Kim *et al*. 2009e). *Monochamus*속 하늘소류는 한국, 일본, 대만, 중국, 서유럽, 북미 등에 분포한다. 솔수염하늘소는 대부분(97.6%)이 1년 1세대이며, 일부(2.4%)가 2년 1세대를 가지고 있다(Kim *et al*. 2003b). 성충은 5월 15일을 전후하여 우화를 시작하고(Kim *et al*. 2003b) 2,000-9,000마리의 선충을 보유하고 있다. 우화한 성충이 후식(maturation feeding)을 통해 소나무재선충을 매개한다. 우화 2주째에 가장 많은 선충이 탈출하며, 매개충 1 마리당 탈출하는 선충의 수는 평균 3,570 마리이었다(Kim *et al*. 2009e). 중국에서는 하늘소류 방제에 국내에도 분포하는 개미침벌[*Scleroderma guani* (=*harmandi*)]을 이용하였으며(Hong *et al*. 2008), 최근에 중국에서 발견된 고치벌류인 *Bracomorpha (=Cyanopterus) ninghais*가 가장 효과적인 천적으로 보고되었다. 외부기생벌인 *B. ninghais*는 기주특이성이 높고 나무 껍질을 뚫고 기주를 정확하게 찾을 수 있다는 장점이 있다(Wang *et al*. 2024). 메탐소듐 액제, 티아클로프리드 액상수화제, 티아메톡삼 분산성액제 등이 적용 약제로 등록되어 있다(KCPA 2024).

(5) 소나무재선충

pinewood nematode, *Bursaphelenchus xylophilus* Nickle (Nematoda: Aphelenchoidoidea)

소나무재선충은 소나무속(*Pinus*)뿐만 아니라, 전나무속(*Abies*), 가문

비나무속(*Picea*), 잎갈나무속(*Larix*)의 일부 수종도 가해한다. 북미의 토착종으로 1900년대 초에 일본에서 최초로 발생이 보고된 후, 1982년 중국 남경, 1985년 대만, 1988년 한국(부산 금정산)으로 확산되었다. 매개충은 *Monochamus*속의 하늘소류이다. 한국에서는 2004년에만 4,961ha에 걸쳐 발생하였으며, 152,142그루의 소나무가 제거되었다(1998년 일본에서는 8백만 그루의 소나무가 고사하였다). 암컷은 약 80개의 알을 생산하며(25°C에서 1쌍의 암수가 20일 만에 200,000마리로 증식할 수 있다), 여름철에는 세대기간이 4일로 짧다. 제 4령충은 죽은 나무에서 월동한 후 이른 봄에 매개충인 하늘소(일본과 한국에서는 주요 매개충이 솔수염하늘소(*Monochamus alternatus*)이고 미국은 매개충이 *M. caroliensis*이다)가 우화할 때 하늘소의 기문으로 침입한다. 우화한 하늘소는 약 15,000-20,000마리의 성충을 운반하며, 새 소나무에서 수피를 벗기면서 섭식할 때 생기는 상처를 통해서 선충이 나무내로 침입한다. 이때 선충은 나무 내에서 성충으로 탈피한 후 소나무의 수지도(resin canal)로 이동한 후 수지도의 표피세포를 섭식하여 가해한다. 선충의 밀도 증가로 나무의 수분상승이 차단되고 셀룰레이스를 분비함으로써 조직을 파괴시켜 나무를 죽인다(2년생 소나무의 경우 40일 만에 고사할 수 있다). 그래서 수지도가 좁은 소나무의 경우(*P. sylvestris*와 같이) 소나무재선충에 대해 저항성을 가지는 것으로 알려져 있다(da Silva *et al*. 2015). 감염된 가지의 솔잎은 처음에는 어두운 녹색이 되고 점점 노랗게 된 다음 나중에는 갈색으로 변하며 잎들이 시든 모양으로 된다.

그림 7-7-2. 소나무재선충 감염목.

방제법으로는 1~2월 아바멕틴 분산성액제, 에마멕틴벤조에이트 유탁제 등의 원액 1mL/흉고직경(cm)을 나무주사하거나(KCPA 2024), 감염된 나무를 벌채하여 집재한 후 메탐소디움 액제로 훈증 처리할 수 있다(Kim *et al*. 2009e). Wang *et al*. (2011)은 소나무재선충의 내부 기생 곰팡이인 *Esteya vermicola* (Ophiostomataceae)의 분생포자액을 $3 \times 10^8 ml^{-1}$ 농도로 처리하여 소나무재선충을 79% 감소시키는 것을 발표하고 새로운 생물적 방제 인자로서 가능성이 있다고 하였다.

(6) 광릉긴나무좀

Platypus koryoensis (Murayama) (Coleoptera: Platypodidae)

광릉긴나무좀은 암브로시아나무좀류로 주로 신갈나무에서 참나무시들음병의 매개충으로 알려져 있다. 암브로시아나무좀류는 수목의 중요한 곰팡이 병원균을 배양 및 섭식하면서 전파한다(Batra 1966, Reed & Muzika 2010). 암컷이 등판에 있는 균낭(mycangia)에 배양균을 지니고 다닌다(Moon *et al*. 2012). 2002년에 광릉긴나무좀에 의한 참나무시들음병이 최초로 발견된 후 그 피해가 증가하였으며, 2009년에는 경기도에서 2,894본의 참나무류가 고사하였다. 광릉긴나무좀에 대한 방제법으로는 소구역 선택베기, 고사목 제거, 끈끈이롤트랩 설치, 유인목 설치, 전기충격기 활용, 지상 약제살포, 대량포획 장치법, 약제줄기 분사법 등이 현재 활용되고 있다(Kim *et al*. 2010d, Son *et al*. 2015). 그 중 유인목 설치 방법은 매개충을 유인하여 포살하는 방법으로 일본에서는 매개충의 유인효과를 상승시키기 위하여 유인목에 에탄올, 페로몬 등을 추가 설치하여 사용하고 있다(Son *et al*. 2015). 적용 약제로는 페니트로티온 유제, 메탐소듐 액제, 마그네슘포스파이드 판상훈증제 등이 등록되어 있다(KCPA 2024).

(7) 도토리거위벌레

oak nut weevil, *Mechoris ursulus* Roelofs (Coleoptera: Attelabidae)

도토리거위벌레는 갈참나무, 신갈나무, 졸참나무, 굴참나무, 상수리나무 등에서 서식하며, 성충이 미성숙 견과에 산란공을 뚫고 1개씩 산란한

뒤, 그 열매가 달린 가지를 절단하여 땅에 떨어뜨림으로써 경제적 피해를 준다(**그림 7-7-3**). 피해는 7월 하순부터 9월 하순까지 나타난다(유 등 1995). 유충의 발육은 어미가 선택한 도토리의 크기나 질에 의해 영향을 받으며, 주로 큰 도토리에서 발육한 경우 우화한 성충의 크기도 크다. 도토리거위벌레는 이미 산란된 도토리를 구분하는 것으로 알려져 있다(Koo *et al*. 2003). 도토리거위벌레의 방제를 위해 등록된 약제는 아직 없으며(KCPA 2024), Park *et al*. (2000)은 계피추출물을 훈증제로 사용할 경우 살충 효과가 있다고 보고하였다.

그림 7-7-3. 도토리거위벌레에 의해 산란된 후에 절단된 가지(A)와 도토리에서 탈출한 도토리거위벌레 유충(B).

(8) 오리나무잎벌레

Agelastica coerulea (Baly) (Coleoptera: Chrysomelidae)

오리나무잎벌레는 오리나무과 식물의 잎을 가해한다. 1975년과 1996년 사이에 연간 약 20,000ha의 물오리나무와 오리나무 재배지에서 발생하여 피해를 주었다(Park *et al*. 2004). 연간 1회 발생하며 5월 초순까지 성충으로 낙엽이나 토양에서 월동한다. 월동한 성충은 5-6월 사이에 평균 55개의 난괴에 220여개의 알을 산란하며, 부화한 유충은 잎을 섭식하며 6-7월에 토양에서 번데기가 된다. 우화 성충은 7월 18일경부터 발생해서 9월 초순까지 오리나무잎 등을 가해한(Choi & Boo 1991) 후 월동처로 이동한다. 델타메트린 유제가 적용 약제이다(KCPA 2024).

(9) 모무늬매미충(=마름무늬매미충)

Hishimonus sellatus Uhler (Hemiptera: Cicadellidae)

뽕나무, 환삼덩굴, 대추나무 등에서 서식하며 대추나무빗자루병(jujube witches-broom disease)을 매개한다. 연간 5세대가 발생하며, 8월이 최대 발생기이다. 성충의 산란수는 32-62개이다(Kim & Kim 1993). 이미다클로프리드 액상수화제를 사용하여 방제할 수 있다(KCPA 2024).

(10) 미국흰불나방

fall webworm, *Hyphantria cunea* (Drury)
(Lepidoptera: Arctiidae)

그림 7-7-4. 미국흰불나방에 의한 뽕나무(A)와 블루베리에서의 피해(B).

미국흰불나방은 불나방과 곤충[75)]으로 기주는 과수, 뽕나무 및 다수의 활엽수이며(**그림 7-7-4**), 국내에서는 양버즘나무, 느릅나무, 산수유 등 총 44과 102종의 식물에 서식하는 것으로 알려졌다(Kim & Kil 2012). 미국이 원산지이고 캐나다, 헝가리, 러시아 등 유럽과 아시아에 분포한다. 한국은 1958년에 서울 이태원동 미군주둔지 부근의 가로수에서 처음 발견되었다(Kim & Kil 2012). 유충이 잎을 갉아

75) 불나방과 유충은 털이 많이 나 있어 woolly bear라고 불린다

먹는다(**그림 7-7-5**). 연간 2~3회 발생하며, 천적으로는 무늬수중다리좀벌 등이 있다. 산림에서의 정착은 각종 천적때문에 어렵지만 도시지역 가로수, 정원수 등에 피해를 주어 미관을 저해한다. 적용 약제로 델타메트린 유제, 루페뉴론 유제, 사이클라닐리프롤 액제, 에마멕틴벤조에이트 유제, 클로란트라닐리프롤 수화제 등이 등록되어 있다 (KCPA 2024).

그림 7-7-5. 미국흰불나방의 3령 유충(A)과 성충(B).

(11) 천막벌레나방(=텐트나방)

Malacosoma neustria (L.) (Lepidoptera: Lasiocampidae)

벚나무, 포플러, 상수리나무, 장미, 해당화, 아그배나무 등을 가해하는 잡식성 곤충으로, 유충이 가지와 가지 사이에 거미줄로 두터운 천막을 치고 그 속에서 낮에 휴식한 후에 밤에 나와서 식엽하는 특징이 있다. 연간 1회 발생하며, 반지 모양의 난괴로 월동한다. 4령 까지 천막 속에서 군서하다가 6월에 우화한다. 방제제로는 클로르피리포스 수화제 등이 있다(강 등 2008).

(12) 매미나방(=집시나방)

spongy moth, *Lymantria dispar* (L.) (Lepidoptera: Lymantriidae)

그림 7-7-6. 매미나방의 유충(A), 성충(B), 알집의 모습(C).

매미나방은 산림의 중요한 해충이며 아시아와 유럽이 원산이다(Kang *et al*. 2017). 아시아계통은 활엽수와 침엽수 모두를 가해하는 *L. dispar asiatica*와 *L. dispar japonica* 등이 있다. 이중 *L. dispar asiatica*는 주로 한국, 일본, 아무르, 시베리아에 분포하며, *L. dispar japonica*는 일본에 분포하고 있다. 주로 유충이 잎을 가해하며, 피해가 심하면 가지만 앙상하게 남는다. 성충의 암수 모양과 크기가 전혀 다른 것이 특징이며, 연간 1회 발생하고 6~8년 주기로 대발생한다. 수간이나 가지에서 난괴로 월동하며, 4월에 부화하여 6-7월에 번데기가 된다. 2020년에 강원, 경기 등 중부지방을 중심으로 대발생하여 3,974ha의 식엽피해가 보고된 바 있는데, 이는 겨울철 이상고온 및 봄철 가뭄 현상 등이 복합적으로 작용한 결과라 하였다(Jung *et al*. 2020, Lee *et al*. 2022). 방제 약제로는 메타플루미존 유제, 에마멕틴벤조에이트 유제, 티아클로프리드 액상수화제 등이 등록되어 있으며(KCPA 2024), 식물추출물을 이용하여 유충이나 월동

난괴를 방제하는 기술도 개발되어 있다(Lee *et al*. 2022).

아시아계통이 1991년 북미 밴쿠버에서 처음 발견된 바 있으며, 2009년 이후 미국과 캐나다에서는 검역대상 해충으로서 지정하고 선박 검사를 통해 감염 여부를 평가하였다. 2012년 부터는 북미식물보호기구(NAPPO)에서 아시아계통 매미나방의 무감염증명서 요구하였다. 이를 미제출시에는 수출 화물 선박의 입항을 거부하거나 외항에서 검사를 완료한 후 입항을 허용하였는데, 이 때 검사비용으로만 선박당 $10,000을 부과하였으며 외항대기에 따른 수출품 지연과 계약위반 벌금 등으로 연간 1,000억원의 손실을 초래하였다. 이에 정부에서는 2012년 2월 국제식물검역인증원(IPAB, International Plant-quarantine Accreditation Board)을 설립하여 북미로 출항하는 선박에 대한 해충 검사와 항만 지역의 예찰, 방제 업무를 추진하여 국내 수출산업을 지원하고, 식물검역 업무를 수행하게 하였다(농림축산검역본부 2012).

유럽계통(*L. dispar dispar*)은 활엽수만 가해하는데, 1869년 유럽에서 미국으로 비단생산관련 실험용으로 들여왔다가 자연 생태계로 탈출해서 북미대륙의 산림에 큰 피해를 주었다. 최근 개체군 밀도가 크게 줄었는데 이는 곤충병원성 곰팡이인 *Entomophaga maimaiga*의 확산에 의한 것으로 제시되었다.

(13) 뽕나무하늘소

mulberry longicorn beetle, *Apriona germari* (Hope) (Coleoptera: Cerambycidae)

뽕나무하늘소는 주로 한국, 중국, 캄보디아, 인도, 말레이시아, 미얀마, 네팔, 파키스탄, 대만, 베트남 등 아시아에 분포하며 19개과 36속 식물을 가해한다. 유충이 발육을 완료할 수 있는 기주는 뽕나무, 포플러, 버드나무, 사과나무, 무화과나무, 닥나무, 잭프루트, 회화나무 등이다. 성충의 후식(maturation feeding)에 주로 이용되는 식물은 뽕나무, 닥나무, 구기자나무 등이다. 어린 가지에 대한 성충의 후식은 불규칙적인 섭식흔을 남기며 가지에 심각한 피해를 준다. 유충 단계에서 가장 피해가 크며 산란이나 유충의 활동에 의해 생긴 구멍에서 수액이 흘러나온다. 나무의 심재부에 들어간 유충은 아래로 내려오면서 배설물 배출을 위한 구멍을 뚫으며, 배설물은 나무의 기부에 쌓이게 된다. 한 세대 경과 기간은 2-3년이며 성충은 7-10월 사이에 우화한 후 약 10-15일간 산란한다. 나무 껍질 아래에 산란하며 부화한 유충은 먼저 변재부에서 섭식 후 심재부로 들어간다. 알이나 유충으로 월동하며 6-8월 중에 용화한다. 방제법으로는 알이나 성충을 방제하기 위해 살충제를 살포하고 유충은 나무주사를 통해 방제한다. 또한 피해목을 제거하고 곤충병원성 선충(*Steinernema pravassos, Heterorhabditis* spp.)이나 곰팡이균(*Beauveria bassiana*)을 유충 구멍에 주입할 수도 있다(Anonymous, 2014).

(14) 복숭아유리나방

Synanthedon bicingulata (Staudinger) (Lepidoptera: Sesiidae)

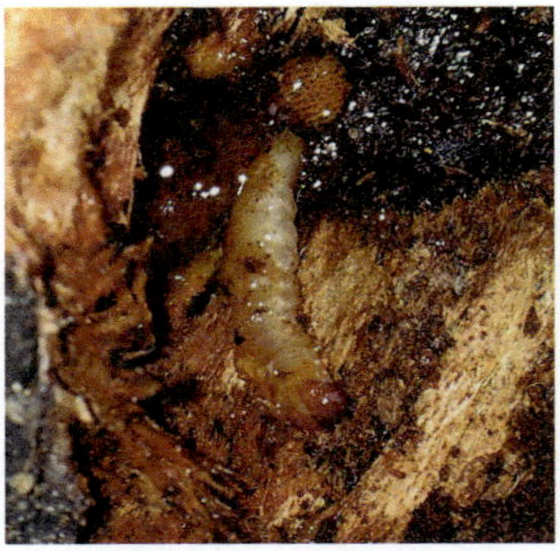

그림 7-7-7. 복숭아유리나방에 의한 벚나무 수간의 피해와 유충의 모습.

유리나방과는 다양한 크기로 전 세계적으로 약 1,000종이 분포하고 있는데, 우리나라에는 12속 27종이 알려져 있다(Cho *et al*. 2016). 유리나방류는 사과나무, 복숭아나무, 포도나무, 감나무 등의 낙엽과수에 피해를 주는 것으로 알려져 있으며, 복숭아유리나방, 애기유리나방, 사과유리나방 등이 주요 종이다(Cho *et al*. 2016, Lee *et al*. 2017). 유리나방류의 유충은 나무줄기 속으로 들어가 형성층(부름켜)을 섭식하여 피해를 주며, 피해를 받은 나무는 세력이 크게 저하되고 과실 비대에도 영향을 미칠 뿐만 아니라 상당히 굵은 가지도 바람에 부러지기 쉽고, 심하면 어린 나무의 수명도 단축시킨다. 복숭아유리나방은 벚나무, 복숭아나무, 매화나무, 살구나무, 자두나무, 사과나무, 배나무 대추나무 등에 발생하며(Cho *et al.* 2016, Lee *et al.* 2017), 유충은 황 회색으로 몸이 원통형이며, 머리는 갈색이다. 성충은 15mm정도이며, 날개는 투명하고 날개 맥이 검다. 성충의 배에는 2개의 노란띠가 있으며 배 끝에 털 무더기가 있다(강 등 2008). 복숭아유리나방는 연간 2회 발생하며, 1화기 발생최성기는 해에 따라 조금씩 다르나 대체로 6월 중이며, 2화기 발생최성기 9월 중으로 보고되었다(Cho *et al.* 2016, Lee *et al.* 2017). 유충이 나무껍질과 가까운 곳에 살며 가해부위는 굵은 배설물과 함께 수액이 흘러나온다(강 등 2008, Lee *et al.* 2017). 복숭아유리나방은 나무 표면에 산란을 한 뒤 부화한 유충이 나무 줄기 속으로 파고 들어가 그 안에서 섭식을 하며 피해를 준다. 산란 된 알에서 부화 후 줄기 속으로 파고 들어가기 전까지 외부에 노출되어 있어, 이때 복숭아유리나방 적용 약제를 살포하는 것이 효과적이다(Lee *et al.* 2017). 현재 사이클라닐리프롤 액제, 클로란트라닐리프롤 입상수화제, 플루벤디아마이드 액상수화제 등의 약제가 등록되어 있다(KCPA 2024).

(15) 황다리독나방

Ivela auripes (Butler) (Lepidoptera: Lymantriidae)

황다리독나방은 층층나무(*Cornus controversa*)를 가해하는 단식성 해충으로 유충이 잎의 주맥을 제외한 엽육을 섭식한다. 2002년 강원 영서 지방에서 발생하여 강원도 정선과 경기도 가평까지 큰 피해를 주었다(Choi *et al.* 2006b). 1년 일화성(univoltine)이고(Togashi & Kodani 1990), 실험실 항온조건(섭씨 24도)에서 1령 유충에서 번데기까지의 발육기간은 26.3일이고 성충의 수명은 4.4일이다(Choi *et al.* 2006b). 일본에서는 야외에서 조사한 유충의 발육기간이 섭씨 15도의 실내 항온조건에서 사육할 때와 같아, 야외에서의 유충 발생은 평균기온이 섭씨 15도일 때 일어난다고 하였다(Togashi & Kodani 1990). 난괴로 층층나무의 수간에서 월동한다고 알려져 있으며 일본에서는 4월 중순에 부화한다고 하였다(Togashi & Kodani 1990). 성충의 우화시기는 6월 초순부터 하순이었으며 50% 누적 우화시기는 6월 17일이었다(Choi *et al*. 2006b). 실험실에서 사육된 암컷 한 마리당 산란 수는 야외에서 채집된 개체들의 산란 수에 비해 낮았고, 포충망을 이용한 모니터링이 유아등 모니터링에 비해 효율적이었다.

(16) 줄마디가지나방

Chiasmia (=Godonela) cinerearia (Bremer et Grey) (Lepidoptera: Geometridae)

줄마디가지나방은 주로 가로수 및 조경수로 많이 식재되어 있는 회화나무를 가해하는 해충이다. 성충은 연 1-2회(5월과 8월) 발생하며, 토양에서 번데기로 월동한다(문 & 이 2012). 암컷 성충은 잎 위에 250~300개의 알을 무더기로 산란하고, 부화 유충의 몸길이는 1.2mm에서 시작하여 마지막 5령기 유충은 25~30mm까지 자라는데, 배 마디마다 검은 점 혹은 무늬가 4개 있다(문 & 이 2012, Kwon *et al*. 2016). 성충의 날개를 편 길이는 30~35mm이며, 회갈색을 띠고 앞날개에 뚜렷한 사각형 무늬가 있는 것이 특징이다(Kwon *et al*. 2016).

유충이 주로 봄에 가해하며, 집단으로 갉아먹어 가지에 잎이 거의 남지 않을 정도로 피해를 준다(문 & 이 2012). 2003년 경부고속도로 기흥IC 주변에서 처음으로 확인된 이후 2~3년을 주기로 지속적으로 피해가 발생하고 있다(Kwon *et al*. 2016).

방제법으로는 유충 발생 초기인 5월과 8월 말에 적용 약제를 살포한다(문 & 이 2012). 하지만 회화나무는 주로 대도시의 가로수나 주택가의 조경수로 식재되어 있기 때문에 화학적 방제보다 천적 등 친환경 방제 방법의 개발이 필요하다(Kwon *et al*. 2016).

(17) 진달래방패벌레

azalea lace bug, *Stephanitis pyrioides* (Scott) (Hemiptera: Tingidae)

진달래방패벌레는 진달래과(Ericaceae) 진달래속(*Rhododendron*) 목본 관상식물을 가해하는 곤충으로 일본이 원산지로 생각되지만, 1916년 미국에서 처음 발견된 후 전 세계로 확산되었다(Nair & Braman 2012). 성충의 체장은 약 3.5mm이며, 모두 레이스형의 투명한 날개를 가지고 있으며 날개에는 부분적으로 X자 모양의 갈색 무늬가 있다(문 & 이 2012). 연간 4회 발생하며 암컷은 잎 뒷면의 가장자리나 중앙 엽맥 근처에 주로 산란하며 알로서 월동한다(Nair & Braman 2012). 약충의 체장은 약 2.5mm이고 몸은 흑갈색으로 배등면에 가시돌기가 있다(문 & 이 2012), 약충은 약 1개월 정도 5번의 탈피를 거쳐 성충으로 발육한다. 성충과 약충 모두 오래되고 성숙된 잎을 선호하며, 섭식으로 인해 잎 뒷면에는 탈피각과 검은색 배설물이 붙어 있으며, 잎 윗면은 탈색되어 하얗게 된다(문 & 이 2012).

그림 7-7-8. 진달래방패벌레 약충.

진달래방패벌레의 방제 약제로는 에토펜프록스 유제, 설폭사플로르 입상수화제, 플루피라디퓨론 액제 등이 있으며 성충에 비해 약충이 약제 감수성이 높으므로 발생 초기에 처리하는 것이 효과적이다(KCPA 2024). 살충제보다는 방제 효과가 떨어지지만 주변 식물의 다양성을 높여서 경쟁자나 천적에 의해 밀도를 억제할 수 있다고 하였다(Nair & Braman 2012). 특히 영산홍과 같은 진달래방패벌레의 기주 식물은 경관 혹은 정원 식물로 식재되는 경우가 많아 살충제에 의한 인축에 대한 독성 피해가 클 수 있기 때문에, 이러한 살충제를 대체할 수 있는 식물정유나 살충비누액과 같은 친환경적 방제제 사용이 필요하다(Nair & Braman 2012). 또한 무엇보다도 적절한 수분과 영양 공급을 통해 기주 식물을 건강하게 관리하는 것이 중요하다(Nair & Braman 2012).

(18) 벚나무깍지벌레

white prunicola scale *Pseudaulacaspis prunicola* (Maskell) (Hemiptera: Diaspididae)

벚나무깍지벌레는 복숭아나무, 벚나무, 매실나무 등의 핵과류를 가해하는 과수의 중요한 해충이다. 그들의 생태 및 형태적으로 매우 유사한 뽕나무깍지벌레(*Pseudaulacaspis pentagona* [Targioni-Tozzetti])로 자주 오동정되어 왔으나, 최근에는 핵과류에서 벚나무깍지벌레가 주로 발생하고 있다(Kim 2005). 벚나무깍지벌레의 샘가시(gland spine)의 끝은 단순한 형태로 갈라지지 않았으며 뽕나무깍지벌레의 샘가시는 갈라져 있다(Skvarla *et al*. 2024). 또한 벚나무깍지벌레는 주로 온대 지방에서, 뽕나무깍지벌레는 주로 아열대와 열대 지방에서 주로 발견되는 것으로 알려져 있다(Skvarla *et al*. 2024). 벚나무깍지벌레는 수정된 성숙한 암컷 상태로 월동하고 이듬해 봄에 깍지 밑에 평균 77개 이상의(최대 169개) 알을 산란한다(Kim 2005). 부화한 약충이 발육하여 연간 2세대를 경과한다(Kim 2005). 효과적인 방제를 위해서는 약충이 깍지를 형성하기 전인 부화약충 활동시기에 약제를 살포해야 한다(Kim 2005).

그림 7-7-9. 벚나무깍지벌레 암컷(작은 그림내)과 수컷 성충.

(19) 개나리잎벌

Apareophora forsythiae Sato (Hymenoptera: Tenthredinidae)

그림 7-7-10. 무리지어 발생하는 개나리 잎벌 유충.

개나리잎벌은 현재까지 한국에만 분포하는 것으로 알려졌으며, 1996-1998년 서울 지방에서 대규모로 발생하였다(강전유 등 2008). 이 들의 기주 식물은 개나리속(*Forsythia*)의 개나리(*F. koreana*), 만리화(*F. ovata*), 산개나리(*F. saxatilis*)이다(Lee & Lee 1993, Lee *et al*. 2019). 개나리잎벌은 연간 1회 발생하며, 우화시기는 4월 중이다(Lee & Lee 1993). 우화한 암컷 성충은 교미 후에 개나리 꽃이 만개하면 펼치지기 직전의 잎 조직 속에 열을 지어 일생 동안 평균 96.1개, 잎당 16.2개를 산란한다(Lee & Lee 1993). 알기간은 10-14일이며, 부화한 유충이 무리지어 5월 중순까지 줄기만 남기고 잎을 식해한다(Lee & Lee 1993). 노숙 유충은 줄기를 타고 내려와 1cm내외의 흙속에서 흙집을 짓고 이듬해 3월까지 지낸다(Lee & Lee 1993). 방제 약제로는 사이안트라닐리프롤 분산성액제, 에토펜프록스 캡슐현탁제, 클로란트라닐리프롤 입상수화제가 등록되어 있다(KCPA 2024).

표 7-7-1. 산림의 주요 해충과 등록된 약제.

		솔잎혹파리	솔껍질깍지벌레	솔나방	솔수염하늘소	소나무재선충	광릉긴나무좀	오리나무잎벌레	모무늬매미충	미국흰불나방	매미나방	복숭아유리나방
델타메트린	EC							■		■		
루페뉴론	EC									■		
메타플루미존	EC										■	
메탐소듐	SL				■		■					
비티쿠르스타키	WP			■								
사이클라닐리프롤	SL									■		■
아바멕틴	EC			■								
	DC					■						
아세타미프리드	SL	■	■									
에마멕틴벤조에이트	EC		■			■				■	■	
이미다클로프리드	SC								■			
	DC	■	■									
클로란트라닐리프롤	WP									■		
	WG											■
티아메톡삼	DC	■			■							
티아클로프리드	SC				■						■	
페니트로티온	EC			■			■					
플루벤디아마이드	SC											■

DC, 분산성액제; EC, 유제; EW, 유탁제; GR, 입제; SC, 액상수화제; SG, 입상수용제(수용성입제); SL, 액제; WG, 입상수화제(과립수화제); WP, 수화제(KCPA 2024).

강전유 등 (2008) 나무해충도감. 소담출판사.

고종민, 김현태, 윤홍태, 하태정, 백인열 (2011) 콩의 전성기대-식품에서 문화까지. RDA Interrobang (www.rda.go.kr) 35호.

김정수, 최홍수 (2014) 토마토반점위조바이러스 증상으로 알아보기. 태현미디어.

농림축산검역본부 (2012) 알림마당. http://www.qia.go.kr

농촌진흥청 (2011) 부처뉴스. http://rda.korea.kr/gonews.

문형철, 이상길 (2014) 나무병해충도감. 자연과 생태.

변봉규 (2015) 곤충종목록집 발간 현황(나비목). 한국응용곤충학회 춘계학술발표대회 p.16

부경생 (1991) 곤충생리학, 집현사.

전성욱, 김동한, 강택준, 조명래, 김형환, 양창열 (2014) 호박과실파리(*Bactrocera depressa*) 월동용 우화 억제 효과. 한국응용곤충학회 춘계학술발표회, p155.

정순경 (1996) 한국의 화훼산업 개요와 금후 기술 개발 방향. 원예학세계 1(2): 26-29.

유영한 등 (1995) 한국동물학회학술대회 10: 154.

윤주복 (2004) 나무 쉽게 찾기, 진선출판사, 서울.

이건휘, 김두호, 나승용, 백채훈, 최만영 (2003) 벼 줄점팔랑나비(*Parnara guttata*) 발생양상 및 방제법 규명. 한국응용곤충학회 추계학술발표회 p. 134.

이승환 (2015) 한반도 노린재목 곤충의 분류 현황 - 국가 생물종 목록집 (노린재목 I, II) 발간. 한국응용곤충학회 춘계학술발표대회 p.13.

이재국, 마경철, 최인수, 고형래, 김세종 (2016) 과채류 시설재배지 뿌리혹선충 발생 현황. 한국응용곤충학회 추계학술발표회, p. 68.

이홍석 등 (1994) 콩-유전육종 및 재배생리. 서울대학교출판부.

최원영 (2015) 곤충종목록집 발간 현황(벌목) 및 국가 생물종목록 관리체계. 한국응용곤충학회 춘계학술발표대회 p.18.

한호연 (2015) 곤충종목록집 발간 현황(파리목), 한국응용곤충학회 춘계학술발표대회 p.15.

현재선 (1994) 농림해충학총론. 서울대학교출판부.

홍기정 (2015) 곤충종목록집 발간 현황(딱정벌레목), 한국응용곤충학회 춘계학술발표대회 p.14.

Adkisson PL (1968) Development of resistance by the tobacco budworm to endrin and carbaryl. J Econ Entomol 61: 37-40.

Ahn KS, Lee SY, Lee KY, Lee YS, Kim GH (2004) Selective toxicity of pesticides to the predatory mite, *Phytoseiulus persimilis* and control effects of the two-spotted spider mite, *Tetranychus urticae* by predatory mite and pesticide mixture on rose. Korean J Appl Entomol 43(1): 71-79.

Ahn SJ, Badenes-Pérez FR, Heckel DG (2011) A host-plant specialist, *Helicoverpa assulta*, is more tolerant to capsicin from *Capsicum annuum* than other noctuid species. J Ins Physiol 57: 1212-1219.

Alim MA, Lim UT (2011) Refrigerated eggs of *Riptortus pedestris* (Hemiptera: Alydidae) added to aggregation pheromone traps increase field parasitism in soybean. J Econ Entomol 104:1833-1839.

All JN, Treacy MF (2006) Use and Management of Insecticides, Acaricides, and Transgenic Crops. Entomological Society of America, Lanham, MD, USA.

Altizer S, Bartel R, Han BA (2011) Animal migration and infectious disease risk. Science 331: 296-302.

Aluja M, Birke A (1993) Habitat use by adults of *Anastrepha-Obliqua* (Diptera, Tephritidae) in a mixed mango and tropical plum orchard. Ann Ent Soc Am 86: 799-812.

An JH, Yiem MS, Kim DS (1996) Effects of photoperiod and temperature on formation and fecundity of two seasonal forms of *Psylla pyricola* (Homoptera: Psyllidae). Korean Journal of Applied Entomology 35(3): 205-208.

Anonymous (2014) EPPO Bulletin 44(2): 155-158.

Antignus Y, Nestel D, Cohen S, Lapidot M (2001) Ultraviolet-deficient greenhouse environment affects whitefly attraction and flight-behavior. Environ. Entomol. 30(2): 394-399.

Bae SD, Kim HJ, Lee GH, Park ST, Lee SW (2008) Susceptibility of stink bugs collected in soybean fields in Milyang to some insecticides. Korean J Appl Entomol 47(4): 413-419.

Bae SD, Song YH, Park KB (1995) Study on the bionomics of overwintering small brown planthopper, *Laodelphax striatellus* Fallen, in Milyang. Korean J Appl Entomol 34(4): 321-327.

Bakken AJ, Schoof SC, Bickerton M, Kamminga KL, Jenrette JC, Malone S, Abney MA, Herbert DA, Reisig D, Kuhar TP, Walgenbach JF (2015) Occurrence of brown marmorated stink bug (Hemiptera: Pentatomidae) on wild hosts in nonmanaged woodlands and soybean fields in North Carolina and Virginia. Environ Entomol 44(4): 1011-1021.

Bang HS, Kim MH, Jung MP, Han MS, Na YE, Kang KK, Lee DB, Lee KY (2009) Effects of chilling and overwintering temperature conditions on the termination of egg diapause of the Ussur brown katydid *Paratlanticus ussuriensis*. Korean J Appl Entomol 48(2): 221-227.

Batra LR (1966) Ambrosia fungi: extent of specificity to ambrosia beetles. Science 153: 193-195.

Benheim D, Rochfort S, Robertson E, Potter ID, Powell KS (2012) Grape phylloxera (*Daktulosphaira vitifoliae*) – a review of potential detection and alternative management options. Ann Appl Biol 161: 91–115.

Berndt O, Meyhöfer R (2008) Whitefly control in cut gerbera: is it possible to control *Trialeurodes vaporariorum* with *Encarsia formosa*? BioControl 53: 751-762.

Bhuyain MMH, Lim UT (2019) Interference and exploitation competition between *Frankliniella occidentalis* and *F. intonsa* (Thysanoptera: Thripidae) in laboratory assays. Florida Entomologist 102(2): 322-328.

Bhuyain MMH, Lim UT (2020) Relative susceptibility to pesticides and environmental conditions of *Frankliniella intonsa* and *F. occidentalis* (Thysanoptera: Thripidae), an underlying reason for their asymmetrical occurrence. PLoS ONE 15(8): e0237876.

Brown MW (2011) Importance of early arrival of adult *Harmonia axyridis* for control of *Aphis spiraecola* on apple. BioControl 56: 65-69.

Buitenhuis R, Shipp JL (2006) Factors influencing the use of trap plants for the control of *Frankliniella occidentalis* (Thysanoptera: Thripidae) on greenhouse potted chrysanthemum. Environ Entomol 35: 1411-1416.

Byrne FJ, Oetting RD, Bethke J, Green C, Chamberlin J (2010) Understanding the dynamics of neonicotinoid activity in the management of *Bemisia tabaci* whiteflies on poinsettias. Crop Prot 29: 260-266.

Calvo FJ, Bolckmans K, Belda JE (2011) Control of *Bemisia tabaci* and *Frankliniella occidentalis* in cucumber by *Amblyseius swirskii*. BioControl 56: 185-192.

Cannon RJC, Matthews L, Collins DW (2007a) A review of the pest status and control options for *Thrips palmi*. Crop Protect 26: 1089-1098.

Cannon RJC, Matthews L, Collins DW, Agallou E, Bartlett PW, Walters KFA, Macleod A, Slawson DD, Gaunt A (2007b) Eradication of an invasive alien pest, *Thrips palmi*. Crop Protect 26(8): 1303-1314.

Carson R (1962) Silent Spring. Houghton Mifflin Company, New York, USA.

Chang YD, Lee JY, Youn YN (1994) Primary parasitoids and hyperparasitoids of the soybean aphid, *Aphis glycines* (Homoptera: Aphididae). Korean J Appl Entomol 33(2): 51-55.

Chapman RF (1998) The Insects: Structure and Function. 4th edition. Cambridge University Press, Cambridge, UK.

Cho MR, Chung SK, Lee WK (1993) Taxonomic study on cyclamen mite (*Phytonemus pallidus*) and broad mite (*Polyphagotarsonemus latus*). Korean J Appl Entomol 32(4): 433-439.

Cho MR, Jeon HY, La SY, Kim DS, Yiem MS (1996) Damage of broad mite, *Polyphagotarsonemus latus* (Banks), on pepper growth and yield and its chemical control. Korean J Appl Entomol 35(4): 326-331.

Cho MR, Lee JH, Jeon SW, Kang TJ, Kim HH, Yang CY, Ahn SJ (2013) Occurrence and distribution of the grape rust mite *Calepitrimerus vitis* (Nalepa, 1905) in Korea. Journal of Asia-Pacific Entomology 16: 415-419.

Cho SR, Lee DW, Choo HY, Park CG, Shin HY, Kim HH (2003) Discrimination method of brown planthopper, *Nilaparvata lugens* (Stål) nymphs by the fluorescent spots between compound eyes in rice paddies. Korean J Appl Entomol 42(4): 361-365.

Cho SW, Kyung Y, Cho SR, Shin S, Jeong DH, Kim SI, Park GH, Lee SJ, Lee YS, Kim MK, Jo IJ, Koo HN, Kim HK, Kim GH (2018) Evaluation of susceptibility of western flower thrips (*Frankliniella occidentalis*) and garden thrips (*F. intonsa*) to 51 insecticides. Korean Journal of Applied Entomology 57(3): 221-231.

Cho YS, Kim J, Jang SA, Park CG (2016) Seasonal occurrence patterns of *Synanthedon tenuis* and *S. bicingulata* (Lepidoptera: Sesiidae) in sweet persimmon orchards in the southern part of Korea. Korean Journal of Applied Entomology 55(3): 297-301.

Choe KR, Yoo CG, Chang YD (1980) Studies on the life history of potato tuber moth *Phthorimaea opercullela* Zeller (Lepidoptera: Gelechiidae). Korean J Pl Prot 19(2): 97-101.

Choi BR, Lee SW, Song YH, Ihm YB (2001a) Residual effects of imidacloprid on *Nilaparvata lugens* (Homoptera: Delphacidae). Korean J Appl Entomol 40(1): 83-88.

Choi DC, Noh JJ, Choe KR (2003a) Oviposition and feeding preference of the cotton caterpillar, *Palpita indica* (Lepidoptera: Pyralidae), in Cucurbitaceae. Korean J Appl Entomol 42(2): 119-124.

Choi DS, Kim KC (1998) Population fluctuation, developmental character of *Panonychus citri* and damage degree as its control density on young yuzu (*Citrus junos*). Korean J Appl Entomol 37(2): 193-198.

Choi DS, Kim DI, Ko SJ, Kang BR, Park JD, Kim SG, Choi KJ (2012) Environmentally-friendly control methods and forecasting the hatching time *Lycorma delicatula* (Hemiptera: Fulgoridae) in Jeonnam Province. Korean J Appl Entomol 51(4): 371-376.

Choi DS, Kim DI, Kim SG, Ko SJ, Kang BR, Kim SS (2011) Control thresholds for managing common cutworm, *Spodoptera litura* (Fabricius) (Lepidoptera: Noctuidae) on Chinese cabbage. Kor J Appl Entomol 50(3): 215-220.

Choi IH, Kim JW, Kim GH, Kim CW (2003b) Injury aspects of the stone leak leafminer, *Liriomyza chinensis* Kato (Diptera: Agromyzidae) on Welsh onion. Korean J Appl Entomol 42(4): 335-343.

Choi JW, Boo KS (1991) Effects of juvenile hormone and molting hormone on diapausing adults of the alder leaf beetle, *Agelastica coerulea* Baly. Korean J Appl Entomol 30(4): 258-264.

Choi KH, Lee DH, Byun BK, Mochizuki F (2009) Occurrence of *Grapholita dimorpha* Komai (Lepidoptera: Tortricidae), a new insect pest in apple orchards of Korea. Korean J Appl Entomol 48(4): 417-421.

Choi KS, Choi WI, Kim CS, Park IK, Chung YJ, Jang SJ, Shim SJ, Shin SC (2006b) Life history of *Ivela auripes* (Lepidoptera: Lymantriidae). Korean Journal of Applied Entomology 45(3): 371-373.

Choi KH, Lee SW, Lee DH, Kim DA, Suh SJ (2004a) Recent increase of apple leafminer, *Lyonetia prunifoliella* (Hübner) on apple orchards in Gyeongbuk province. Korean J Appl Entomol 43(1): 15-20.

Choi KH, Lee SW, Lee DH, Kim DA, Suh SJ, Kwon YJ (2004b) Recent occurrence status of Tortricidae pests in apple orchards in Geoungbuk Province. Korean J Appl Entomol 43(3): 189-194.

Choi MY, Lee GH, Paik CH, Kim DH (2001b) Development and predation of a aphidophagous gall midge, *Aphidoletes aphidimyza* (Rondani) (Diptrera: Cecidomyiidae) on *Myzus persicae* Sulzer. Korean J Appl Entomol 40(1): 45-49.

Choi MY, Lee GH, Paik CH, Seo HY, Kim JD (2005) Seasonal occurrence and control of rice skipper, *Parnara guttata* Brener et Grey (Lepidoptera: Hesperiidae) in paddy field. Korean J Appl Entomol 44(4): 337-339.

Choi SY, Lee SW, Chung BK (1983) Effects of side-furrow-treated carbofuran(3G) on the control of onion maggots (*Hylemyia antiqua* Meigen; Anthomyiidae) and on the growth response of garlics. Korean J Pl Prot 22(4): 271-276.

Choi SY, Song YH, Lee JO, Park JS (1973) Studies on the varietal resistance of rice to the white-backed planthopper, *Sogatella furcifera* Horvath (III). Kor J Pl Prot 12(4): 139-142.

Choi YS, Park DG, Kim BR, Han KS, Youn YN, Choe KR (2006a) Temperature-dependent development of *Aphis gossypii* Glover and *Aphis egomae* Shinji on leaves of green perilla and their seasonal abundance patterns in protected greenhouse in Guemsan, Korea. Korean J Appl Entomol 45(3): 269-274.

Choi YS, Park DG, Kim BR, Han KS, Youn YN, Choe KR (2007) Degree of injury caused by larva of *Pyrausta panopealis* Walker (Lepidoptera: Pyralidae) in green perilla polyvinyl house at Chungnam province. Korean J Appl Entomol 46(2): 193-199.

Choi YS, Park DG, Yun YU, Hwang IS, Shin SM, Choe KR (2008) Economic injury levels and control thresholds of *Pyrausta panopealis* Walker (Lepidoptera: Pyralidae) on perilla under green-house. Korean J Appl Entomol 47(2): 149-154.

Chung BK, Son KA, Choi JH (2010) Time and frequency of thiamethoxam application for control of Japanese gall-forming thrips, *Ponticulothrips diospyrosi* (Thysanoptera: Phlaeothripidae) on persimmon. J Asia-Pac Entomol 13: 201-207.

Chung BK, Lee HS, Kim YB (2013) Establishment of 60 mesh nets to reduce crop loss by *Bemisia tabaci* (Gennadius) (Homoptera: Aleyrodidae) in tomato greenhouse. Korean J Appl Entomol 52: 23-27.

Chung YJ, Bae WI, Park YS, Choi KS, Lee SG, Shin SC (2000) Distribution of black pine bast scale, *Matsucoccus thunbergianae* (Homoptera: Margarodidae), infestations in Korea. KFRI J For Sci 63: 85-89.

Clark EP (1930) Some constituents of derris and "cube" roots other than rotenone. Science 71: 396-396.

Colazza S, Peri E, Cusumano A (2023) Chemical ecology of floral resources in conservation biological control. Annual Review of Entomology 68: 13-29.

Correa-Ferreira BS, Moscardi F (1996) Biological control of soybean stink bug by inoculative releases of *Trissolcus basalis*. Entomol Exp Appl 79: 1–7.

Costa HS, Robb KL (1999) Effects of ultraviolet-absorbing greenhouse plastic films on flight behavior of ***Bemisia argentifolii*** (Homoptera: Aleyrodidae) and ***Frankliniella occidentalis*** (Thysanoptera: Thripidae). J Econ Entomol 92(3): 557-562.

Dannon EA, Tamo M, van Huis A, Dicke M (2010) Functional response and life history parameters of ***Apanteles taragamae***, a larval parasitoid of ***Maruca vitrata***. BioControl 55: 363-378.

Daugherty MP, Briggs CJ, Welter SC (2007) Bottom-up and top-down control of pear psylla (***Cacopsylla pyricola***): Fertilization, plant quality, and the efficacy of the predator ***Anthocoris nemoralis***. Biol Control 43: 257-264.

da Silva MN, Solla A, Sampedro L, Zas R, Vasconcelos MW (2015) Susceptibility to the pinewood nematode (PWN) of four pine species involved in potential range expansion across Europe. Tree Physiol 35(9): 987-999.

De Barro PJ, Liu SS, Boykin LM, Dinsdale AB (2011) ***Bemisia tabaci***: a statement of species status. Annu Rev Entomol 56: 1-19.

De Clereq P, Bale JS (2011) Risks of invertebrate biological control agents - ***Harmonia axyridis*** as a case study. ***In*** RU Ehlers (ed.), ***Regulation of Biological Control Agents***. Springer Science+Business Media B. V., London.

De Graaf J, Schoeman AS, Brandenburg RL (2004) Seasonal development of ***Gryllotalpa africana*** (Orthoptera : Gryllotalpidae) on turfgrass in South Africa. Fla Entomol 87(2): 130-135.

De Puysseleyr V, Höfte M, De Clercq P (2011) Ovipositing ***Orius laevigatus*** increase tomato resistance against ***Frankliniella occidentalis*** feeding by inducing the wound response. Arthropod-Plant Interact 5(1): 71-80.

Díaz A, Okabe K, Eckenrode CJ, Villani MG, Oconnor BM (2000) Biology, ecology, and management of the bulb mites of the genus ***Rhizoglyphus*** (Acari: Acaridae). Exp Appl Acarol 24(2): 85-113.

Dirks JH, Taylor D (2012) Fracture toughness of locust cuticle. The Journal of Experimental Biology 215: 1502-1508.

Dosdall LM, Stevenson FC (2005) Managing flea beetles (***Phyllotreta*** spp.) (Coleoptera : Chrysomelidae) in canola with seeding date, plant density, and seed treatment. Agron J 97(6): 1570-1578.

Dropkin VH (1989) Introduction to Plant Nematology. 2nd edition. John Wiley & Sons, New York.

Du Y, Li P, Chen Z, Lin Y, Wang Y, Qin Y (2013) Field trapping of male ***Phyllonorycter ringoniella*** using variable ratios of pheromone components. Entomol Exp Appl 146: 357–363.

Edwards AR (2005) The Sustainability Revolution. New Society Publisher, Gabriola Island, Canada.

Ellis SA, Scatcherd JE (2007) Bean seed fly (*Delia platura*, *Delia florilega*) and onion fly (*Delia antiqua*) incidence in England and an evaluation of chemical and biological control options. Ann Appl Biol 151(2): 259-267.

Elvira S, Williams T, Caballero P (2010) Juvenile hormone analog technology: effects on larval cannibalism and the production of *Spodoptera exigua* (Lepidoptera: Noctuidae) Nucleopolyhedrovirus. J Econ Entomol 103(3): 577-582.

Ellse L, Wall R. (2014) The use of essential oils in veterinary ectoparasite control: a review. Med Vet Entomol 28(3): 233-243.

Espino L, Way MO, Pearson R, Nunez M (2009) Effect of planting date on *Lissorhoptrus oryzophilus* Kuschel (Coleoptera: Curculionidae) density-yield relationship on rice in southeastern Texas. J Econ Entomol 102(4): 1536-1545.

Flint ML, Dreistadt SH (1998) Natural Enemies Handbook. University of California Press, Oakland, CA, USA.

Foottit RG, Adler PH (2018) Insect Biodiversity: Science and Society, Volume 2. John Wiley & Sons Ltd., Hoboken, NJ.

Forneck A, Huber L (2009) (A)sexual reproduction - a review of life cycles of grape phylloxera, *Daktulosphaira vitifoliae*. Entomol Exp Appl 131: 1-10.

Fountain MT, Harris AL, Cross JV (2010) The use of surfactants to enhance acaricide control of *Phytonemus pallidus* (Acari: Tarsonemidae). Crop Protect. 29: 1286-1292.

Freeman S (2008) Biological Science, 3rd edition. Pearson Education, San Francisco, CA, USA.

Fu X, Xing Z, Liu Z, Ali A, Wu K (2014) Migration of diamondback moth, Plutella xylostella, across the Bohai Sea in Northern China. Crop Protection 64: 143-149.

Fukaya M, Uesugi R, Ohashi H, Sakai Y, Sudo M, Kasai A, Kishimoto H, Osakabe M (2013) Tolerance to solar ultraviolet-B radiation in the citrus red mite, an upper surface user of host plant leaves. Photochem Photobiol 89: 424–431.

Gao Y, Hu Y, Fu Q, Zhang J, Oppert B, Lai F, Peng Y, Zhang Z (2010) Screen of *Bacillus thuringiensis* toxins for transgenic rice to control *Sesamia inferens* and *Chilo suppressalis*. J Invert Pathol 105: 11-15.

Gibbs M, Schonrogge K, Alma A, Melika G, Quacchia A, Stone GN, Aebi A (2011) *Torymus sinensis*: a viable management option for the biological control of *Dryocosmus kuriphilus* in Europe? BioControl 56: 527-538.

Gillot C (1980) Entomology. Plenum Press, New York.

Goh HG, Choi JS, Uhm KB, Choi KM, Kim JH (1992) Leaf feeding insects of Welsh onion and shallot, and their species abundance patterns. Korean J Appl Entomol 31(4): 360-365.

Gorman K, Devine G, Bennison J, Coussons P, Punchard N, Denholm I (2007) Report of resistance to the neonicotinoid insecticide imidacloprid in *Trialeurodes vaporariorum* (Hemiptera: Aleyrodidae). Pest Manag Sci 63: 555-558.

Guédot C, Millar JG, Horton DR, Landolt PJ (2009) Identification of a sex attractant pheromone for male winterform pear psylla, *Cacopsylla pyricola* (2009) J Chem Ecol 35: 1437-1447.

Gurr GM, Liu J, Read DMY, Catindig JLA, Cheng JA, Lan LP, Heong KL (2011) Parasitoids of Asian rice planthopper (Hemiptera: Delphacidae) pests and prospects for enhancing biological control by ecological engineering. Ann Appl Biol 158(2): 149-176.

Haishi T, Koizumi H, Arai T, Koizumi M, Kano H (2011) Rapid detection of infestation of apple fruits by the peach fruit moth, *Carposina sasakii* Matsumura, larvae using a 0.2-T dedicated magnetic resonance imaging apparatus. Appl Magn Reson 41: 1-18.

Han H, Lee JK, Choi DR, Han MJ, Park BY (2006) Occurrence of plant parasitic nematodes in chrysanthemum and ITS and D3-28S rDNA characterization of *Pratylenchus* spp. Korean J Appl Entomol 45(3): 293-299.

Han MJ, Lee SH, Choi JY, Ahn SB, Lee MH (1996) Newly introduced insect pest, American serpentine leafminer, *Liriomyza trifolii* (Burgess) (Diptera: Agromyzidae) in Korea. Korean J Appl Entomol 35(4): 309-314.

Han SC, Cho HJ (1980) Influence of bulb nematode, *Ditylenchus dipsaci*, on growth and yield of garlic. Korean J Pl Prot 19(3): 153-155.

Herron GA, Wilson LJ (2011) Neonicotinoid resistance in *Aphis gossypii* Glover (Aphididae: Hemiptera) from Australian cotton. Australian J Entomol 50: 93-98.

Hirose Y, Takasu K, Takagi M (1996) Egg parasitoids of phytophagous bugs in soybean: mobile natural enemies as naturally occurring biological control agents of mobile pests. Biol Control 7: 84-94.

Honda K, Wei TY, Hagiwara K, Higashi T, Kimura I, Akutsu K, Omura T (2007) Retention of Rice dwarf virus by descendants of pairs of viruliferous vector insects after rearing for 6 years. Phytopathology 97(6): 712-716.

Hondo T, Koike A, Sugimoto T (2006) Comparison of thermal tolerance of seven native species of parasitoids (Hymenoptera: Eulophidae) as biological control agents against *Liriomyza trifolii* (Diptera: Agromyzidae) in Japan. Appl Entomol Zool 41 (1): 73–82.

Hong JI, Koh SH, Chung YJ, Shin SC, Kim GH, Choi KS (2008) Biological characteristics of *Sclerodermus harmandi* (Hymenoptera: Bethylidae) parasitized on cerambycid. Korean J Appl Entomol 47(2): 133-139.

Hong KJ, Lee JH, Lee GS, Lee S (2012) The status quo of invasive alien insect species and plant qurantine in Korea. J Asia–Pacific Entomol 15: 521–532.

Hori M, Nakamura H, Fujii Y, Suzuki Y, Matsuda K (2011) Chemicals affecting the feeding preference of the Solanaceae-feeding lady beetle *Henosepilachna vigintioctomaculata* (Coleoptera: Coccinellidae). J Appl Entomol 135: 121-131.

Hou M, Hao L, Han Y, Liao X (2010) Host status of wheat and corn for *Chilo suppressalis* (Lepidoptera: Crambidae). Environ Entomol 39(6): 1929-1935.

Hoy MA (2011) Agricultural Acarology: Introduction to Integrated Mite Management. CRC press, Taylor & Francis Group, Boca Raton, FL, USA.

Hu G, Cheng XN, Qi GJ, Wang FY, Lu F, Zhang XX, Zhai BP (2011) Rice planting systems, global warming and outbreaks of *Nilaparvata lugens* (Stal). Bull Entomol Res 101(2): 187-199.

Hu J, Wang C, Wang J, You Y, Chen F (2010) Monitoring of resistance to spirodiclofen and five other acaricides in *Panonychus citri* collected from Chinese citrus orchards. Pest Manag Sci 66: 1025-1030.

Hu LX, Chi H, Zhang J, Zhou, QA, Zhang, RJ (2010) Life-table analysis of the performance of *Nilaparvata lugens* (Hemiptera: Delphacidae) on two wild rice species. J Econ Entomol 103(5): 1628-1635.

Huang SH, Cheng CH, Chen CN, Wu WJ, Otuka A (2010) Estimating the immigration source of rice planthoppers, *Nilaparvata lugens* (Stål) and *Sogatella furcifera* (Horváth) (Homoptera: Delphacidae), in Taiwan. Appl Entomol Zool 45(3): 521-531.

Huh W, Huh HS, Yun JE, Son JK, Jang HK, Uhm KB, Park CG (2006) Distribution and seasonal occurrence of Japanese gall-forming thrips, *Ponticulothrips diospyrosi*, in Korea. Korean J Appl Entomol 45(1): 59-66.

Huh W, Park CG (2006) Increased attractiveness of the aggregation pheromone trap of bean bug, ***Riptortus clavatus***. Korean J Appl Entomol 45(1): 87-90.

Hwang CY, Lee YB, Kim SH, Lee MH, Choi KM (1985) Development of rice stem maggot (***Chlorops oryzae***) in the fields in Suwon. Korean J Plant Prot 24(2): 61-64.

Ihara F, Toyama M, Higaki M, Mishiro K, Yaginuma K (2009) Comparison of pathogenicities of *Beauveria bassiana* and *Metarhizium anisoliae* to chestnut pests. Appl Entomol Zool 44(1): 127-132.

Jander G (2012) Timely plant defenses protect against caterpillar herbivory. PNAS 109(12): 4343-4344.

Jandricic SE, Wraight SP, Bennett KC, Sanderson JP (2010) Developmental times and life table statistics of ***Aulacorthum solani*** (Hemiptera: Aphididae) at six constant temperatures, with recommendations on the application of temperature-dependent development models. Environ Entomol 39(5): 1631-1642.

Jeon HY, Kang TJ, Kim HH, Yang CY, Kim DS (2008) Economic injury level of *Myzus persicae* (Homoptera: Aphididae) at Chinese cabbage. Korean J Appl Entomol 47(4): 407-411.

Jeon HY, Kim HH, Yang CY, Cho MR (2004) Development of simple monitoring techniques of fungus gnats, *Bradysia agrestis* (Diptera: Sciaridae) Larva and adult in sweet pepper greenhouse. Korean J Appl Entomol 43(2): 129-134.

Johansen NS (2009) Effect of continuous light on the biology of the greenhouse whitefly, *Trialeurodes vaporariorum*, on roses. Entomol Exp Appl 133: 244-250.

Jung CH, Boo KS (1997) Sexual behavior and sex pheromone gland of the apple leafminer, *Phyllonorycter ringoniella* (Lepidoptera: Gracillariidae). Korean J Appl Entomol 36(4): 323-330.

Jung JK, Nam Y, Kim D, Lee SH, Lim JH, Choi WI, Kim ES (2020) Tree-crown defoliation caused by outbreak of forest insect pests in Korea during 2020. Korean Journal of Applied Entomology 59(4): 409-410

Jung JK, Seo BY, Kim Y, Lee SW (2016) Can *Maruca vitrata* (Lepidoptera: Crambidae) over-winter in suwon area? Korean J Appl Entomol 55(4): 439-444.

Jung JK, Seo BY, Cho JR, Kwon YH, Kim GH (2009) Occurrence of lepidopteran insect pests and injury aspects in adzuki bean fields. Korean J Appl Entomol

48(1): 29-35.

Jung JK, Seo BY, Moon JK, Park JH (2008b) Oviposition preference of the bean bug, ***Riptortus clavatus*** (Thunberg) (Hemiptera: Alydidae), on soybean and mungbean plants. Korean J Appl Entomol 47(4): 379-383.

Jung JK, Youn JT, Im DJ, Park JH, Kim UH (2005) Soybean seed injury by the bean bug, ***Riptortus clavatus*** (Thunberg) (Hemiptera: Alydidae) at reproductive stage of soybean (Glycine max Linnaeus). Korean J Appl Entomol 44(4): 299-306.

Jung MP, Bang HS, Kim MH, Kanga KK, Lee DB (2011) Distribution of the Ussur brown katydid, *Paratlanticus ussuriensis*, in South Korea. J Asia-Pac Entomol 14: 289-292.

Jung S, Park M, Lee S, Choi K, Hong Y, Bae S, Kim Y (2008a) Development of wax-typed pheromone dispenser for mating discruption of the oriental fruit moth, *Grapholita molesta*, and its application technique. Korean J Appl Entomol 47(3): 255-263.

Jung YH, You EJ, Son D, Kwon JH, Lee DW, Lee SM, Choo HY (2014) A survey on diseases and insect pests in sweet persimmon export complexes and fruit for export in Korea. Korean J Appl Entomol 53(2): 157-169.

Kang CH, Huh HS, Park CG (2003) Review on true bugs infesting tree fruits, upland crops, and weeds in Korea. Korean J Appl Entomol 42(3): 269-277.

Kang EJ, Kang MG, Seo MJ, Park SN, Kim CU, Yu YM, Yoon YN (2008) Toxicological effects of some insecticides against welsh onion beet armyworm (*Spodoptera exigua*). Korean J Appl Entomol 47(2): 155-162.

Kang SM, Paik CH, Lee GH, Choi MY (2009) Head Capsule Width and Population Densities of Overwintering Nymphal Stages of the Green Rice Leafhopper, *Nephotettix cincticeps* Uhler (Hemiptera: Cicadellidae). Korean J Appl Entomol 48(2): 165-170.

Kang TH, Han SH, Lee HS (2017) Genetic structure and demographic history of *Lymantria dispar*(Linnaeus, 1758) (Lepidoptera: Erebidae) in its area of origin and adjacent areas. Ecology and Evolution 7(21): 9162-9178.

Kang TJ, Kim SJ, Kim DH, Yang CY, Kim HH, Cho MR (2014) A report on the control effects of automatic dry fog sprayer on aphids in greenhouse crops. Korean Journal of Applied Entomology 53(4): 479-483.

Katai Y, Ishikawa R, Doi M, Masui S (2015) Efficacy of red LED irradiation for controlling *Thrips palmi* in greenhouse melon cultivation. Japanese Journal of Applied Entomology and Zoology 59(1): 1-6.

Kasap I (2011) Biological control of the citrus red mite *Panonychus citri* by the predator mite *Typhlodromus athiasae* on two citrus cultivars under greenhouse conditions. BioControl 56: 327-332.

Kawazu K, Hasegawa J, Honda H, Ishikawa Y, Wakamura S, Sugie H, Kamiwada H, Kamimuro T, Yoshiyasu Y., Tatsuki S (2000) Geographical variation in female sex pheromones of the rice leaffolder moth, *Cnaphalocrocis medinalis*: identification of pheromone components in Japan. Entomol Exp Appl 96: 103–109.

Kay IR, Herron GA (2010) Evaluation of existing and new insecticides including spirotetramat and pyridalyl to control *Frankliniella occidentalis* (Pergande) (Thysanoptera: Thripidae) on peppers in Queensland. Australian J Entomol 49(2): 175 –181.

KCPA (2024) https://www.koreacpa.org/ko/use-book/. Korea Crop Protection Association.

Khan, ZR, Ampong-Nyarko K, Chiliswa P, Hassanali A, Kimani S, Lwande W, Overholt WA, Pickett JA, Smart LE, Wadhams LJ, Woodcock CM (1997) Intercropping increases parasitism of pests. Nature 388: 631-632.

Kidokoro T (1983) Migration and dispersal after hibernation in the rice leaf beetle, *Oulema oryzae* Kuwayama (Coleoptera : Chrysomelidae). Appl Ent Zool 18(2): 211-219.

Kijima K, Ganaha-Kikumura T, Ohno S (2011) A case of injury to bell pepper fruit caused by flower thrips *Frankliniella intonsa* (Trybom) (Thysanoptera: Thripidae). Jap J Appl Entomol Zool 55(1): 19-22.

Kikuchi Y, Hayatsu M, Hosokawa T, Nagayama A, Tago K, Fukatsu T. (2012) Symbiont-mediated insecticide resistance. Proc Natl Acad Sci USA 109: 8618 –8622.

Kim CS, Park IK, Kim JK, Park YS, Shin SC, Chung YJ, Choi KS, Jeon MJ (2005b) Oviposition preferences of the oriental chestnut gall wasp, *Dryocosmus kuriphilus*, on various chestnut varieties. Korean J Appl Entomol 44(2): 157-159.

Kim DE, Kil J (2012) A report on the occurrence of and crop damage caused by *Hyphantria cunea* (Drury) with in Korea. Korean J Appl Entomol 51(3): 285-293.

Kim DG, Lee JH (2008) *Allium tuberosum*, a new host of root-knot nematode, *Meloidogyne incognita* in Korea. Res Plant Dis 14(1): 76-78.

Kim DH, Kwon HM, Kim KS (2000a) Current status of the occurrence of the insect pests in the citrus orchard in Cheju Island. Korean J Appl Entomol 39(4): 267-274.

Kim DS (2005) Oviposition time of overwintered females and migration of crawlers of *Pseudaulacaspis prunicola* (Homoptera: Diaspididae) on cherry trees in Jeju Island. Korean J. Appl. Entomol. 44(3): 231-235.

Kim DS, Boo KS, Jeon HY (2004c) Evaluation of pheromone lure of *Grapholita molesta* (Lepidoptera: Torticidae) and forecasting its phenological events in Suwon. Korean J Appl Entomol 43(4): 281-289.

Kim DS, Cho MR, Jeon HY, Yiem MS, Lee JH (2000b) Population trends and temperature-dependent development of pear psylla, *Cacopsylla pyricola* (Foerster) (Homoptera: Psyllidae). Korean J Appl Entomol 39(2): 73-82.

Kim DS, Cho MR, Na SY, Lee JH, Jeon HY, Yiem MS, Choi YM (2002) Chemical control of grape phylloxera, *Daktulosphaira vitifoliae* (Homoptera: Phylloxeridae) and its damage in grapevine yards. Korean J Appl Entomol 41(2): 137-143.

Kim DS, Jung C, Kim SY, Jeon HY, Lee JH (2003a) Regulation of spider mite populations by predacious mite complex in an unsprayed apple orchard. Korean J Appl Entomol 42(3): 257-262.

Kim DS, Lee JH (2005) Historical change of population abundances of *Panonychus ulmi* and *Tetranychus urticae* (Acari: Tetranychidae) in selected apple ochards in Suwon and its hypothetical explanantion. Korean J Appl Entomol 44(2): 115-123.

Kim DS, Lee SM, Chung YJ, Choi KS, Moon YS, Park CG (2003b) Emergence ecology of Japanese pine sawyer, *Monochamus alternatus* (Coleoptera: Cerambycidae), a vector of pinewood nematode *Bursaphelenchus xylophilus*. Korean J Appl Entomol 42(4): 307-313.

Kim DS, Lee SM, Huh HS, Park NC, Park CG (2009e) Escape of fine wood nematode, *Bursaphelenchus xylophilus*, through feeding and oviposition behavior of *Monochamus alternatus* and *M. saltuarius* (Coleoptera: Cerambycidae) adults. Korean J Appl Entomol 48(4): 527-533.

Kim DS, Yang CY, Jeon HY, Choi KH (2009d) Population dynamics of *Erisoma lanigerum* (Hemiptera: Aphididae) and *Aphelinus mali* (Hymenoptera: Aphelinidae) in apple orchards and screening effective insecticides in the laboratory. Korean J Appl Entomol 48(3): 319-325.

Kim DY, Paek SK, Kim JS, Choi SY, Park C, Kim TH, Jin NY, Jung SY, Youn YN, Yu YM (2009a) Environment-friendly control of beet armyworm,

Spodoptera exigua (Noctuidae: Lepidoptera) to reduce insecticide use. Korean J Appl Entomol 48(2): 253-261.

Kim G, Heo H, Park J, Yu Y, Hahm E, Kang S, Kwon K, Lee K, Kim Y (2008a) Efficacy of an integrated biological control of an egg parasitoid, *Trichogramma evanescens* Westwood, and microbial insecticide against the oriental tobacco budworm, *Helicoverpa assulta* (Guenée) infesting hot pepper. Korean J Appl Entomol 47(4): 435-445.

Kim HH, Cho SR, Choo HY, Lee SM, Jeon HY, Lee DW (2008b) Biological control of tobacco cutworm, *Spodoptera litura* (Lepidoptera: Noctuidae) by Steinernematid and Heterorhabditid entomopathogenic nematodes. Korean J Appl Entomol 47(4): 447-456.

Kim HH, Choo HY, Kaya HK, Lee DW, Lee SM, Jeon HY (2004a) *Steinernema carpocapsae* (Rhabditida: Steinernematidae) as a biological control agent against the fungus gnat *Bradysia agrestis* (Diptera: Sciaridae) in propagation houses. Biocon Sci Tech 14(2): 171-183.

Kim HH, Choo HY, Lee DW, Lee HS, Jeon HY, Ha PJ (2004b) Biological control of *Mycophila speyeri* Barnes (Diptera: Cecidomyiidae) using Korean *Steinernema* and *Heterorhabditis* isolates in *Pleurotus ostreatus* cultivation house. Korean J Appl Entomol 43(3): 233-239.

Kim HH, Yoon JB, Kim DH, Yang CY, Kang TJ (2016) Biological control of *Bradysia difformis* using the predatory mite (*Hypoaspis aculeifer*) in hydroponically cultivated strawberry. Korean J Appl Entomol 55(4): 489-494.

Kim HJ, Bae SD, Lee JS, Yoon YN, Choi BR, Nam MH, Park CG (2010a) The species of land snails (Stylommatophora) on leaf perilla under greenhouse in Geoyngnam areas. Korean J Appl Entomol 49(4): 423-428.

Kim HS, Kim SH (1981) Survey on the dominant species of cutworms in several localities. Korean J Pl Prot 20(3): 181-182.

Kim HS, Moon DY, Lippold PC, Chang YD, Park JS (1978) Studies on the integrated control of citrus pests (1) Bionomics of citrus red mite and natural enemies. Korean J Plant Prot 17(1): 7-13.

Kim HS, Moon DY, Park JS, Lee SC (1979) Studies on integrated control of citrus pests (2) Control of ruby scales (*Ceroplastes rubens*) on citrus by introduction of a parasitic natural enemy, *Anicetus beneficus* (Hymenoptera, Encyrtidae). Korean J. Pl. Prot. 18: 107-110.

Kim HY, Kim JH, Kang SH, Lee YH, Choi MY (2009c) Biological Control of

Frankliniella occidentalis (Thysanoptera: Thripidae) on Cucumber, using *Amblyseius swirskii* (Acari: Phytoseiidae). Korean J Appl Entomol 48(3): 355-359.

Kim HY, Kim JH, Son BG, Cho JR, Lee YH (2009b) Analysis on the mass-trapping effects by *Spodoptere litura* (Fabricius) (Lepidoptera: Noctuidae) sex pheromone traps deployed around the tomato glasshouse. Korean J Appl Entomol 48(2): 245-251.

Kim J, Kim Y (2011) Benzylideneacetone, an eicosanoid biosynthesis inhibitor enhances baculovirus pathogenicity in the diamondback moth, *Plutella xylostella*. J Invert Pathol 106(2): 308-313.

Kim J, Lee JS, Park IK, Choi WI (2010d) Influence of trap type and location on tree trunk on *Platypus koryoensis* (Coleoptera: Platypodidae) trapping. Korean J Appl Entomol 49(2): 145-149.

Kim JH, Byoun YW, Lee GS, Kim HY (2007b) Evaluation of biological control of *Liriomyza trifolii* (Burgess) (Diptera: Agromyzidae) using *Diglyphus isaea* (Walker) (Hymenoptera: Eulophidae) in three seasonal culture types of tomato greenhouse. Korean J Appl Entomol 46(1): 71-78.

Kim JK (1993) Natural enemies of *Dryocosmus kuriphilus* Yasumatsu (Hymenoptera: Cynipidae) and their seasonal prevalence of adult emergence in Korea. Korean J Appl Entomol 32(3): 285-290.

Kim JK (1998) Studies on the parasitoids of chestnut gall wasp, *Dryocosmus kuriphilus* Yasumatsu (Hymenoptera: Cynipidae) in Korea. J Korean For Soc 87(3): 475-482.

Kim JS, Kim TH, Lee SG (2005a) Bionomics of the green peach aphid (*Myzus persicae* Sűlzer) adults on chinese cabbage (*Brassica campestris*). Korean J Appl Entomol 44(3): 213-217.

Kim KC, Kim CP (1984) Studies on damage, emergence, and overwintering of the chestnut curculio, *Curculio sikkimensis* in Chonnam province. Korean J Plant Prot 23(2): 132-136.

Kim KC, Kim JW, Lim GK (1995) Biological and physiochemical structure change of black pine bast scale (*Matsucoccus thunbergianae*) in coast area of Korea. Korean J Appl Entomol 34(3): 174-180.

Kim KC, Kim MS (1993) Host range and bionomics of the rhombic marked leafhopper, *Hishimonus sellatus* Uhler (Homoptera: Cicadelliae) as a vector of the Jujube witches-broom mycoplasma. Korean J Appl Entomol 32(3): 338-347.

Kim KC, Oh KI (1992) Bionomics, host range & analysis of damage aspects on the black pine bast scale, ***Matsucoccus thunbergianae*** (Homoptera: Cocoidea), in the coastal area of southwest Korea. Korean J Appl Entomol 31(4): 386-395.

Kim KW (1995) Seasonal changes in age structure and fecundity of the African mole cricket (***Gryllotalpa africana***) population in Suwon, Korea. Korean J Appl Entomol 34(1): 70-74.

Kim KW, Ohh MH, Kim JH, Baek CW (2001a) Damage and control of cutworms in the tobacco fields. Korean J Appl Entomol 40(4): 315-319.

Kim KW, Ohh SH (1990) Life history, ginseng damage and chemical control of the field slug, ***Deroceras varians*** A. Adams. Korean J Ginseng Sci 14(3): 421-426.

Kim MH, Lee SC (1991) Bionomics of diamond-back moth, ***Plutella xylostella*** (Lepidoptera: Plutellidae) in southern region of Korea. Korean J Appl Entomol 30(3): 169-173.

Kim SB, Jang YS, Kim DS (2015) Feeding effects of ***Halyomorpha halys*** (Hemiptera: Pentatomidae) on fruit drop and decay rate in madarin citrus orchards. Korean J Appl Entomol 54(2): 121-125.

Kim SG, Kim DI, Kang BR, Choi KJ (2007a) Control thresholds for the management of beet army worm, ***Spodoptera exigua*** (Lepidoptera : Noctuidae) on welsh onion (***Allium fistulosum*** L.). Korean J Appl Entomol 46(3): 431-435.

Kim TH, Jeon SW (2008) Mating behavior of the pumpkin fruit fly [***Bactrocera*** (***Paradacus***) ***depressa*** (Shiraki)] in a field cage. Korean J Appl Entomol 47(4): 487-490.

Kim Y, Ahn JJ (2020) Monitoring technique of pumpkin fruit flies using terpinyl acetate-protein diet lure and development of its spraying formulation for the fly control. Korean Journal of Applied Entomology 59(1): 15-22.

Kim Y, Park H, Chung M (2001b) Genetic analysis of three overwintering diamondback moth, ***Plutella xylostella*** (Linné), populations in Korea. Korean J Appl Entomol 40(3): 227-233.

Kim Y, Kim M, Hong KJ, Lee S (2011) Outbreak of an exotic flatid, ***Metcalfa pruinosa*** (Say) (Hemiptera: Flatidae), in the capital region of Korea. J Asia-Pac Entomol 14: 473–478.

Kim YG, Seo SY, Jung SC (2010b) Enhanced mating disruption of the oriental fruit moth, ***Grapholita molesta*** (Busck), using pheromone edge treatment along with food trap. Korean J Appl Entomol 49(1): 31-36.

Kim YH, Kim JH (2003) Biological control of aphids on cucumber in plastic green houses using banker plants. Korean J Appl Entomol 42(1): 81-84.

Kim YH, Kim JH, Han MW (1999) A preliminary study on the biological control of *Tetranychus kanzawai* Kishida in *Angelica utilis* Makino by *Phytoseiulus persmilis* Anthias-Henriot (Acarina: Tetranychidae, Phytoseiidae). Korean J Appl Entomol 38(2): 151-155.

Kim YH, Lim GS (1992) Feeding plants of rice water weevil. Korean J Appl Entomol 31(2): 139-143.

Kim YH, Na YE, Kim MJ, Choi BR, Jo HC, Kim SI (2015) Evaluation of insecticidal and antifeeding activities of eco-friendly organic insecticides against agricultural insect pests. Korean J Appl Entomol 54(2): 99-109.

Kim YJ, Moon SR, Yoon C, Kim GH (2010c) Measurement and composition of morphology of developmental stages of chestnut weevil, *Curculio sikkimensis* (Coleoptera: Curculionidae). Korean J Appl Entomol 49(1): 11-16.

Kim YJ, Yoon C, Shin SC, Choi KS, Kim GH (2008c) Seasonal occurrence of the larvae and adults of chestnut weevil, *Curculio sikkimensis* (Coleoptera: Curculionidae). Korean J Appl Entomol 47(1): 9-15.

Knight KMM, Gurr GM (2007) Review of Nezara viridula (L.) management strategies and potential for IPM in field crops with emphasis on Australia. Crop Protect 26: 1–10.

Koo JW, Roh HC, Choe JC (2003) Oviposition preference and offspring performance in *Mechoris ursulus* Roelofs (Coleoptera: Attelabidae). J Ethol 21: 37-43.

Kramer T, Nauen R (2011) Monitoring of spirodiclofen susceptibility in field populations of European red mites, *Panonychus ulmi* (Koch) (Acari: Tetranychidae), and the cross-resistance pattern of a laboratory-selected strain. Pest Manag Sci 67: 1285-1293.

Kwon GH, Lee MS, Eom HS, Kim YH, Kwon YD (2016) Occurrence and ecological characteristics of *Chiasmia cinerearia* (Bremer et Grey)(Lepidoptera: Geometridae) attacking *Sophora japonica.* Korean J. Appl. Entomol. 55(1): 67-71.

Kwon GM, Park KT (2002) Taxonomic reconsideration of Eriococcidae (Sternorrhyncha) occurring on the persimmon tree, *Diospyros kaki* Thunb. Korean J. Appl. Entomol. 41(4): 305-311.

Kwon M, Kim JI, Kim JS (2010) Ecological characteristics of 28-spotted larger lady beetle, *Henosepilachna vigintioctomaculata* (Motschulsky) (Coleoptera: Coccinellidae) and its seasonal fluctuation in Gangneung, Korea. Korean J Appl Entomol 49(3): 199-204.

Larentzaki E, Shelton AM, Plate J (2008) Effect of kaolin particle film on *Thrips tabaci* (Thysanoptera : Thripidae), oviposition, feeding and development on onions: A lab and field case study. Crop Protect 27: 727-734.

Leal WS, Higuchi H, Mizutani N, Nakamori H, Kadosawa T, Ono M (1995) Multifunctional communication in *Riptortus clavatus* (Heteroptera: Alydidae): conspecific nymphs and egg parasitoid *Ooencyrtus nezarae* use the same adult attractant pheromone as chemical cue. J Chem Ecol 21: 973-985.

Lee CH, Lee BY (1993) Life history of the forsythia sawfly, *Apareophora forsythiae* Sato (Hymenoptera: Tenthredinidae). Korean J. Appl. Entomol. 32(4): 457-459.

Lee CK (2009) Study on chestnut insect pests by environmentally friendly controls in Korea. Korean J Appl Entomol 48(1): 95-100.

Lee CK (2011) The changes of damage rate by peach pyralid moth, *Dichocrocis punctiferalis* (Lepidoptera: Pyralidae) in chestnut orchards from 1995 to 2010 year. Korean J Appl Entomol 50(4): 379-382.

Lee YI, Kim KH (2003) Influence of levee-burning on the surroundings of rice paddies. Korean J. Appl. Entomol. 42(4): 345-352.

Lee DH, Kang MK, Lee HJ, Seok HB, Park SN, Kang EJ, Seo MJ, Yu YM, Youn YN (2007) Ultrastructural characteristics of antennal sensilla and hair-pencils on the cotton caterpillar, *Palpita indica* (Lepidoptera: Pyralidae) using scanning electron microscope. Korean J Appl Entomol 46(2): 183-191.

Lee DH, Nyrop JP, Sanderson JP (2009b) Attraction of *Trialeurodes vaporariorum* and *Bemisia argentifolii* to eggplant, and its potential as a trap crop for whitefly management on greenhouse poinsettia. Entomol Exp Appl 133: 105–116.

Lee GH, Paik CH, Choi MY, Oh YJ, Kim DH, Na SY (2004) Seasonal occurrence, soybean damage and control efficacy of bean bug, *Riptortus clavatus* Thunberg (Hemiptera: Alydidae) at soybean field in Honam province. Korean J Appl Entomol 43(3): 249-255.

Lee GH, Paik CH, Choi MY, Seo HY, Bae SD, Choi YS (2006) Economic injury levels for the rice leaffolder *Cnaphalocrocis medinalis* (Lepidoptera:

Pyralidae) in the rice paddy field. Korean J Appl Entomol 45(3): 327-331.

Lee GS, Lee JH, Song JH (2001) Overwintering of *Thrips palmi* Karny (Thysanoptera: Thripidae) on Jeju island, Korea. J Asia-Pac Entomol 4(1): 45-50.

Lee HK, Woo CN, Namkoong SB, Seo YS, La JH, Kim YI, Kim KG, Kim BK (2000a) Qurantine pest occurrence in exploring pear fruits (*Pyrus pyrifolia* Nakai cv. Whangkeumbae) during cold storage. Kor J Hort Sci Technol 18(1): 22-27.

Lee JE, Moon SR, Ahn HG, Cho SR, Yang JO, Yoon C, Kim GH (2009c) Feeding behavior of *Lycorma delicatula* (Hemiptera: Fulgoridae) and response on feeding stimulants of some plants. Korean J Appl Entomol 48(4): 467-477.

Lee JG, Hong SS, Kim JY, Park KY, Lim JW, Lee JH (2009a) Occurrence of stink bugs and pecky rice damage by stink bugs in paddy fields in Gyeonggi-do, Korea. Korean J Appl Entomol 48(1): 37-44.

Lee JH, Kim TS, Choi BD, Kim GE, Lee KH (1987) Lipid oxidation and browning during storage of dried grasshopper. J Korean Soc Food Nutr 16(4): 294-299.

Lee JH, Kwak DY, Yeo US, Cho JH, Kim CS, Park DS, Park NB, Lee JY, Song YC, Kang JR, Jung KH, Kim SY, Yi GH, Shin MS, Oh BG, Hwang HG, Kim JI, Park ST, Ahn JU, Kang HW, Ahn JG, Nam MH (2012) 'Cheongnam' a rice cultivar resistant to rice green leafhopper and mid-maturing. Kor J Breed Sci 44(2): 174-179.

Lee JK, Park BY, Choi DR, Heo JW (2008b) Damage and occurrence of *Pratylenchus vulus* and *Paratylenchus* sp. on spray chrysanthemum, *Dendranthema grandiflourm* Kitamura. Korean J Appl Entomol 47(4): 473-478.

Lee JO, Park JS, Goh HG, Kim JH, Jun JG (1981) Field study on mating confusion of synthetic sex pheromone in the striped rice borer, *Chilo suppressalis* (Lepidoptera: Pyralidae). Korean J Pl Prot 20(1): 25-30.

Lee JW, Choi JK, Park B (2019) Synoptic list of Symphyta (Hymenoptera) in Korea. Journal of Species Research 8(1): 1-96.

Lee KY, Chang YD, Ahn KS, Kang HJ, Park SK (2002) Effect of temperature on reproduction and development of rice water weevil, *Lissorhoptrus oryzophilus* (Coleoptera: Curculionidae). Korean J Appl Entomol 41(2): 123-128.

Lee KY, Kim YH, Chang YD (1998) Effect of temperature on the oviposition, larval and pupal development of *Oulema oryzae* (Coleoptera: Chrysomelidae). Korean J Appl Entomol 37(2): 159-162.

Lee M, Kang S, Lee S, Lee HS, Choi JY, Lee GS, Kim WY, Lee SW, Kim SG, Uhm KB (2005) Occurrence of the B- and Q-biotypes of *Bemisia tabaci* in Korea. Korean J Appl Entomol 44(3): 169-175.

Lee S, Kim C, Lee KH, Lee JW, Oh HK, Han J, Kim SH, Kim Y (2017) Seasonal occurrence of three pest moths in jujube orchards in Boeun, Korea. Korean Journal of Applied Entomology 56(3): 261-265.

Lee SC, Park HJ (1991) Changes in the occurrence pattern of the striped rice borer, *Chilo suppressalis* Walker, in Korea. Korean J Appl Entomol 30(4): 249-257.

Lee SG, Kim D, Hong KJ (2018) Case study on the tree diagnosis in a zone of life. Spring Meeting of Korean Society of Applied Entomology in Mokpo, p161.

Lee SG, Kim HH, Kim TH, Park GJ, Kim KH, Kim JS (2008a) Development model of the foxglove Aphid, *Aulacorthum solani* (Kaltenbach) on lettuce. Korean J Appl Entomol 47(4): 359-364.

Lee SG, Park JD, Ahn YJ (2000b) Effectiveness of neem extracts and carvacrol against *Thecodiplosis japonensis* and *Matsucoccus thunbergianae* under field conditions. Pest Manag Sci 56: 706-710.

Lee SK, Im JS, Jung JK, Lee H, Lee JH (2018) Predicting early spring emergence and late season overwintering movement of *Calepitrimerus vitis* (Nalepa) (Acari: Eriophyidae) in grape. Journal of Asia-Pacific Entomology 21(4): 1182-1185.

Lee SK, Jung CR, Han KS, Park B (2022) Control efficacy of organic materials against artichoke aphid (*Capitophorus elaeagni*, Del Guercio) that damage Korean thistle. Korean J Appl Entomol 61(2): 293-297.

Lee SW, Hyun JS, Park JS (1984) Studies on the developments of the overwintering peach fruit moth, *Carposina niponensis* Walsingham. Korean J Plant Prot 23(1): 42-48.

Lee YB, Hwang CY, Lee MH, Choi KM, Ahn JH (1986) Studies on rice varietal resistance to rice stem maggot, *Chlorops oryzae* Matsumura. Korean J Plant Prot 25(1): 27-32.

Lee YS, Kim JY, Hong SS, Park HH (2014) Economic injury level of the striped cabbage flea beetle, *Phyllotreta striolata* (Coleoptera: Chrysomelidae), on Chinese cabbage. Korean J Appl Entomol 53(2): 93-96.

Lee YS, Lee HA, Lee HJ, Choi JY, Lee SW, Lee YS (2019) Control effect of plant extracts mixture on *Metcalfa pruinosa* (say) (Hemiptera: Flatidae). Korean J Appl Entomol 58(4): 281-282.

Lee YS, Lee HA, Min HO (2022) Susceptibility of Asian gypsy moth (*Lymantria dispar asiatica*) to commercial eco-friendly agricultural materials. Korean J Appl Entomol 61(4): 689-690.

Lei Z, Liu TX, Greenberg SM (2009) Feeding, oviposition and survival of *Liriomyza trifolii* (Diptera: Agromyzidae) on Bt and non-Bt cottons. Bull Entomol Res 99: 253-261.

Lim E, Lee SM, Kim DS, Kim JB, Lee SH, Choi KS, Park CG, Lee DW (2010) The spread of black pine bast scale, *Matsucoccus thunbergianae* (Hemiptera: Margarodidae) in Korea. Korean J Appl Entomol 51(1): 59-65.

Lim JR, Choi SU, Kim JH, Moon HC, Lee KK, Kim DH, Ryu J, Lee SK, Hwang CY (2008) Economic injury levels of *Tetranychus urticae* Koch (Acari, Tetranychidae) infesting eggplant in greenhouse. Korean J Appl Entomol 47(4): 395-400.

Lim JR, You J, Cheong SS, Choi DC, Hwang CY (2010) Seasonal occurrence of *Tetranychus kanzawai* and control efficacy of alternate use of natural enemy and miticide in *Rubus coreanus* field. Korean J Appl Entomol 49(3): 233-239.

Liu YB (2011) Semi-commercial ultralow oxygen treatment for control of western flower thrips, *Frankliniella occidentalis* (Thysanoptera: Thripidae), on harvested iceberg lettuce. Postharvest Biol Technol 59(2): 138-142.

Lobell et al. (2008) Prioritizing climate change adaptation needs for food security in 2030 Science 319: 607-610.

Mainali BP, Lim UT (2008) Evaluation of chrysanthemum flower model trap to attract two *Frankliniella* thrips (Thysanoptera: Thripidae). J Asia-Pacific Entomol 11: 171-174.

Mainali BP, Lim UT (2012) Annual pattern of occurrence of *Riptortus pedestris* (Hemiptera: Alydidae) and its egg parasitoids *Ooencyrtus nezarae* Ishii and *Gryon japonicum* (Ashmead) in andong, Korea. Crop Protect 36: 37-42.

Makee H, Tlas M, Amer S, Abdulla J (2007) Effect of inherited sterility and *Bacillus thuringiensis* on mortality and reproduction of *Phthorimaea opercullela* Zeller (Lepidoptera: Gelechiidae). Appl Entomol Zool 42(4): 557-562.

Mathur SC (1999) Future of Indian pesticides industry in next millennium. Pesticide Information 24(4): 9-23.

Martin NA, Workman PJ, Butler RC (2003) Insecticide resistance in onion thrips (Thrips tabaci) (Thysanoptera : Thripidae). N Z J Crop Hortic Sci 31(2): 99-106.

Matsumura M (1997) Correlated responses of life history traits, wing length, and flight propensity to wing-form selection in the whitebacked planthopper, ***Sogatella furcifera*** (HORVATH) (Hemiptera: Delphacidae). Appl Entomol Zool 32(3): 437-445.

Matsuura S, Hoshino S (2008) Comparative spatial dispersal of Tomato yellow leaf curl virus vectored by B and Q biotypes of ***Bemisia tabaci*** in tomato glasshouses. Virology 36(1): 42-51.

Mikac KM, Douglas J, Spencer JL (2012) Wing shape and size of the western corn rootworm (Coleoptera: Chrysomelidae) is related to sex and resistance to soybean-maize crop rotation. J Econ Entomol 106(4):1517- 1524.

Miller SA, Harley JP (2005) Zoology. 6th edition. McGraw-Hill, New York.

Milonas PG, Savopoulou-Soultani M (2006) Seasonal abundance and population dynamics of ***Adoxophyes orana*** (Lepidoptera : Tortricidae) in northern Greece. Int J Pest Manage 52(1): 45-51.

Mizutani N, Hirose Y, Higuchi H, Wada T (1996) Seasonal abundance of ***Ooencyrtus nezarae*** Ishii (Hymenoptera: Encyrtidae), an egg parasitoid of phytophagous bugs, in summer soybean fields. Jpn J Appl Entomol Zool 40: 199-204.

Moon HC, Cho IK, Im JR, Goh BR, Kim DH, Hwang CY (2006) Seasonal occurrence and damage by thrips on open red pepper in Jeonbuk province. Korean J Appl Entomol 45(1): 9-13.

Moon HC, Kim W, Choi MK, Kwon SH, Shin YK, Kim DH, Hwang CY (2008) Seasonal occurrences of insect pests in watermelon under greenhouses as affected by cropping season. Korean J Appl Entomol 47(4): 345-352.

Moon MJ, Park JG, Seo ST, Kim KH (2012) Microstructure of the prothoracic mycangia in the ambrosia beetle ***Platypus koryoensis*** (Coleoptera: Curculionidae: Platypodinae). J Asia-Pac Entomol 15: 51–57.

Moon SR, Noh DJ, Yang JO, Yoon C, Ahn KS, Kim GH (2009) Seasonal occurrence and developmental characteristics of Ussur brown katydid, ***Paratlanticus ussuriensis*** Uvarov (Orthoptera: Tettigoniidae). Korean J Appl Entomol 48(1): 11-19.

Moon SR, Son BK, Yang JO, Woo JS, Yoon C, Kim GH (2010) Effect of electron-beam irradiation on development and reproduction of ***Bemisia*** *tabaci*, *Myzus persicae*, *Plutella xylostella* and *Tetranychus urticae*. Korean J Appl Entomol 49(2): 129-137.

Morishita M (2008) Pyrethroid-resistant onion thrips, *Thrips tabaci* Lindeman (Thysanoptera : Thripidae), infesting persimmon fruit. Appl Entomol Zool 43(1): 25-31.

Mound LA, Kibby G (1998) Thysanoptera: An Identification Guide. CAB International, Oxon, UK.

Na SY, Cho MR, Jeon HY, Yiem MS, Oh DG, Park KW (1998a) Damage of garlic gall mite, *Aceria tulipae* (Keifer), on stored garlic and its chemical control. Korean J Appl Entomol 37(1): 81-89.

Na SY, Cho MR, Kim DS, Park KW, Woo CK, Kim KT (1998b) Survey on the pests of stored garlic. Korean J Appl Entomol 37(1): 65-71.

Na SY, Paik CH, Lee GH, Kim DH (2009) Biological control of *Polyphagotarsonenmus latus* (Acari: Tasonemidae) by *Amblyseius cucumeris* (Acari: Phytoseiidae). Korean J Appl Entomol 48(3): 347-354.

Nagai K, Hikawa M (2010) Evaluation of California poppy and petunia as trap plants to control the white swelling spot of tomato by flower thrips, *Frankliniella intonsa* (Trybom) (Thysanoptera: Thripidae). Japanese Journal of Applied Entomology and Zoology 54: 65–70.

Nair S, Braman SK (2012) A scientific review on the ecology and management of the azalea lace bug *Stephanitis pyrioides* (Scott) (Tingidae: Hemiptera). J. Entomol. Sci. 47(3): 247-263.

Naranjo SE, Ellsworth PC (2009) The contribution of conservation biological control to integrated control of *Bemisia tabaci* in cotton. Biol Control 51: 458-470.

Naranjo SE, Ellsworth PC, Frisvold GB (2015) Economic value of biological control in integrated pest management of managed plant systems. Annu Rev Entomol 60: 621–45.

Nicholas AH, Spooner-Hart RN, Vickers RA (2005) Abundance and natural control of the woolly aphid *Eriosoma lanigerum* in an Australian apple orchard IPM program. BioControl 50: 271-291.

Nielsen AL, Hamilton GC (2009) Seasonal occurrence and impact of *Halyomorpha halys* (Hemiptera: Pentatomidae) in tree fruit. J Econ Entomol 102: 1133-1140.

Norris RF, Caswell-Chen EP, Kogan M (2003) Concepts in Integrated Pest Management. Prentice Hall, Upper Saddle River, NJ, USA.

NRC (National Research Council) (2010) Toward Sustainable Agricultural Systems in the 21st Century, The National Acdemies, Washington, DC.

Oerke EC (2005) Crop losses to pests. Journal of Agricultural Science 144: 31-43.

Oh SD, Lee KJ, Sohn SI, Kwon YJ, Kim JS, Lee JY, Park BS, Kwon SJ, Suh SC, Ryu TH, Park JS, Ahn BO, Cho HS, Suh SJ (2012a) Effect on insecticide susceptibility of ***Lissorhoptrus oryzophilus*** fed on ***Bacillus thuringiensis*** (Bt)-transgenic rice variety. Korean J Intl Agri 24(2): 247-253.

Oh SD, Lee KJ, Park SY, Ryu TH, Kim JK, Sohn SI, Kim JS, Ha SH, Park JS, Ahn BO, Cho HS, Suh SJ (2012b) Effect on insecticide susceptibility of ***Lissorhoptrus oryzophilus*** fed on carotenoid-biofortified rice variety. Korean J Environ Agric 31(3): 286-292.

Otuka A, Matsumura M, Sanada-Morimura S, Takeuchi H, Watanabae T, Ohtsu R, Inoue H (2010) The 2008 overseas mass migration of the small brown planthopper, ***Laodelphax striatellus***, and subsequent outbreak of rice stripe disease in western Japan. Appl Entomol Zool 45(2): 259–266.

Paik WH (1972) Scale insects found in the green houses in Korea. Kor J Pl Prot 11(1): 1-4.

Paek MK, Hwang JM, Jung KS, Kim TW, Kim MC, Lee YJ, Cho YB, Park SW, Lee HS, Ku DS, Jeong JC, Kim KG, Choi DS, Shin EH, Hwang JH, Lee JS, Kim SS, Bae YS (2010) Checklist of Korean Insects. Nature & Ecology, Seoul, Republic of Korea.

Paik CH, Lee GH, Choi MY, Seo HY, Kim DH, Hwang CY, Kim SS (2007) Status of the occurrence of insect pests and their natural enemies in soybean fields in Honam province. Korean J Appl Entomol 46(2): 275-280.

Park SC (1991) Geographical distribution, biology, and research for the control of ***Matsucoccus*** pine bast scales (Homoptera: Coccoidea: Margarodidae). J. Kor. For. Soc. 80: 326-349.

Park CG, Hyun JS, Cho DJ, Choi KM (1990a) Seasonal occurrence and summer diapause of the onion maggot, ***Delia antiqua*** (Meigen) (Diptera : Anthomyiidae). Korean J Appl Entomol 29(4): 230-237.

Park CG, Park HH, Uhm KB, Lee JH (2009a) Seasonal occurrence and age structure of ***Paromius exiguus*** (Distant) (Heteroptera: Lygaeidae) on major host plants. Korean J Appl Entomol 48(1): 21-27.

Park GM, Jang SA, Choi SH, Park CG (2010b) Attraction of ***Plautia stali*** (Hemiptera: Pentatomidae) to different amounts of its aggregation pheromone and the effect of different dispensers. Korean J Appl Entomol

49(2): 123-127.

Park HH, Cho JR, Park CG, Kim KH, Goh HG, Lee SG (2010a) The occurrence of rice leaf-folder, *Cnaphalocrocis medinalis* (Lepidoptera: Crambidae) in Suwon and its responses to insecticides. Korean J Appl Entomol 49(3): 219-226.

Park HH, Kim KH, Park CG, Choi BR, Kim JJ, Lee SW, Lee SG (2009b) Damage analysis and control threshold of *Frankliniella occidentalis* Pergande (Thysanoptera: Thripidae) on greenhouse eggplant and sweet pepper. Korean J Appl Entomol 48(2): 229-236.

Park HH, Park CG, Park HM, Uhm KB (2006) Rearing system for rice leaffolder, *Cnaphalocrocis medinalis* (Lepidoptera: Crambidae) using corn seedlings. Korean J Appl Entomol 45(1): 91-95.

Park IK, Lee HS, Lee SG, Park JD, Ahn YJ (2000) Insecticidal and fumigant activities of *Cinnamomum cassia* bark-derived materials against *Mechoris ursulus* (Coleoptera: Attelabidae). J Agric Food Chem 48: 2528-2531.

Park IK, Lee SG, Shin SC, Kim CS, Ahn YJ (2004) Feeding and attraction of *Agelastica coerulea* (Coleoptera: Chrysomelidae) to Betulaceae plants. J Econ Entomol 97(6): 1978-1982.

Park JD, Hong KH (1992) Species, damage and population density of pseudococcidae injuring pear fruits. Korean J Appl Entomol 31(2): 133-138.

Park JD, Kim DI, Park U (1998) Occurrence and within-plant distribution of *Trialeurodes vaporariorum* (Westwood) and *Encarsia formosa* (Gahan) in greenhouse. Korean J Appl Entomol 37(2): 117-121.

Park JD, Kim MY, Lee SG, Shin SC, Kim J, Park IK (2009c) Biological characteristics of *Lycorma delicatula* and the control effects of some insecticides. Korean J Appl Entomol 48(1): 53-57.

Park JD, Ku YS, Choi DS, Kim SS (2001a) Damaged aspects, seasonal fluctuations, and attractivity of various colors and *Liriomyza trifolii* Burgess (Diptera: Agromyzidae) in gerbera. Korean J Appl Entomol 40(2): 97-103.

Park JG, Lim TH, Choi YH, Jung YH, Park CG, Choo HY, Lee DW (2009d) Occurrence and damage of Japanese gall-forming thrips, *Ponticulothrips diospyrosi* Haga et Okajima (Thysanoptera: Thripidae) in persimmon orchards. Korean J Appl Entomol 48(4): 431-437.

Park JH, Han KS, Mori K, Boo KS (2002) Right stereoisomers for sex pheromone components of the apple leafminer, *Lyonetia prunifoliella*, in Korea. J Chem Ecol 28(12): 2515-2525.

Park JH, Ryu KY, Lee BM, Jee HJ (2008) Effect of COY (cooking oil and yolk mixture) on control of *Tetranychus urticae*. Korean J Appl Entomol 47(3): 249-254.

Park JK, Lee JE (2021) Check list of insects from Korea. Korean Society of Applied Entomology & The Entomological Society of Korea, Paper and Pencil, Daegu.

Park SC, Wi AJ, Mori K (1994) Flight of *Matsucoccus thumbergianae* males and their response to the synthetic sex pheromone (Homoptera: Coccoidea: Margarodidae). Korean J Appl Entomol 33(4): 250-256.

Park SD, Jung KC, Choo YD, Park SD, Choi DW, Yoon JT (1990b) Study on seasonal occurrence of apple mites, *Panonychus ulmi* (Koch) and *Tetranychus urticae* (Koch), in Kyungpook apple orchards. Korean J Appl Entomol 29(1): 20-24.

Park YS, Chung YJ, Chon TS, Lee BY, Lee JH (2001b) Interactions between pine needle gall midge, *Thecodiplosis japonensis* (Diptera: Cecidomyiidae), and its parasitoids in newly invaded areas. Korean J Appl Entomol 40(4): 301-307.

Pedigo LP, Rice ME (2006) Entomology and Pest Management, 5th edition. Pearson Prentice Hall, Upper Saddle River, NJ, USA.

Pedigo LP, Rice ME (2009) Entomology and Pest Management, 6th edition. Pearson Prentice Hall, Upper Saddle River, NJ, USA.

Pimentel D, Acquay H, Biltonen M, Rice P, Silva M, Nelson J, Lipner V, Giordano S, Horowitz A, D'Amore M (1992) Environmental and economic costs of pesticide use. BioScience 42(10): 750-760.

Pimentel D, McLaughlin L, Zepp A, Lakitan B, Kraus T, Kleinman P, Vancini F, Roach WJ, . Graap E, Keeton WS, Selig G (1991) Environmental and economic impacts of reducing U.S. agricultural pesticide use. *In* D Pimentel (ed.), *Handbook on Pest Management in Agriculture*. CRC Press, Boca Raton, FL, USA.

Powell BE, Silverman J (2010) Population growth of *Aphis gossypii* and *Myzus persicae* (Hemiptera: Aphididae) in the presence of *Linepithema humile* and *Tapinoma sessile* (Hymenoptera: Formicidae). Environ. Entomol. 39(5): 1492-1499.

Prater CA, Redmond CT, Barney W, Bonning BC, Potter DA (2006) Microbial control of black cutworm (Lepidoptera: Noctuidae) in turfgrass using *Agrotis ipsilon* multiple nucleopolyhedrovirus. J Econ Entomol 99(4):

1129-1137.
Prokopy R (2001) Twenty years of apple production under an ecological approach to pest management. Fruit Notes 66: 3-10.
Prokopy RJ (1975) Apple maggot control by sticky red spheres. J Econ Entomol 68: 197–198.
Quacchia A, Moriya S, Bosio G, Scapin I, Alma A (2008) Rearing, release and settlement prospect in Italy of ***Torymus sinensis***, the biological control agent of the chestnut gall wasp ***Dryocosmus kuriphilus***. BioControl 53: 829.839.
Prokopy RJ, Owens ED (1983) Visual detection of plants by herbivorous insects. Annu Rev Entomol 28: 337–364.
Ragsdale DW, Landis DA, Brodeur J, Heimpel GE, Desneux N (2011) Ecology and management of the soybean aphid in North America. Annu Rev Entomol 56: 375-399.
Rahman MM, Lim UT (2016) Females of ***Riptortus pedestris*** (Hemiptera: Alydidae) in reproductive diapause are more responsive to synthetic aggregation pheromone. J Econ Entomol 109(5): 2082-2089.
Rahman MM, Kim E, Kim D, Bhuyain MMH, Lim UT (2018) Use of aggregation pheromone traps increases infestation of adult ***Riptortus pedestris*** (Hemiptera: Alydidae) in soybean fields. Pest Manag Sci (in press).
Rahman T, Broughton S, Spafford H (2011) Effect of spinosad and predatory mites on control of ***Frankliniella occidentalis*** in three strawberry cultivars. Entomol Exp Appl 138(2): 154-161.
Ratineks FLW, Carreck NL (2010) Clarity on honey bee collapse? Science 327: 152-153
Reed SE, Muzika RM (2010) The influence of forest stand and site characteristics on the composition of exotic dominated ambrosia beetle communities (Coleoptera: Curculionidae: Scolytinae). Environ Entomol 39: 1482-1491.
Robinson GE, Hackett KJ, Purcell-Miramontes M, Brown SJ, Evans JD, Goldsmith MR, Lawson D, Okamuro J, Robertson HM, Schneider DJ (2011) Creating a buzz about insect genomes. Science 331: 1386.
Ronald PC, Adamchak RW (2008) Tomorrow's Table: Organic Farming, Genetics, and the Future of Food, Oxford University Press, USA.
Saito T, Hirai K, Way MO (2005) The rice water weevil, ***Lissorhoptrus oryzophilus*** Kuschel (Coleoptera: Curculionidae). Appl Entomol Zool 40(1): 31-39.
Sanchez JA, Cánovas F, Lacasa A (2007) Thresholds and management strategies for ***Aulacorthum solani*** (Hemiptera: Aphididae) in greenhouse pepper. J

Econ Entomol 100(1): 123-130.

Sarfraz M, Keddie AB, Dosdall LM (2005) Biological control of the diamondback moth, *Plutella xylostella*: A review. Biocontrol Sci Tech 15(8): 763-789.

Savary S, Willocquet L, Pethybridge SJ, Esker P, McRoberts N, Nelson A (2019) The global burden of pathogens and pests on major food crops. Nature Ecology & Evolution 3: 430–439.

Sarker S, Lim UT (2019) Development and fecundity performance of *Grapholita molesta* and *Grapholita dimorpha* (Lepidoptera: Tortricidae) on different immature fruits. PLoS ONE 14(5): e0217492.

Sawamura N, Narai Y (2008) Effect of temperature on development and reproductive potential of two mealybug species *Planococcus kraunhiae* (Kuwana) and *Pseudococcus comstocki* (Kuwana) (Homoptera: Pseudococcidae). Japanese J Appl Entomol Zool 52(3): 113-121.

Sekita N (2002) Mass flight activity of *Lyonetia prunifoliella malinella* (Lepidoptera: Lyonetiidae) with special reference to mating and dispersal. Appl Entomol Zool 37(4): 517–526.

Seo MJ, Kim SJ, Kang EJ, Kang MK, Yu YM, Nam MH, Jeong SG, Youn YN (2006) Attraction of the garden thrips, *Frankliniella intonsa* (Thysanoptera: Thripidae), to colored sticky cards in a Nonsan strawberry greenhouse. Korean J Appl Entomol 45(1): 37-43.

Seo MH, Cho YS, Yang CY, Yun JB (2020a) Occurrence status of whitefly populations in major domestic cultivation areas of tomatoes. Korean Journal of Applied Entomology 59(4): 411-416.

Seo YK, Chae ES, Ahn SW, Choi YS (2020b) Control effect of botanical pyrethrum to *Polyphagotarsonemus latus* (Banks) (Acari: Tarsonemidae) in Green Perilla. Korean Journal of Applied Entomology 59(4): 421-425.

Shaw SR (2014) Planet of the Bugs : Evolution and the Rise of Insects. The University of Chicago Press, Chicago, USA.

Shibao M, Inoue Y, Morikawa S, Tanaka H (2010) Lethal high temperatures of onion thrips, *Thrips tabaci* Lindeman (Thysanoptera: Thripidae), and control of the thrips with solar radiation by covering the ground with film. Jpn J Appl Entomol Zool 54(2): 71-76.

Shim JY, Park JS, Paik WH (1979) Studies on the life history of cotton aphid, *Aphis gossypii* (Homoptera). Korean J Plant Prot 18(2): 85-88.

Shim JY, Park JS, Paik WH, Lee YB (1977) Studies on the life history of green peach aphid, *Myzus persicae* Sulzer (Homoptera). Korean J Plant Prot

16(3): 139-144.

Shin HY, Lee DW, Choo HY, Park CG (2001) Survey on the insect pests of major vegetable and floricultural crops in Gyeongnam province. J Agr Life Sci 35: 105-115.

Shin YH, Moon SR, Yoon CM, Ahn KS, Kim GH (2010) Insecticidal activity of 26 insecticides against eggs and nymphs of *Lycorma delicatula* (Hemiptera: Fulgoridae). Korean J Pestic Sci 14: 157-163.

Son SY, Lee SK, Seo ST (2015) Attractant effect of trap logs treated with ethanol to *Platypus koryoensis* (Coleoptera: Platypodidae). Korean Journal of Applied Entomology 54(4): 443-448.

Skvarla MJ and Schneider SA (2024) New host records for white peach scale (Hemiptera: Diaspididae: *Pseudaulacaspis pentagona* (Targioni Tozzetti, 1886)) in North America. Proc. Entomol. Soc. Wash. 126(1): 69-73.

Son YR, Choi KH, Kim Y, Kim YG (2010) Application of CATTS as a postharvest phytosanitation technology against the peach fruit moth, *Carposina sasakii* Matsumura. Korean J Appl Entomol 49(1): 37-42.

Song JH, Kang SH (2006) Response of citrus leafminer, *Phyllocnistis citrella* (Lepidoptera: Gracillariidae) for a sex pheromone component, (Z,Z)-7,11-hexadecadienal on Jeju island. Korean J Appl Entomol 45(2): 161-167.

Srigiriraju L, Semtner PJ, Bloomquist JR (2010) Monitoring for imidacloprid resistance in the tobacco-adapted form of the green peach aphid, *Myzus persicae* (Sulzer) (Hemiptera: Aphididae), in the eastern United States. Pest Manag Sci 66: 676-685.

Stern V, Smith R, Van Den Bosch R, Hagen K (1959) The integrated control concept. Hilgardia 29: 81-101.

Stinner BR, House GJ (1990) Arthropods and other invertebrates in conservation-tillage agriculture. Ann Rev Entomol 35: 299–318.

Stokstad E (2011a) Can biotech and organic farmers get along? Science 332: 166-169.

Stokstad E (2011b) USDA decides against new regulation of GM crops. Science 331: 523.

Stout MJ, Hamm JC, Abbe I, Bergeron C (2013) The influence of rice plant age on susceptibility to the rice water weevil, *Lissorhoptrus oryzophilus*. J Appl Entomol 137: 241–248.

Strauss G (2010) Pest risk analysis of *Metcalfa pruinosa* in Austria. J Pest Sci

83(4): 381-390.

Suri KS, Singh G (2011) Insecticide-induced resurgence of the whitebacked planthopper *Sogatella furcifera* (Horvath) (Hemiptera: Delphacidae) on rice varieties with different levels of resistance. Crop Prot 30: 118-124.

Suzuki T, Watanabe M, Takeda M (2009) UV tolerance in the two-spotted spider mite, *Tetranychus urticae*. J Insect Physiol 55: 649–654.

Takasu K, Hirose Y (1989) The number of larval instars of *Ooencyrtus* species (Hymenoptera, Encyrtidae). Jpn J Entomol 57: 398–401.

Takasu K, Hirose Y, Takagi M (1998) Occasional interspecific competition and within-plant microhabitat preference in egg parasitoids of the bean bug, *Riptortus clavatus* (Hemiptera: Alydidae) in soybean. Appl Entomol Zool 33: 391–399.

Takada H, Ono T, Torikura H, Enokiya T (2006) Geographic variation in esterase allozymes of *Aulacorthum solani* (Homoptera : Aphididae) in Japan, in relation to its outbreaks on soybean. Appl Entomol Zool 41(4): 595-605.

Takeda M, Nagata T (1998) Effects of temperature and winter diapause on survival and development in bivoltine and trivoltine ecotypes of the rice stem maggot, *Chlorops oryzae* Matsumura (Diptera : Chloropidae), reared on a winter host. Appl Entomol Zool 33(1): 85-96.

Tang J, Li J, Shao Y, Yang B, Liu Z (2010) Fipronil resistance in the whitebacked planthopper (*Sogatella furcifera*): possible resistance mechani는 and cross-resistance. Pest Manag Sci 66: 121-125.

Tebayashi SI, Horibata Y, Mikagi E, Kashiwagi T, Mekuria DB, Dekebo A, Ishihara A, Kim CS (2007) Induction of resistance against the leaffminer, *Liriomyza trifolii*, by jasmonic acid in sweet pepper. Biosci Biotechnol Biochem 71(6): 1521-1526.

Tian B, Yang J, Zhang KQ (2007) Bacteria used in the biological control of plant-parasitic nematodes: populations, mechanisms of action, and future prospects. FEMS Microbiol Ecol 61: 197-213.

Togashi K, Kodani J (1990) Effect of temperature on the development of *Ivela auripes* (Butler) (Lepidoptera: Lymantriidae). Journal of the Japanese Forestry Society 72(4): 316-320.

Tougou D, Musolin DL, Fujisaki K (2009) Some like it hot! Rapid climate change promotes changes in distribution ranges of *Nezara viridula* and *Nezara antennata* in Japan. Entomol Exp Appl 130: 249-258.

Tran DH, Takagi M (2005a) Developmental biology of *Liriomyza chinensis*

(Diptera: Agromyzidae) on onion. J Fac Agr Kyushu Univ 50(2): 375-382.

Tran DH, Takagi M (2005b) Susceptibility of the stone leek leafminer ***Liriomyza chinensis*** (Diptera : Agromyzidae) to insecticides. J Fac Agr Kyushu Univ 50(2): 383-390.

Triplehorn CA, Johnson, NF (2005) Borror and Dellong's Introduction to the Study of Insects. 7th ed., Brooks/Cole, Belmont, CA, USA.

Uefune M, Nakashima Y, Tagashira E, Takabayashi J, Takagi M (2010) Response of ***Wollastoniella rotunda*** (Hemiptera: Anthocoridae) to volatiles from eggplants infested with its prey ***Thrips palmi*** and ***Tetranychus kanzawai***: Prey species and density effects. Biol Control 54: 19-22.

Ullah MS, Lim UT (2015) Laboratory bioassay of ***Beauveria bassiana*** against ***Tetranychus urticae*** (Acari: Tetranychidae) on leaf discs and potted bean plants. Exp Appl Acarol 65: 307–318.

Van Driesche R, Bellows TS (1996) Biological Control. Chapman & Hall, New York, USA.

Van Driesche, R., M. Hoddle, T. Center (2008) Control of pests and weeds by natural enemies: an introduction to biological control. Blackwell Publishing, Malden, MA. USA.

Van Houten YM, Van Rijn PCJ, Tanigoshi LK, Van Stratum P, Bruin J (1995) Preselection of predatory mites to improve year-round biological control of western thrips in greenhouse crops. Entomol Exp Appl 74: 225-234.

Van Leeuwen T, Vontas J, Tsagkarakou A, Dermauw W, Tirry L (2010) Acaricide resistance mechanism in the two-spotted spider mite ***Tetranychus urticae*** and other important Acari: A review. Insect Biochem Mol Biol 40: 263-572.

Van Lenteren JC (2012) The state of commercial augmentative biological control: plenty of natural enemies, but a frustrating lack of uptake. BioControl 57(1): 1-20.

Viglierchio DR (1991) World of Nematodes. David R. Viglierchio, Davis, CA, USA.

Wang CL, Lin FC, Chiu YC, Shih HT (2010) Species of ***Frankliniella*** Trybom (Thysanoptera: Thripidae) from the Asian-Pacific area. Zool Studies 49(6): 824-838.

Wang CY, Fang ZM, Wang Z, Zhang DL, Gu LJ, Lee MR, Liu L, Sung CK (2011) Biological control of the pinewood nematode ***Bursaphelenchus xylophilus*** by application of the endoparasitic fungus ***Esteya vermicola***. BioControl 56: 91-100.

Wang S, Han M, Li H, Xie J, Wei K, Wang X (2024) Testing the host range of *Cyanopterus ninghais* (Hymenoptera: Braconidae), a candidate for the biological control of *Monochamus alternatus*, the vector of pine wilt disease in Asia. Biological Control 195: 105547.

Wang YN, Ke KQ, Li YH, Han LZ, Liu YM, Hua HX, Peng YF (2016) Comparison of three transgenic Bt rice lines for insecticidal protein expression and resistance against a target pest, *chilo suppressalis* (Lepidoptera: Crambidae). Ins Sci 23(1): 78-87

White PF, Czajkowska M (2000) Effects of methoprene and permethrin on paedogenetic larvae of *Heteropeza pygmaea* and *Mycophila speyeri* (Diptera: Cecidomyiidae). J Econ Entomol 93: 1222-1226.

Xia XM, Wang KY, Wang HY (2009) Resistance of *Helicoverpa assulta* (Guenee) (Lepidoptera: Noctuidae) to fenvalerate, phoxim and methomyl in China. Crop Prot 28(2): 162-167.

Xiao TG, Tang JX (2007) Effects of the susceptibility of rice varieties to *Sogatella furcifera* on nymphal development and reproduction of *Microvelia horvathi* through a food chain. Ins Sci 14(4): 317-321.

Xu J, Wang QX, Wu JC (2010) Resistance of cultivated rice varieties to *Cnaphalocrocis medinalis* (Lepidoptera: Pyralidae). J Econ Entomol 103(4): 1166-1171.

Xu K, Xu X, Fukao T, Canlas P, Heuer S, Bailey-Serres J, Ismail A, Ronald PC, Mackill DJ (2006) Sub_1A encodes an ethylene responsive-like factor that confers submergence tolerance to rice. Nature 442: 705-708.

Xue M, Wang CX, Bi MJ, Li QL, Liu TX (2010) Induced defense by *Bemisia tabaci* Biotype B (Hemiptera: Aleyrodidae) in tobacco against *Myzus persicae* (Hemiptera: Aphididae). Environ Entomol 39(3): 883-891.

Yang CJ, Yang YT, Song MA, Song JH (2016) Pest biodiversity and their characteristic damage caused to greenhouse strawberries in Jeju. Korean Journal of Applied Entomology 55(4): 431-437.

Yang CY, Han KS, Boo KS (2001) Occurrence of and damage by the oriental fruit moth, *Grapholita molesta* (Busck) (Lepidoptera: Tortricidae) in pear orchards. Korean J Appl Entomol 40(2): 117-123.

Yang CY, Han KS, Boo KS (2009b) Sex pheromones and reproductive isolation of three species in genus *Adoxophyes*. J Chem Ecol 35: 342-348.

Yang CY, Jeon HY, Cho MR, Kim DS, Yiem MS (2004) Seasonal occurrence of oriental tobacco budworm (Lepidoptera: Noctuidae) male and chemical control at red pepper fields. Korean J Appl Entomol 43(1): 49-54.

Yang CY, Kyung TH, Cho YS, Kang TJ, Jeon HY, Kim HH, Kim EY (2009a) Geographical distribution and seasonal catches of three *Adoxophyes* species in Korea. Korean J Appl Entomol 48(3): 295-299.

Ye X, Al-Babili S, Klöti A, Zhang J, Lucca P, Beyer P, Potrykus I (2000) Engineering the provitamin A (β-Carotene) biosynthetic pathway into (carotenoid-free) rice endosperm. Science 287: 303-305.

Yi H, Kim H (2010) The comparative study of arthropods community on non-transgenic mother chili pepper (P915) and transgenic chili pepper (CMVP0-CP) in the isolated qurantine LMO fields. Korean J Appl Entomol 49(1): 23-29.

Yildirim E, Hoy CW (2003) Interaction between cyromazine and the entomopathogenic nematode *Heterorhabditis bacteriophora* Poinar "GPS11" for control of onion maggot, *Delia antiqua* (Meigen). Crop Protect 22(7): 923-927.

Yin JL, Wu JC, Yu YS, Liu JL, Xie M, Wan FH (2005) Comparison of the effects of brown planthopper, *Nilaparvata lugens* (Stal) (Homoptera : Delphacidae), and rice leaffolder, *Cnaphalocrocis medinalis* Guenee (Lepidoptera : Pyralidae), infestations and simulated damage on nutrient uptake by the roots of rice plants. Environ Entomol 34(6): 1614-1620.

Yoon C, Seo DK, Yang JO, Kang SH, Kim GH (2010) Attraction of the predator, *Harmonia axyridis* (Coleoptera: Coccinellidae), to its prey, *Myzus persicae* (Hemiptera: Aphididae), feeding on Chinese cabbage. J Asia-Pac Entomol 13: 255-260.

Yoon HJ, Park IG, Mah YI, Lee SB, Yang SY (1997a) Ecological characteristics of mulberry longicorn beetle, *Apriona germari* Hope, at the hibernation stage in mulberry fields. Korean J Appl Entomol 36(1): 67-72.

Yoon HJ, Park IG, Mah YI, Seol KY (1997b) Larval development of mulberry longicorn beetle, *Apriona germari* Hope, on the artificial diet. Korean J Appl Entomol 36(4): 317-322.

Yoon JC, Park JH, Shim CK, Ryu KY, Jee HJ (2007) Control of slug by using beer and cigarette mixture. Korean J Appl Entomol 46(2): 325-330.

Yu BJ, Kim CO, Chung SM, Park YS, Huh BL (1985) Studies on life cycle of rice leaf beetle (*Oulema oryzae* Kuwayama). Korean J Pl Prot 24(1): 25-28.

Yu Y, Shen G, Zhu H, Lu Y (2010) Imidacloprid-induced hormesis on the fecundity and juvenile hormone levels of the green peach aphid *Myzus persicae* (Sulzer). Pest Biochem Physiol 98: 238-242.

Yukawa J (1996) Identification of paedogenetic gall midge, *Mycophila speyeri* (Diptera: Cecidomyiidae) and possibility of accidental introduction to Japan. Jpn J Appl Entomol Zool 40: 135-143.

Zhang GF, Li DC, Liu TX, Wan FH, Wang JJ (2011) Interspecific interactions between *Bemisia tabaci* Biotype B and *Trialeurodes vaporariorum* (Hemiptera: Aleyrodidae). Environ Entomol 40: 140-150.

Zhang J, Li H, Liu M, Zhang H, Sun H, Wang H, . . . Qin Q (2020) A greenhouse test to explore and evaluate light-emitting diode (led) insect traps in the monitoring and control of *Trialeurodes vaporariorum*. Insects, 11: 94.

Zhang YZ, Li W, Huang DW (2005) A taxonomic study of Chinese species of *Ooencyrtus* (Insecta: Hymenoptera: Encyrtidae). Zool Studies 44: 347-360.

Zhao KF, Shi ZP, Wu JC (2011) Insecticide-induced enhancement of flight capacity of the brown planthopper *Nilaparvata lugens* Stal (Hemiptera: Delphacidae). Crop Potect 30(4): 476-482.

Zhou ZS, Chen ZP, Xu ZF (2010) Potential of trap crops for integrated management of the tropical armyworm, *Spodoptera litura* in tobacco. J Ins Sci 10: #117.

ㅈ

저자 약력

임언택

서울대학교 농업생명과학대학 및 대학원 졸업

미국 매사추세츠대학교 곤충학 박사

국립안동대학교 식물의학과 교수

한국응용곤충학회 수석부회장

이영수

충북대학교 농생물학과 대학 및 대학원 졸업

서울대학교 농업생명과학부 곤충학 박사

경기도농업기술원 농업연구사

제28회 대한민국과학기술 우수논문상 수상

이준호

서울대학교 농업생명과학대학 및 대학원 졸업

미국 루이지애나주립대학교 곤충생태학 농학박사

서울대학교 농생명공학부 명예교수

Journal of Asia-Pacific Entomology 편집위원장 역임

한국응용곤충학회 회장 역임

핵심 식물해충학

초판발행 | 2025년 2월 10일
초판인쇄 | 2025년 2월 13일

편 저 자 | 임언택 · 이영수 · 이준호
발 행 인 | 이성범
발 행 처 | 문운당
주 소 | 서울시 종로구 혜화로5길 16 (명륜1가 45-3)
전 화 | (02)762-6010
팩 스 | 영업 (02)745-0265 / 편집 (02)762-8758
이 메 일 | 영업 munun2@daum.net
편집 mundang@naver.com
홈페이지 | http://munundang.co.kr

ISBN 979-11-5692-791-4 93470

정가 30,000원